计算机类本科教材

数据结构
——基于Python语言
（微课版）

/ 周 翔 / 主 编
/ 林 平 / 副主编

電子工業出版社
Publishing House of Electronics Industry
北京 · BEIJING

内 容 简 介

数据结构是计算机相关专业一门重要的专业基础课程。本书基于Python语言系统介绍数据结构的知识，内容包括数据结构与算法概述、线性表、栈与队列、串、数组与广义表、基于线性表的查找算法、基于线性表的排序算法、树、基于树的查找算法、基于树的排序算法、图、计算式查找法。

本书可作为高等院校与高职院校计算机相关专业数据结构课程的教材，也可供对数据结构感兴趣的人员参考。

图书在版编目（CIP）数据

数据结构：基于 Python 语言：微课版 / 周翔主编. —北京：电子工业出版社，2024.2

ISBN 978-7-121-47385-2

Ⅰ. ①数… Ⅱ. ①周… Ⅲ. ①数据结构－高等学校－教材②软件工具－程序设计－高等学校－教材
Ⅳ. ①TP311.12②TP311.561

中国国家版本馆 CIP 数据核字（2024）第 038535 号

责任编辑：张　鑫
印　　刷：三河市鑫金马印装有限公司
装　　订：三河市鑫金马印装有限公司
出版发行：电子工业出版社
　　　　　北京市海淀区万寿路 173 信箱　邮编：100036
开　　本：787×1 092　1/16　印张：17　字数：549 千字
版　　次：2024 年 2 月第 1 版
印　　次：2024 年 2 月第 1 次印刷
定　　价：59.00 元

凡所购买电子工业出版社图书有缺损问题，请向购买书店调换。若书店售缺，请与本社发行部联系，联系及邮购电话：（010）88254888，88258888。

质量投诉请发邮件至 zlts@phei.com.cn，盗版侵权举报请发邮件至 dbqq@phei.com.cn。

本书咨询联系方式：zhangx@phei.com.cn。

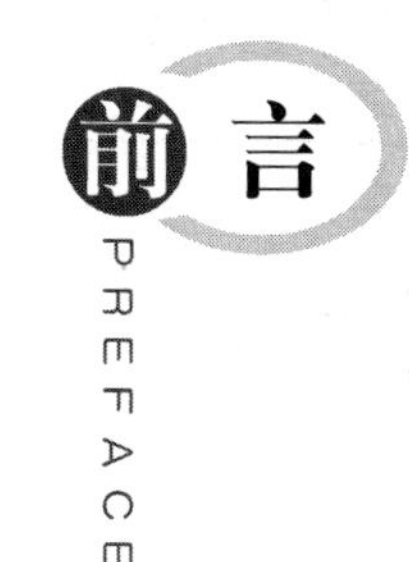

前言

PREFACE

数据结构是计算机学科的核心课程，自然也是计算机相关专业一门重要的专业基础课程。数据结构研究的是数据的逻辑结构和数据的物理结构及它们之间的相互关系，并对这种结构定义相适应的运算，设计相应的算法。精心选择的数据结构可以带来更高的运行效率或存储效率。因此，数据结构与算法密不可分，掌握这些知识能够为独立完成软件设计与分析奠定坚实的基础。

Python 语言已经成为大数据和人工智能等领域使用最多的开发语言之一，越来越多的高等院校和高职院校将 Python 语言作为计算机程序设计课程的主要学习语言。本书采用 Python 语言实现常用的数据结构。相比于传统的 C 语言，Python 语言更简洁，也更容易学习。

本书主要介绍软件设计中常用的数据结构及相应的存储结构和实现算法，以及常用的查找和排序技术，并进行性能分析和比较。学习完本书内容，读者既能加深对数据结构基本概念的理解和认识，又能提高对各种数据结构进行分析与设计的能力。数据结构课程将为后续课程的学习及软件设计水平的提高打下良好的基础。

本书具有以下几个特色。

（1）深入优化知识结构。

将传统的基于 C 语言的数据结构改用 Python 语言描述，既能增加本书实用性，又因为 Python 语言在之后的企业级开发课程及大数据技术中的应用广泛，能使学生对专业课程的学习具有延续性。

（2）突出新工科特点。

在本书的知识体系中，不仅介绍基础的数据结构与算法，而且延展出相对简单的基于大数据与人工智能的相关算法，扩展学生数据结构与算法的知识面，使学生拥有较强的独立学习与专研能力。

（3）重点培养实践能力。

本书突出实践项目，利用丰富的编程案例，加强课程的理论和实践的联系，强化应用型人才的培养。理论学习与动手实践相结合的方式，丰富了课程体系，使学生能学有所成、学以致用。

（4）配套微课视频。

在本书的重要知识点处，配有微课视频，读者可以扫描书中的二维码，观看对应内容的视频，以强化对知识的理解。

教师可以采用线上线下混合授课方式，本书建议学时为 64 学时，其中实践学时为 16 学时，各章参考学时如下表所示。

章	主要教学内容	学时分配				
		线上	线下	实践	讨论	总学时
	Python 语言基础		2	2		4
1	数据结构与算法概述		2			2
2	线性表	2	2	2		6
3	栈与队列	2	2		2	6
4	串		1	2		3
5	数组与广义表		1			1
6	基于线性表的查找算法	1	1			2
7	基于线性表的排序算法	1	1			2
8	树	4	4	4	2	14
9	基于树的查找算法	1	1			2
10	基于树的排序算法	1	1			2
11	图	4	4	4	2	14
12	计算式查找法		2	2	2	6
	总学时	16	24	16	8	64

表中 Python 语言基础的内容，读者可扫描下面的二维码查看。

教师也可根据实际教学安排删减教学内容。建议采用理论实践一体化的教学模式，便于培养学生的自学能力。

本书可作为高等院校与高职院校计算机相关专业数据结构课程的教材，也可供对数据结构感兴趣的人员参考。

本书由周翔担任主编，林平担任副主编。

由于编者水平有限，书中难免存在不足和疏漏之处，敬请读者批评指正。

编　者

2023 年 12 月

目录

CONTENTS

第 8 章 树 / 129

第 1 章

数据结构与算法概述

在计算机中，现实世界的对象需要用数据来描述。数据结构这门课程将讨论数据的各种逻辑结构、数据在计算机中的存储结构及各种操作的算法设计。数据结构是一门理论与实践并重的课程，学生需要掌握数据结构的理论知识及运行和调试程序的基本技能。

学习目标

- 掌握数据结构的基本概念
- 熟悉算法时间复杂度的计算
- 了解抽象数据类型

1.1 数据结构

1.1.1 什么是数据结构

例 1-1 求 1 名学生 10 次 C 语言程序设计测试成绩的总分与平均分。10 次测验的成绩分别为 80，85，77，56，68，83，90，92，80，98。

实现方法一：采用普通变量存储

```
# 10 个变量存 10 次成绩，并分别赋值
t1 = 80; t2 = 85; t3 = 77; t4 = 56; t5 = 68
t6 = 83; t7 = 90; t8 = 92; t9 = 80; t10 = 98
# 计算总分
sumScore = t1 + t2 + t3 + t4 + t5 + t6 + t7 + t8 + t9 + t10
# 计算平均分
average = sumScore / 10
# 展示结果
print("总分=", sumScore)
print("平均分=", average)
```

实现方法二：采用列表存储

```
# 使用列表存储 10 次成绩
scores = [80, 85, 77, 56, 68, 83, 90, 92, 80, 98]
# 循环列表，计算总分
```

```
sumScore = 0
for score in scores:
    sumScore = sumScore + score
# 计算平均分
average=sumScore/10
# 展示结果
print("总分=", sumScore)
print("平均分=", average)
```

由上述的两种实现方法可以发现，采用不同的方式存储成绩数据，有不同的程序设计方式。根据测试次数与测试成绩的关系，采用列表结构存储数据，提高了程序的适用范围。因此，选择最佳的数据结构，并提供策略方法来有效地利用这些数据，可以高效、低耗地解决问题。

因此，什么是数据结构？数据结构是计算机存储、组织数据的方式，它是相互之间存在一种或多种特定关系的数据元素的集合。

表 1-1 中存储了很多数据，每条记录就是一组数据，并且一条记录由 4 个数据项组成。因此，这张表就是数据结构的一种具体表现形式。

表 1-1　学生信息表

学　号	姓　名	性　别	籍　贯
001	李强	男	福建
002	张潇	男	北京
003	吕莉	女	上海
004	钱芳	女	广州
…	…	…	…

下面介绍数据结构的一些常用术语。

1．数据（data）

数据是描述客观事物的数值、字符及能输入机器且能被处理的各种符号集合，包含数值、字符、音频、图像等一切可以输入计算机中的符号集合。

2．数据元素（data element）

数据元素是组成数据的基本单位，是数据集合中的个体，在计算机中通常作为一个整体进行考虑和处理。如图 1-1 所示的学生信息表中，有很多学生信息，那么一名学生的信息就是一个数据元素，也称为一条记录。

3．数据项（data item）

数据项是数据的不可分割的最小单位。如图 1-1 所示，学生信息由学号、姓名、性别等数据项组成。

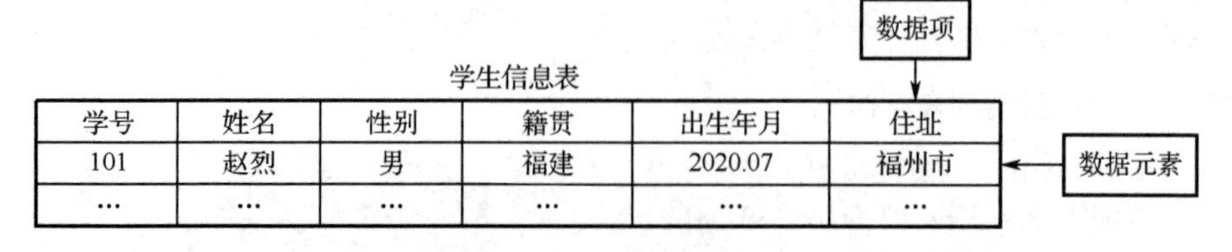

图 1-1　数据元素与数据项

说明：在数据表中，每一行数据就是一个数据元素，而每一个数据元素的属性信息，就是数据项。两者是互相呼应存在的。

4. 数据对象（data object）

数据对象是具有某种特定属性的数据元素。

5. 数据结构（data structure）

数据结构是指相互之间存在一种或多种特定关系的数据元素的集合，是带有结构的数据元素的集合，它表明数据元素之间的相互关系，即数据的组织形式。可以使用二元组 $B = (K, R)$表示，K 表示数据元素，R 表示数据元素之间的关系。

计算机科学家 Niklaus Wirth（尼古拉斯 • 沃斯）曾经提出：算法 ＋ 数据结构 ＝ 程序设计。

- 程序设计：为让计算机处理问题编制一组指令集。
- 算法：处理问题的策略（怎么解决）。
- 数据结构：问题的数学模型（数据怎么表示）。

例 1-2　求一组（n 个）整数中的最大值。

本例的思路类似打擂台：

（1）从算法角度思考：如何通过依次比较两个数的大小，找到最大值？

（2）从数据结构（模型）角度思考：用什么样的数据结构来表示整数？

代码如下。

```
nums = [80, 85, 77, 56, 68, 83, 90, 92, 90, 98]
max = nums[0]    # 使用列表中第一个元素作为初始值
for num in nums :
    if num > max :
        max = num
# 展示结果
print("最大值为：", max)
```

因此，可以得出构建数据结构，设计算法并最终形成程序设计的基本步骤，如图 1-2 所示。

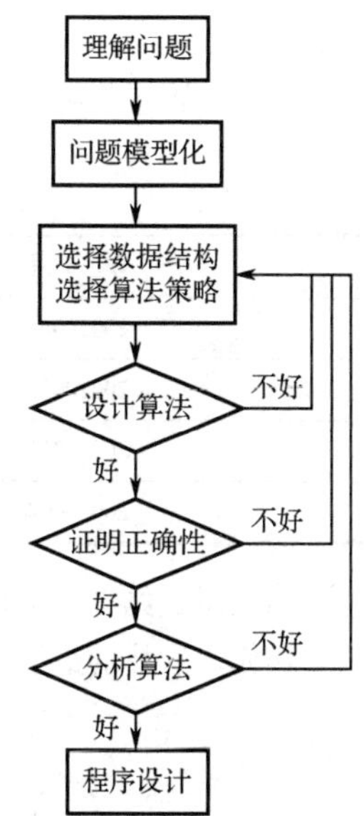

图 1-2　求解的基本步骤

综上所述，程序的构造与数据结构是两个不可分割的问题。对程序构造进行系统而科学的研究，需要对包含复杂数据元素的大型程序进行分解，将问题模型化，从而选择合适的数据结构与算法策略，最终达到程序设计的要求。因此，数据结构与算法是设计与实现编译程序、操作系统、数据库系统及其他系统程序和大型应用程序的重要基础，是介于数学、计算机硬件/软件之间的一门核心课程，是计算机学科中一门综合性的专业基础课。

1.1.2　数据结构的分类

数据结构中数据元素之间的相互关系，可以从逻辑结构、物理结构、运算集合三个方面进行分析。

1. 逻辑结构

逻辑结构可归结为以下四类。

（1）集合结构：结构中的数据元素之间除同属于一个集合的关系外，没有任何其他关系，如图 1-3 所示。

例如，不同类型数据元素组成的集合如图 1-4 所示。

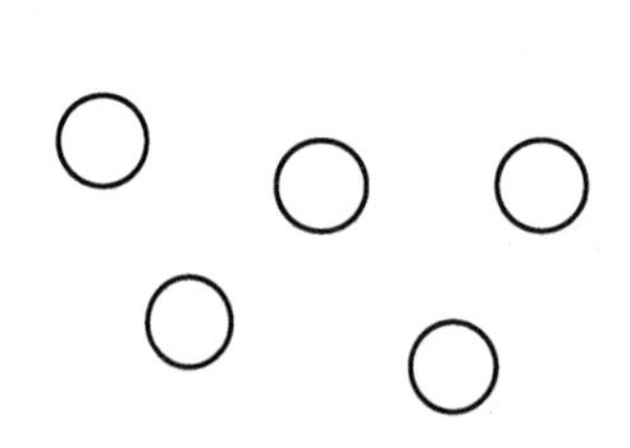

图 1-3　集合结构图例

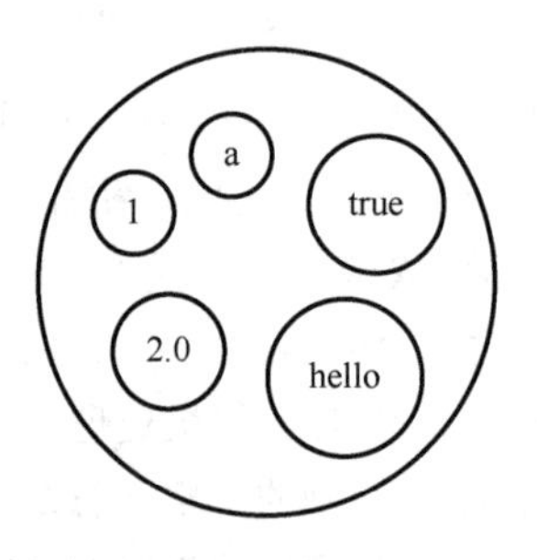

图 1-4　不同类型数据元素组成的集合

（2）线性结构：结构中的数据元素之间存在着一对一的线性关系，如图 1-5 所示。

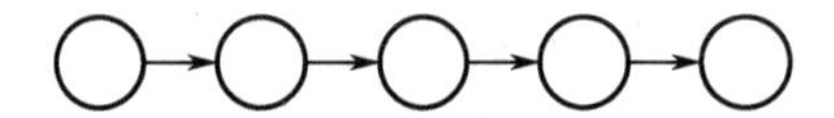

图 1-5　线性结构图例

例如，表 1-2 采用线性结构存储数据。

表 1-2　学生信息表

学　号	姓　名	年　龄
20020001	王红	18
20020002	张明	19
20020003	吴宁	18
20020004	秦风	17

（3）树状结构：结构中的数据元素之间存在着一对多的线性关系，如图 1-6 所示。

例如，学校的组织架构图如图 1-7 所示。

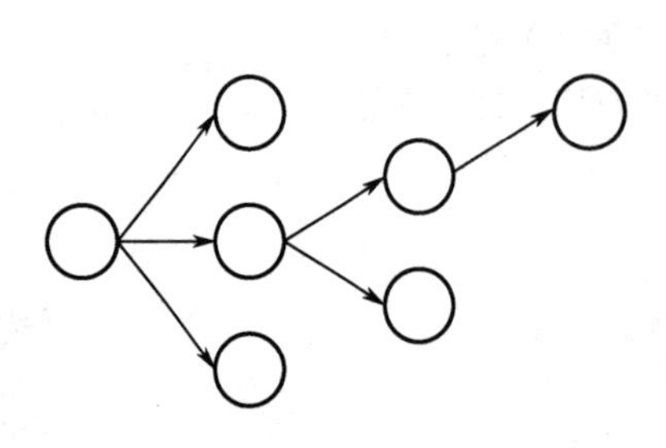

图 1-6　树状结构图例

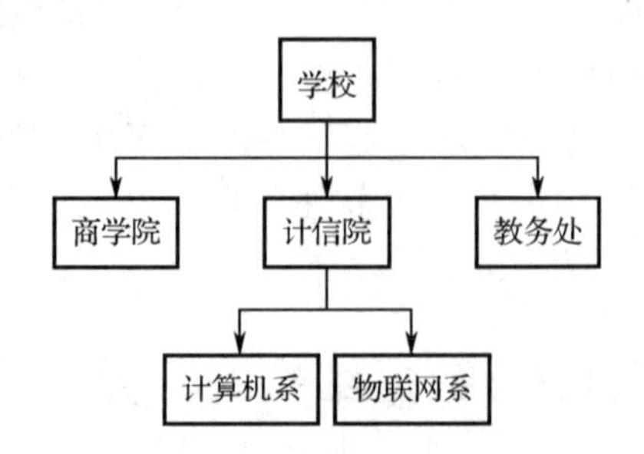

图 1-7　学校的组织架构图

（4）图形结构：结构中的数据元素之间存在着多对多的线性关系，如图 1-8 所示。

例如，南京至昆明航班线路图如图 1-9 所示。

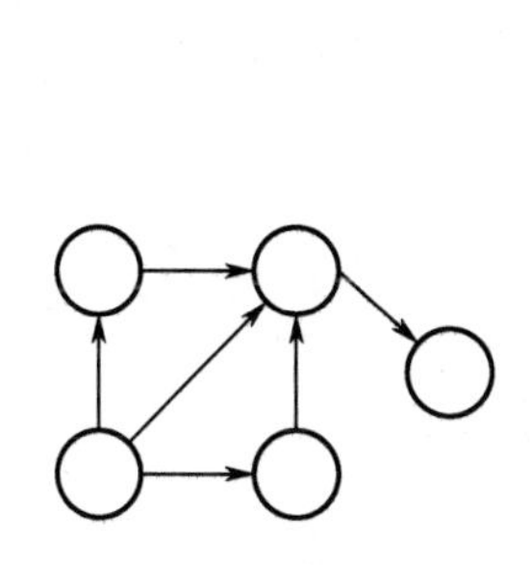

图 1-8　图形结构图例

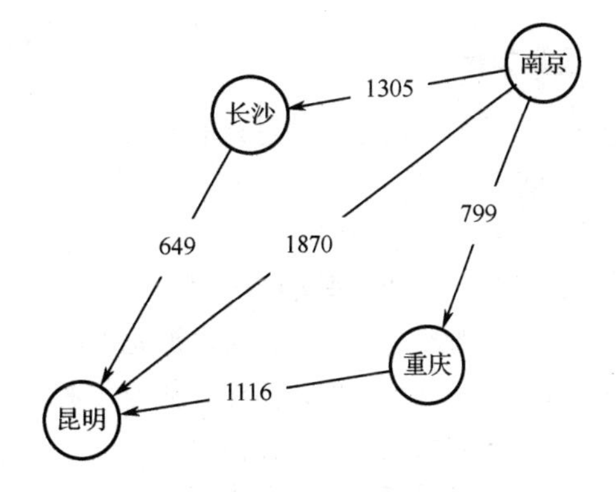

图 1-9　南京至昆明航班线路图

逻辑结构分类归纳如图 1-10 所示，将在后面章节详细介绍。

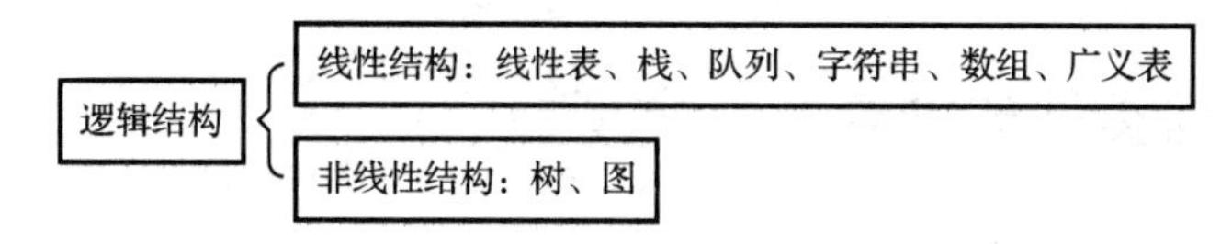

图 1-10　逻辑结构分类归纳

2．物理结构

物理结构反映数据在计算机内的存储安排，数据在计算机中有两种表示方法。

例 1-3　$<x, y>$表示 x 先于 y，其在内存中的存储方式有如下两种。

（1）顺序存储结构，如图 1-11 所示。

（2）非顺序存储结构，如图 1-12 所示。

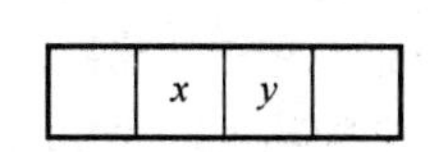

图 1-11　顺序存储结构

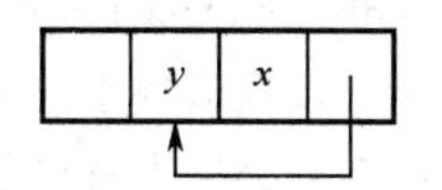

图 1-12　非顺序存储结构

因此，可以将物理结构分为以下几种。

（1）顺序存储结构：把逻辑上相邻的结点存储在地址连续的存储单元里，数据元素之间的关系由存储单元是否相邻来体现，如图 1-13 所示。

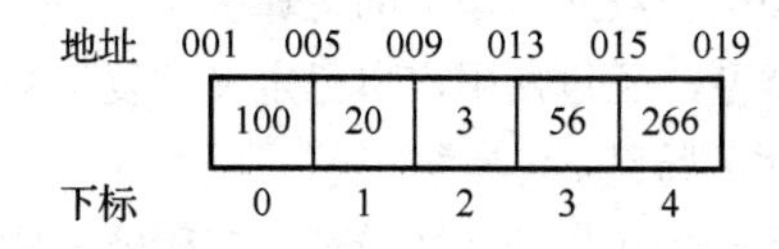

图 1-13　顺序存储结构图例

（2）非顺序存储结构：将一些地址不连续的存储单元的逻辑关系通过附加的指针字段来表示，如图 1-14 所示。

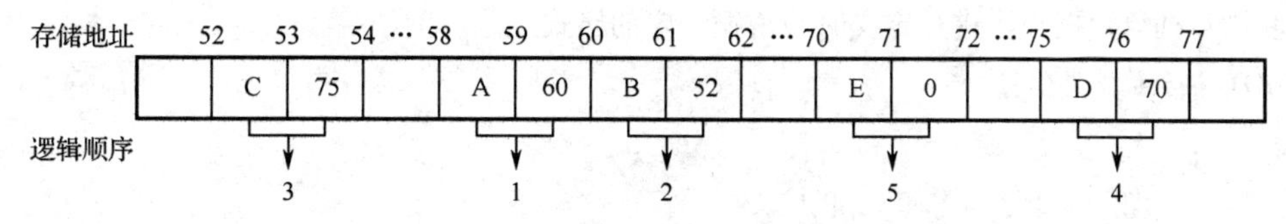

图 1-14　非顺序存储结构图例

3. 运算集合

运算集合就是对数据结构进行的一系列操作，主要有以下几种。

（1）初始化。

（2）判断是否处于空状态。

（3）求长度：统计数据元素个数。

（4）包含：判断是否包含指定数据元素。

（5）遍历：按某种次序访问所有数据元素，每个数据元素只被访问一次。

（6）取值：获取指定数据元素值。

（7）置值：设置指定数据元素值。

（8）插入：增加指定数据元素。

（9）删除：移去指定数据元素。

1.1.3 数据类型与抽象数据类型

数据类型（data type）是指一个类型及定义在这个类型上的操作集合，也可以是一组性质相同的值集合及定义在这个值集合上的一组操作的总称。在高级语言中，整型的取值范围为-32768至+32767；运算符集合（一组操作）为加、减、乘、除、取模，即+、-、*、/、%。因此，数据类型决定两方面的内容：取值范围和允许使用的一组运算。高级语言中的数据类型分为以下两类。

（1）原子类型：其值不可分解。例如，Java 语言中的标准类型（整型、实型、字符型）。

（2）结构类型：其值是由若干成分按某种结构组成的，因此是可以分解的，并且它的成分可以是非结构的，也可以是结构的。

抽象数据类型（Abstract Data Type，ADT）是指一个数学模型及定义在这个模型上的一组操作。抽象数据类型的定义仅仅取决于它的一组逻辑特性，而与它在计算机中的表示和实现无关。事实上，高级语言中的数据类型本身也是一种抽象，如十进制数表示的 98.65、9.6E3 等，它们是二进制数据的抽象。在高级语言中，给出了更高一级的数据抽象，如整型、实型、字符型等，而且还有更高级的数据抽象，如各种表、队、栈、树、图、窗口、管理器等复杂的抽象数据类型。因此，抽象数据类型定义了一个数据对象、数据对象中各元素间的结构关系及一组处理数据的操作。

因此，我们可以认为抽象数据类型与数据类型实质上是一个概念，只不过抽象数据类型是数据类型的进一步抽象，把数据类型和数据类型上的运算绑定并封装。其不仅包括各种不同计算机处理器中已定义并实现的数据类型，还包括用户自己定义的复杂数据类型。

抽象数据类型有以下两个重要特征。

（1）数据抽象：强调程序处理的实体的本质特征、其所能完成的功能及它和外部用户的接口（外界使用它的方法）。

（2）信息隐蔽：将实体的外部特征和其内部实现细节分离，并且对外部用户隐藏其内部实现细节。

我们对抽象数据类型进行定义时应遵循一定的格式规范，例如：

```
ADT 抽象数据类型名
{
    Data:
        数据元素之间逻辑关系的定义;
    Operation:
        操作 1;
```

```
        操作 2;
        …
}
```

因此，可以定义集合 Set 的抽象数据类型，如下所示。其中，T 表示的是泛型，可以是基本的数据类型或组合的数据类型。

```
ADT Set
{
    boolean isEmpty();                #判断集合是否为空
    int size ();                      #返回集合中的元素个数
    boolean contains(T x);            #判断集合是否包含元素 x
    boolean add(T x);                 #增加元素 x
    boolean remove(T x);              #删除首次出现的元素 x
    void clear();                     #删除集合中所有元素
    void print();                     #输出集合中所有元素
    boolean equals(Set s);            #比较集合是否相等
    boolean containsAll(Set s);       #判断是否包含 s 中的所有元素，s 是否为子集
    boolean addAll(Set s);            #集合并
    boolean removeAll(Set s);         #集合差
    boolean retainAll(Set s);         #仅保留那些包含在集合 s 中的元素
};
```

1.2　算法

算法是规则的有限集合，是为解决特定问题而规定的一系列操作，是解决问题的一种方法或一个过程（策略）。

1．描述算法可用的工具

返回学校所使用的交通工具，可以是飞机、火车、汽车，如图 1-15 所示。而选择哪种交通工具，需要根据现有的情况来决定。如果家离学校较远，而且返校时间较为紧迫，可以选择飞机。但是，如果提早返校，为了节约路费，可以选择火车。由此引申，在同一问题领域，可以使用多种算法。而如何按照实际情况选择合适的算法，则是我们学习算法时需要思考与解决的问题。

图 1-15　返校交通工具选择

描述算法可用的工具有以下三种。

（1）自然语言。使用自然语言描述算法通常是指使用人类日常使用的语言来描述算法的思路、步骤和实现方法，用于帮助人们理解算法的原理、逻辑和实现过程，从而更好地应用算法解决问题。

（2）伪代码。伪代码是使用非特定程序设计语言描述算法的一种方法，常常用来阐述想法、算法或者程序的功能。伪代码用于概念化编程思路，帮助程序员理解编程逻辑，以便更好地实现程序。

例 1-4 根据关键字进行元素检索。

代码如下。

```
def search(关键字 key):
    e = 数据序列的第一个元素
    while 数据序列未结束 && e 的关键字不是 key :
        e = 数据序列的下一个元素
    返回查找到的元素或查找不成功标记
```

（3）框图：算法最常用的表示方法就是流程图表示法。它是由一些图框和流程线组成的。使用流程图描述问题的处理步骤，形象直观，便于阅读。

① 起止框表示流程的开始或结束，如图 1-16 所示。

② 输入/输出框表示程序输入/输出的内容，如图 1-17 所示。

③ 判断框表示对条件进行判断，如图 1-18 所示。

图 1-16　起止框　　图 1-17　输入/输出框　　图 1-18　判断框

④ 处理框表示处理功能，如运算，如图 1-19 所示。

⑤ 流程线指示程序的运行方向，如图 1-20 所示。

⑥ 连接点用于流程图的延续，如图 1-21 所示。

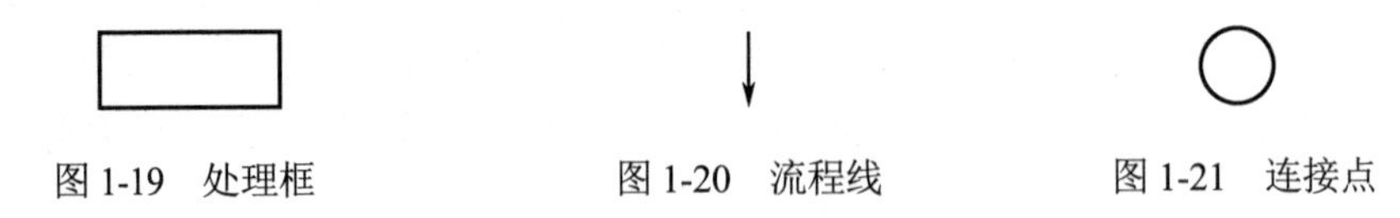

图 1-19　处理框　　图 1-20　流程线　　图 1-21　连接点

2. 算法的特性

一个成熟的算法应该具有以下五种特性。

（1）有限性：在有限步骤之内正常结束，不能形成无穷循环。

（2）确定性：算法中的每个步骤都必须有确定含义，无二义性。

（3）输入：有多个或 0 个输入。

（4）输出：至少有 1 个或多个输出。

（5）可行性：原则上能精确进行，操作可通过已实现的基本运算的执行有限次完成。

3. 算法的设计目标

（1）正确性：算法的正确性是指算法至少应该具有输入、输出，加工处理无歧义，能够正确反映实际问题的需求，能够得到问题的正确答案。

例 1-5　求 n 个数中的最大值，请阅读下面代码回答问题。

```
max = 0
n = 10
for i in range(n):
    num = eval(input("请输入数字："))
    if num > max :
        max = num
print("最大值为：", max)
```

问题 1：以上程序中，存在语法错误吗？

问题 2：当输入全为正数时，结果正确吗？

问题 3：当输入全为负数时，结果正确吗？

通过分析发现，程序中并不存在语法错误，并且如果输入全为正数，所得结果是正确的。但是，由于 max 的初始值为 0，因此，如果输入全为负数，所得结果仍然为 0，是错误的。可知，保证算法的正确性，是算法设计过程中非常重要的一个目标。

算法设计的正确性不能仅仅用程序来证明，更需要用数学的分析方法来验证，主要包含以下三个方面：

① 算法设计中没有语法错误；

② 算法设计中对合法的输入数据能够得到满足要求的输出结果；

③ 算法设计中对非法的输入数据能够得到满足规格说明的结果。

（2）可读性：算法设计过程中，算法要便于阅读、理解、交流与维护，方便人们理解算法并进行调试与修改，这就要求编码符合约定俗成的规范。因此，可读性有助于人们理解算法设计的思路。复杂并难以理解的算法设计会导致人们不了解算法思路，再加上难以调试与修改，使代码的扩展与维护的难度加大，成本剧增。

（3）健壮性：当输入的数据非法时，算法应当能够加以识别并做出处理，而不是产生异常中断、死机等影响用户体验的现象。例如，输入电子邮箱的时候，可以验证是否符合电子邮箱编写的规范，若不规范，则给出提示，提醒用户修正后提交，以免影响后续使用。

（4）好的效率和较小的存储空间。

① 时间效率：用算法执行的时间（T）度量。对于同一个问题，如果有多个算法可以解决，则执行时间短的时间效率就高。

② 空间效率：用算法执行过程中所需的最大存储空间（S）度量。对于同一个问题，如果有多个算法可以解决，则所需的存储空间小的空间效率就高。

因此，设计算法时往往 “鱼与熊掌不可兼得”，应该结合实际情况综合考虑。但是，随着技术的发展，特别是硬件的成本逐渐降低，目前绝大多数都会选择高时间效率和低空间效率的算法。

1.3　算法分析

为了获得最佳的算法设计，我们需要衡量算法效率的评价方法，具体如下所述。

1. 事后统计法

事后统计法主要通过设计好的测试程序和数据，利用计算机中的计时器对用不同算法编制的程序的运行时间进行比较，从而确定算法效率的高低。但是其存在缺陷，例如：

① 必须依据算法事先编制好的程序，这就需要在前期花费大量的时间与精力；

② 运行时间比较依赖计算机硬件和软件等环境因素，而且时常会掩盖算法本身的优劣；

③ 算法的测试数据设计困难，并且运行时间往往还与测试数据的规模有很大关系，效率高的算法对规模较小的测试数据无法体现出其高效性。

2．事前分析估算法

事前分析估算法是指在计算机程序编制前，根据统计方法对算法的运行时间进行估算。算法在计算机上的运行时间取决于以下因素：

① 算法采用的策略、方法；

② 编译产生的代码质量；

③ 问题的规模；

④ 编写程序的语言，对于同一个算法，使用的语言级别越高，执行效率就越低；

⑤ 机器执行指令的速度。

因此，算法的性能主要取决于执行程序时所耗费的时间与占用的空间，以及其与问题规模之间的关系。下面将分别从时间和空间的角度进行算法的分析。

1.3.1 算法的时间复杂度

算法的时间效率指算法的执行时间随问题规模的增长而增长的趋势，通常采用时间复杂度来度量。

一个算法的执行时间大致上等于其所有语句执行时间的总和，语句的执行时间是指该条语句的执行次数和执行一次所需时间的乘积。因此，它不是针对实际执行时间精确地算出算法执行的具体时间，而是针对算法中语句的执行次数做出估计，从中得到算法的执行时间。因此，算法的时间复杂度也就是算法的时间效率，记作 $T(n)=O(f(n))$。

时间复杂度，其实就是语句频度的数量级，是算法的时间量度。它表示随问题规模 n 的增大，算法执行时间的增长率和 $f(n)$ 的增长率相同，也称算法的渐进时间复杂度。

例 1-6 对于 x = x + 1 语句，在不同的结构中，计算时间复杂度。

语句结构 1：时间复杂度为 $O(1)$，称为常量阶。

```
x = x + 1
```

语句结构 2：时间复杂度为 $O(n)$，称为线性阶。

```
for i in range(n) :
    x = x + 1;
```

语句结构 3：时间复杂度为 $O(n^2)$，称为平方阶。

```
for i in range(n) :
    for j in range(n) :
        x = x + 1;
```

语句频度是指该语句在一个算法中重复执行的次数。

例 1-7 计算两个矩阵相乘的语句频度。

```
算法语句                                   对应的语句频度
for i in range(n) :                        n
    for j in range(n) :                    n^2
```

```
        c[i][j] = 0;                                   n^2
            for k in range(n) :                        n^3
                c[i][j] = c[i][j] + a[i][k] * b[k][j];  n^3
```

将所有语句的频度相加，可得总执行次数 $T_n = 2n^3 + 2n^2 + n$，因此，时间复杂度为 $O(n^3)$。

数据结构中常见的时间复杂度有以下 7 种。

（1）$O(1)$：常数型。

（2）$O(n)$：线性型。

（3）$O(n^2)$：平方型。

（4）$O(n^3)$：立方型。

（5）$O(2^n)$：指数型。

（6）$O(\log_2 n)$：对数型。

（7）$O(n\log_2 n)$：二维型。

时间复杂度随 n 变化情况的比较如表 1-3 所示。

表 1-3　时间复杂度随 n 变化情况的比较

时间复杂度	$n = 8(2^3)$	$n = 10$	$n = 100$	$n = 1000$
$O(1)$	1	1	1	1
$O(n)$	8	10	100	1000
$O(n^2)$	64	100	10000	1000000
$O(n^3)$	512	1000	1000000	1000000000
$O(2^n)$	256	1024	1.27×10^{30}	1.07×10^{301}
$O(\log_2 n)$	3	3.322	6.644	9.966
$O(n\log_2 n)$	24	33.22	664.4	9966

由表 1-3 可知，时间复杂度由小到大排列为：$O(1)$常数型 < $O(\log_2 n)$对数型 < $O(n)$线性型< $O(n\log_2 n)$二维型 < $O(n^2)$平方型 < $O(n^3)$立方型 < $O(2^n)$指数型。

因此，与算法执行时间相关的因素包括：

（1）算法执行的策略；

（2）问题的规模 n；

（3）编写程序的语言；

（4）编译程序产生的机器语言的质量；

（5）计算机执行指令的速度。

其中，问题的规模 n 是目前对算法执行时间影响最大的因素。

例 1-8　给定自然数 b，求 $1 + 2 + 3 + \cdots + (b - 1) + b$ 的值。

算法 1：采用循环计算的方式。代码如下。

```
import time
def Sum(num):
    sum = 0
    for i in range(1, num + 1):
        sum = sum + i
    print("累加和为：%d" % sum)
if __name__ =='__main__':
```

```
    num = 100000000
    startTime = time.time()
    Sum(num)
    endTime = time.time()
    runTime = endTime - startTime
    print("运行时间为：%s" % runTime)
```

结果显示如下。

```
累加和为：5000000050000000
运行时间为：4.529890298843384
```

算法 2：采用直接计算的方式。代码如下。

```
def Sum(num):
    sum = (1 + num) * num // 2
    print("累加和为：%d" % sum)
if __name__ == '__main__':
    startTime = time.time()
    Sum(num)
    endTime = time.time()
    runTime = endTime - startTime
    print("运行时间为：%s" % runTime)
```

结果显示如下。

```
累加和为：5000000050000000
运行时间为：0.001993894577026367
```

由上述结果可以发现，算法 1 的时间复杂度为 $O(n)$，当 $n = 100000000$ 时，执行算法的次数为 100000000 次，所花费的时间为 4.529890298843384 秒；而算法 2 的时间复杂度为 $O(1)$，无论 n 为多少，都只执行 1 次，所花费的时间为 0.001993894577026367 秒。由这些数值可以发现，算法 2 与算法 1 相比，时间代价低很多，基本上可以忽略不计。

除上述因素外，我们要讨论一个算法时，还需要从最好与最坏的时间复杂度去度量一个算法的优劣。

例 1-9 计算以下冒泡排序算法的时间复杂度。

```
def bubbleSort(arr):
    n = len(arr)
    for i in range(n):
        for j in range(0, n-i-1):
            if arr[j] > arr[j+1] :
                arr[j], arr[j+1] = arr[j+1], arr[j]
```

基本操作重复次数（最坏情况下）：

$$\frac{n(n-1)}{2} = \frac{n^2 - n}{2}$$

从而得出其时间复杂度为 $O(n^2)$。

讨论算法在最坏情况下的时间复杂度，即分析最坏情况以估计出算法执行时间的上界。最坏时间复杂度最具实际价值。

1.3.2 算法的空间复杂度

度量算法的空间效率就是空间复杂度，指在执行时为解决问题所需要的额外存储空间，不包括输入数据所占用的存储空间。算法的空间复杂度主要通过计算算法所需的存储空间衡量，记作：$S(n) = O(f(n))$。其中，n 为问题的规模，$f(n)$为输入是 n 时算法所占存储空间的函数。

一般情况下，一个程序在机器上执行时，除需要存储程序本身的指令、常数、变量和输入数据外，还需要存储对数据操作的存储单元。若输入数据所占存储空间只取决于问题本身，与算法无关，则只需分析该算法在实现时所需的辅助存储空间即可。若算法执行时所需的辅助存储空间相对于输入数据量而言是一个常数，则称算法原地工作，空间复杂度为 $O(1)$。

1.4 本章习题

一、选择题

1．数据的最小单位是（　　）。

A．数据项　B．数据元素　C．数据类型　D．数据变量

2．数据结构有（　　）种基本逻辑结构。

A．1　B．2　C．3　D．4

3．下列四种基本逻辑结构中，数据元素之间关系最弱的是（　　）。

A．集合　B．线性结构　C．树状结构　D．图形结构

4．数据在计算机存储器内表示时，物理地址与逻辑地址不相同的称为（　　）。

A．存储结构　B．逻辑结构　C．链式存储结构　D．顺序存储结构

5．算法能正确地实现预定功能的特性称为（　　）。

A．正确性　B．易读性　C．健壮性　D．高效率

6．下面关于算法的说法中错误的是（　　）。

A．算法最终必须由计算机程序实现

B．为解决某问题的算法与为该问题编写的程序的含义是相同的

C．算法的可行性是指指令不能有二义性

D．以上几项都是错误的

7．算法的时间复杂度是指（　　）。

A．执行算法程序所需要的时间　B．算法执行过程中所需要的基本运算次数

C．算法程序的长度　D．算法程序中的指令条数

8．下列时间复杂度中最好的是（　　）。

A．$O(1)$　B．$O(n)$　C．$O(\log_2 n)$　D．$O(n^2)$

9．执行下面程序段时，执行 S 语句的次数为（　　）。

```
for i in range(i, n + 1) :
    for j in range(1, i + 1)
        S
```

A．n^2　B．$n^2/2$　C．$n(n+1)$　D．$n(n+1)/2$

10．下面程序段的时间复杂度为（　　）。

```
for i in range(0, m) :
    for j in range(0, n) :
        a[i][j] = i * j
```

A．$O(m^2)$　　B．$O(n^2)$　　C．$O(m*n)$　　D．$O(m+n)$

二、填空题

1．线性结构中元素之间存在________关系；树状结构中元素之间存在________关系；图形结构中元素之间存在________关系。

2．数据结构按逻辑结构可分为两大类，分别是________和________。

3．算法的五个重要特性是________、________、________、________、________。

4．下面程序段的时间复杂度是________。

```
while s < n :
    i += 1
    s += i
```

5．下面程序段的时间复杂度是________。

```
i = 1
while i <= n:
    i = i*3
```

第 2 章

线性表

线性结构是最常用、最简单的一种数据结构。线性表是由同一类型的数据元素所组成的一个有限序列，并且数据间存在着线性结构的逻辑关系，其特点是有序和有限。

- 了解线性表的定义
- 掌握线性表的顺序存储与链式存储
- 掌握线性表的基本操作

2.1 什么是线性表

线性表是一种具有线性结构的抽象数据类型。线性表具有以下性质。

（1）同一性：线性表由同类数据元素组成，每一个 a_i 必须属于同一个数据对象。

（2）有穷性：线性表由有限个数据元素组成，表长度就是表中数据元素的个数。

（3）有序性：线性表中相邻数据元素之间存在着序偶关系 $<a_i, a_{i+1}>$。

1．线性表的逻辑结构

线性表的逻辑结构具有如下几个特征：

（1）线性表中有且只有一个开始结点（头结点），这个开始结点没有前驱结点；

（2）线性表中有且只有一个末尾结点（尾结点），这个末尾结点没有后继结点；

（3）除了开始结点与末尾结点，其他结点都有一个前驱结点和一个后继结点。

因此，我们这样定义线性表：n（$n \geqslant 0$）个类型相同的数据元素的有限序列。

（1）$n>0$ 时，第一个元素无直接前驱，最后一个元素无直接后继，其余的每个元素都只有一个直接前驱和一个直接后继。

（2）$n=0$ 时，为空表。

（3）表长：表中元素的个数 n。

（4）表中元素类型相同。

对线性表的抽象数据类型定义如下：

ADT LinearList{
    数据元素：$D=\{a_i \mid a_i \in D_0, i=0,1,\cdots,n, n\geqslant 0$, D_0 为某个数据对象$\}$
    数据关系：$S=\{<a_i, a_{i+1}> \mid a_i, a_{i+1} \in D_0, i=0,1,\cdots,n-1\}$

```
        基本操作：
        （1）Init()：将 LinearList 初始化为空表
        （2）Display()：展示 LinearList 的所有数据元素
        （3）Add(data)：添加数据元素
        （4）GetData(index)：按序号查找
        （5）Locate(key)：按内容查找
        （6）Insert(index, data)：插入操作，在线性表的某一个位置插入一个数据元素
        （7）Delete(index, data)：删除操作，删除某一个位置上的数据元素
        …
}ADT LinearList
```

2. 线性表的物理结构

线性表的物理结构主要有以下几种。

（1）顺序存储结构：顺序表。

（2）非顺序存储结构（链式存储）：单链表、循环链表、双向链表。

不管哪种存储方式，它们的结构都有如下特点。

（1）均匀性：虽然不同线性表中的数据元素可以是各种各样的，但对同一个线性表来说，数据元素必须具有相同的数据类型和长度。

（2）有序性：各数据元素在线性表中的位置只取决于它们的序号，数据元素之间的相对位置是线性的，即存在唯一的“第一个”和“最后一个”数据元素，除第一个和最后一个外，其他数据元素前面均只有一个数据元素（直接前驱），后面均只有一个数据元素（直接后继）。

2.2 顺序表

2.2.1 顺序表的定义

用顺序存储结构实现的线性表称为顺序表，也就是说，在存储器中分配一段连续的存储空间用于存储数据元素，逻辑上相邻的数据元素，其物理存储地址也是相邻的，如图 2-1 所示。

存储地址	存储的数据	逻辑地址
local(a_1)	a_1	1
local(a_1) + (2−1)k	a_2	2
…	…	…
local(a_1) + (i−1)k	a_i	i
…	…	…
local(a_1) + (n−1)k	a_n	n
local(a_1) + (maxSize−1)k		空闲

图 2-1　顺序表的存储结构示意图

一般用列表存储顺序表，应注意区分数据元素的序号和列表下标。图 2-2 所示的顺序表中，最后一个数据元素 60 对应的序号为 6，即元素位置为 index = 6；而其对应的列表下标为 5，即记

录顺序表中最后一个数据元素在列表中的位置为 last = 5。

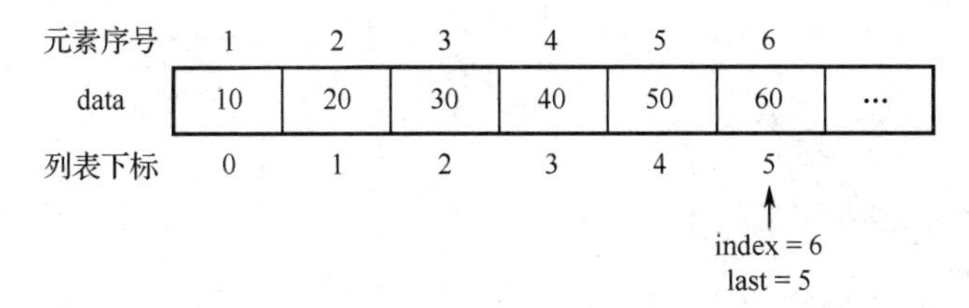

图 2-2　顺序表中数据元素的序号与列表下标之间的关系

2.2.2 顺序表的实现

创建顺序表的类，用于实现顺序表的一系列运算，代码如下。

```
class SeqList:
    '''
    顺序表的定义
    '''
```

（1）初始化顺序表：为顺序表设置最大容量 self.maxSize，以及分配数据元素所需的存储空间，将顺序表中最后一个数据元素在列表中的位置设置为-1，即为空表，其代码如下。

```
def __init__(self, maxSize):
    '''
    初始化
    :param maxSize: 顺序表的最大容量
    '''
    # 设置顺序表的最大容量
    self.maxSize = maxSize
    # 记录顺序表中最后一个数据元素的位置。如果为空表，则为-1；如果为满表，则为 maxSize - 1
    self.last = -1
    # 创建元素列表：创建一个空间大小为指定大小的列表
    self.data = [None for _ in range(self.maxSize)]
```

（2）判断顺序表是否为空表：只需要判断顺序表中最后一个数据元素在列表中的位置是否为-1，代码如下。

```
def isEmpty(self):
    '''
    判断顺序表是否为空表
    :return: True or False
    '''
    # 如果顺序表中最后一个数据元素在列表中的位置为-1，则返回 True，否则返回 False
    return self.last == -1
```

（3）获取顺序表的长度：只需要将顺序表中最后一个数据元素在列表中的位置加 1，结果就是当前顺序表的长度，代码如下。

```
def getLength(self):
    '''
    获取顺序表的长度
    :return: 当前顺序表中数据元素的个数
    '''
    return self.last + 1
```

（4）展示顺序表，代码如下。

```
def display(self):
    '''
    展示顺序表中的数据元素
    '''
    # 判断顺序表是否为空表
    if self.isEmpty():
        print("当前顺序表为空表！")
        return
    print("顺序表的数据元素为：", end="")
    for i in range(self.last + 1):
        print(self.data[i], end=",")
    print()
```

（5）查找操作。

① 按序号查找：要求查找顺序表中第 index 个数据元素。如果 index 合法，则返回 index-1 对应的数据元素；否则抛出异常，代码如下。

```
def getData(self, index):
    '''
    按序号查找
    :param index: 待查找的位置
    :return: 待查找位置的数据元素
    '''
    # 判断待查找的位置是否合法，抛出异常
    if index <= 0 or index > self.last + 1:
        raise IndexError("index 非法")
    # 返回待查找位置的数据元素
    return self.data[index - 1]
```

② 按内容查找：要求查找顺序表中与给定的关键值 key 相等的数据元素。若在顺序表中找到与 key 相等的数据元素，则返回该数据元素在表中的序号；若找不到，则返回一个“空序号”，如-1。

例 2-1 已知线性表(25, 34, 57, 16, 48, 9)，查找元素 16 和 50 所在位置，具体步骤如图 2-3 和图 2-4 所示。

图 2-3 查找成功步骤演示图

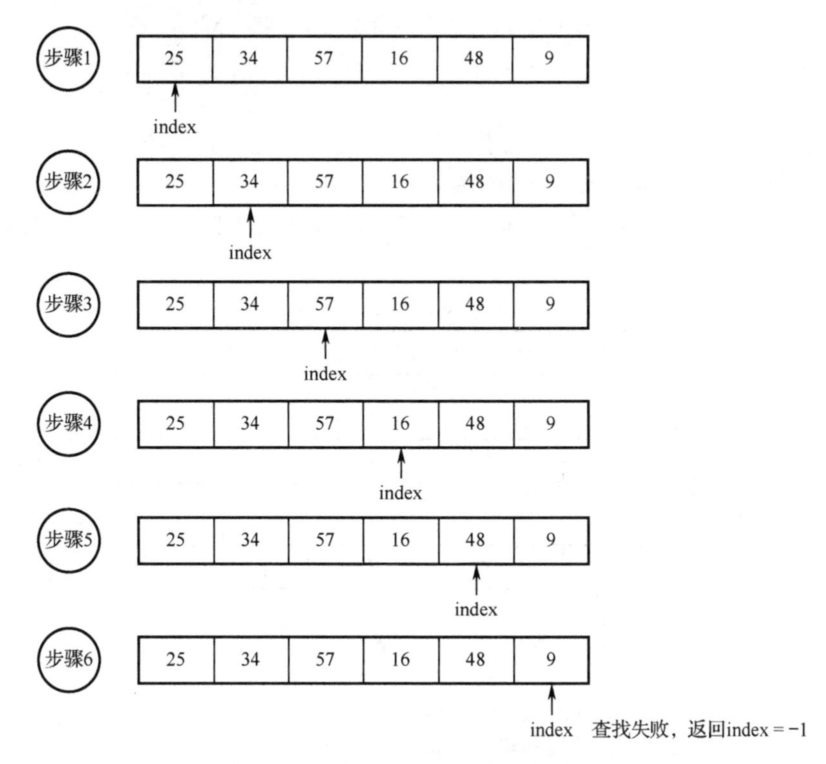

图 2-4　查找失败步骤演示图

代码如下。

```
def locate(self, key):
    '''
    按内容查找
    :param key：待查找的关键值
    :return：待查找关键值的位置
    '''
    # 初始化待查找关键值的位置为-1
    index = −1
    # 遍历顺序表，如果找到，则获得当前位置，并退出循环；如果没找到，则 index 还为-1
    for i in range(self.last + 1):
        # 判断当前数据元素是否与 key 一致，如果一致，则获得当前位置，并退出循环
        if self.data[i] == key:
            index = i + 1
            break
    return index
```

（6）插入操作。

① 在顺序表尾部追加数据元素：要求判断顺序表是否已满，代码如下。

```
def append(self, data):
    '''
    在顺序表尾部追加数据元素
    :param data：待追加的数据元素
    '''
    # 如果顺序表已满，则抛出异常
```

```
        if self.last == self.maxSize - 1:
            raise IndexError("当前顺序表已满，不允许继续追加数据元素")
        self.last += 1
        self.data[self.last] = data
```

② 在顺序表中任意位置插入数据元素：要求判断插入位置是否合法，并且在插入时，需要将插入位置之后的数据元素向后移动一个位置。

例 2-2 已知线性表(25, 34, 57, 16, 48, 9)，需在第 3 个元素之前插入一个元素“21”，具体步骤如图 2-5 所示。

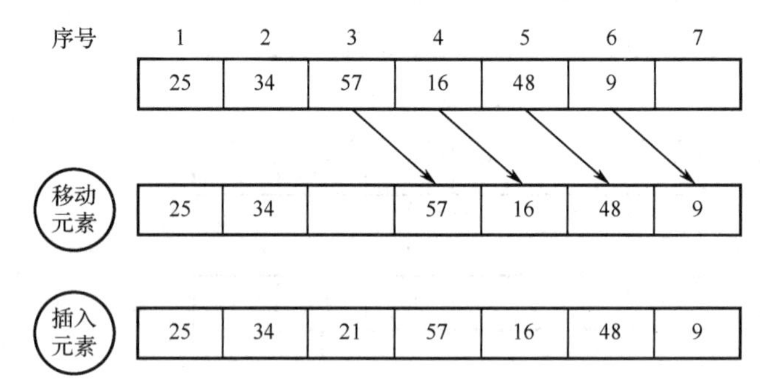

图 2-5　插入步骤演示图

代码如下。

```
def insert(self, index, data):
    '''
    在顺序表中任意位置插入数据元素
    :param index: 待插入数据元素的位置
    :param data: 待插入的数据元素
    '''
    # 判断待插入的位置是否合法，抛出异常
    if index <= 0 or index > self.last + 1:
        raise IndexError("index 非法")
    # 如果顺序表已满，则抛出异常
    if self.last == self.maxSize - 1:
        raise IndexError("当前顺序表已满，不允许继续插入数据元素")
    # 循环，将 index 及之后的数据元素向后移动一个位置
    for i in range(self.last + 1, index - 1, -1):
        self.data[i] = self.data[i - 1]
    self.data[index - 1] = data
    self.last += 1
```

可以发现，插入操作可能存在以下两种情况。

① 最好情况：在表尾部插入元素，则不需要移动元素，直接在表尾部插入即可。因此可以得出，最好（平均）时间复杂度为 $O(1)$。

② 最坏情况：在表头插入元素，则表中所有元素（n 个）都必须依次后移一个位置。因此，可以通过以下公式求出最坏情况下平均移动元素个数：

$$\text{平均移动元素个数} = \frac{1}{n+1}\sum_{k=0}^{n}(n-k) = \frac{1}{n+1}(n+\cdots+1+0) = \frac{1}{n+1}\cdot\frac{n(n+1)}{2} = \frac{n}{2}$$

从而得出，最坏（平均）时间复杂度为 $O(n)$。

（7）删除操作：在顺序表中任意位置删除数据元素。

例 2-3　已知线性表(25, 34, 57, 16, 48, 9)，将第 3 个元素删除，具体步骤如图 2-6 所示。

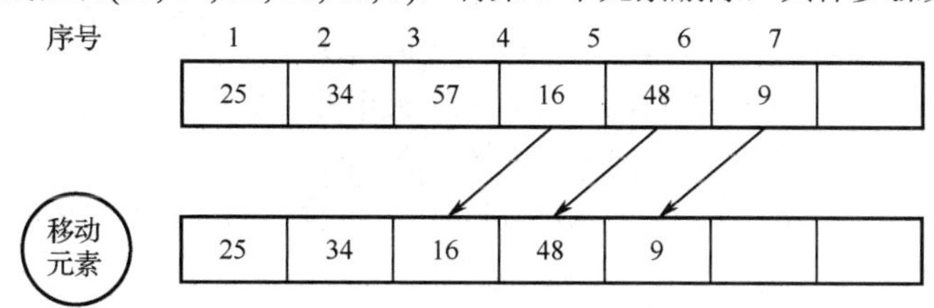

图 2-6　删除步骤演示图

代码如下。

```
def delete(self, index):
    '''
    在顺序表中任意位置删除数据元素
    :param index: 待删除数据元素的位置
    :return: 被删除的数据元素
    '''
    # 判断是否为空表，抛出异常
    if self.isEmpty():
        raise IndexError("当前顺序表为空表，不能进行删除操作")
    # 判断待删除的位置是否合法，抛出异常
    if index <= 0 or index > self.last + 1:
        raise IndexError("index 非法")
    # 获得被删除的数据元素
    data = self.data[index - 1]
    # 循环，将 index 后面的所有数据元素向前移动一个位置，从而覆盖 index 原来的数据元素
    for i in range(index - 1, self.last + 1):
        self.data [i] = self.data [i + 1]
    self.last -= 1
    return data
```

可以发现，删除操作可能存在以下两种情况。

① 最好情况：在表尾部删除元素，则不需要移动元素，直接在表尾部删除即可。因此可以得出，最好（平均）时间复杂度为 $O(1)$。

② 最坏情况：在表头删除元素，则表中剩下所有元素（$n-1$ 个）都必须依次前移一个位置。因此，可以通过以下公式求出最坏情况下平均移动元素个数：

$$\text{平均移动元素个数} = \frac{1}{n}\sum_{k=0}^{n}(n-k) = \frac{1}{n}\cdot\frac{n(n-1)}{2} = \frac{n-1}{2}$$

从而得出，最坏（平均）时间复杂度为 $O(n)$。

（8）合并操作。

例 2-4　已知有两个顺序表 listA 和 listB，其元素均是非递减有序排列的，编写一个算法，将它们合并成一个顺序表 listC，要求 listC 也是非递减有序排列的，如图 2-7 所示。

listA	8	21	25	49	62						
listB	16	37	54	72	82	90					
listC	8	16	21	25	37	49	54	62	72	82	90

图 2-7　顺序合并算法示例

算法思想：

① 设表 listC 是一个空表。

② 设两个指针 i、j 分别指向表 listA 和 listB 中的元素：

如果 listA 中的元素小，将 i 所指向的元素插入表 listC 中；

如果 listB 中的元素小，将 j 所指向的元素插入表 listC 中。

③ 如此进行下去，直至其中一个表被扫描完毕，再将未扫描完的表中剩余所有元素放到表 listC 中。

代码如下。

```
def merge(self, listB):
    '''
    合并算法
    :param listB: 待合并的顺序表 listB
    :return: 合并后的顺序表 listC
    '''
    # 设置三个顺序表的指针
    i = 0
    j = 0
    k = 0
    # 初始化顺序表 listC
    listC = SeqList(100)
    # 循环，进行顺序表 listA 和顺序表 listB 的合并
    while i <= self.last and j <= listB.last:
        # 判断顺序表 listA 和顺序表 listB 中元素的大小，添加到顺序表 listC 中，并移动位置
        if self.data[i] <= listB.data[j]:
            listC.data[k] = self.data[i]
            i += 1
            k += 1
        else:
            listC.data[k] = listB.data[j]
            j += 1
            k += 1
    # 若顺序表 listA 中还余下元素，则将其添加到顺序表 listC 中
    while i <= self.last:
        listC.data[k] = self.data[i]
        i += 1
        k += 1
    # 若顺序表 listB 中还余下元素，则将其添加到顺序表 listC 中
    while j <= listB.last:
        listC.data[k] = listB.data[j]
        j += 1
        k += 1
    # 最后，确定 listC 的长度
    listC.last = k - 1
    return listC
```

（9）进行调试，代码如下。

```
if __name__ == "__main__":
    # 初始化顺序表
    list = SeqList(100)
```

```
list.display()
# 创建顺序表
for i in range(10):
    list.append(chr(ord("A") + i))
list.display()
# 获取顺序表的长度
length = list.getLength()
print("当前顺序表的长度为：%d" % length)
# 按序号查找
data = list.getData(10)
print("按序号查找的结果为：%s" % data)
# 按内容查找
index = list.locate("D")
if index == -1:
    print("未找到元素 D！")
else:
    print("按内容查找的结果为：%d" % index)
# 在顺序表中任意位置插入元素
list.insert(4, "T")
list.display()
# 在顺序表中任意位置删除元素
data = list.delete(4)
print("被删除的元素为：%s" % data)
list.display()
# 合并算法
# 1：设置原始数据
dataA = (8, 21, 25, 49, 62)
dataB = (16, 37, 54, 72, 82, 90)
# 2：创建顺序表 listA
listA = SeqList(100)
for i in range(len(dataA)):
    listA.append(dataA[i])
listA.display()
# 3：创建顺序表 listB
listB = SeqList(100)
for j in range(len(dataB)):
    listB.append(dataB[j])
listB.display()
# 4：合并，创建顺序表 listC
listC = listA.merge(listB)
listC.display()
```

由上述顺序表的操作可以发现，顺序表中的元素，其逻辑地址和物理地址为直接映射关系，所以查找效率很高，但是，如果在顺序表中插入或删除元素，效率会特别低。

由此，我们分析出顺序存储结构的优点和缺点如下。

（1）优点：

① 无须为表示元素间的逻辑关系而增加额外的存储空间；

② 可方便地随机存取表中的任一元素。

（2）缺点：

① 插入或删除运算不方便，除表尾部外，在表的其他位置进行插入或删除操作都必须移动

大量的元素，效率较低；

② 由于顺序表要求占用连续的存储空间，存储分配只能预先进行静态分配，因此当表长变化较大时，难以确定合适的存储规模。

2.3 单链表

采用链式存储结构的线性表称为链表。从实现角度看，链表可分为动态链表和静态链表；从链接方式角度看，链表可分为单链表、循环链表和双链表。

2.3.1 单链表的定义

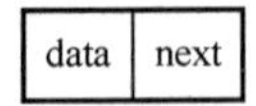

图 2-8 结点（Node）的定义

结点（Node）的定义如图 2-8 所示。其中，数据域（data）存储结点的值；指针域（next）存储直接后继的地址（或位置）。

代码如下。

```
class Node:
    '''
    定义结点类型
    '''
    def __init__(self, data):
        # 存储数据元素的数据域
        self.data = data
        # 存储指向后继结点位置的指针域
        self.next = None
```

因此，链表中的每个结点只有一个指针域，我们将这种链表称为单链表，其具有以下两点特征：

（1）结点可以连续存储，也可以不连续存储；

（2）结点的逻辑顺序与物理顺序可以不一致。

例 2-5 单链表(A, B, C, D, E)的逻辑结构与物理结构，分别如图 2-9 与图 2-10 所示。

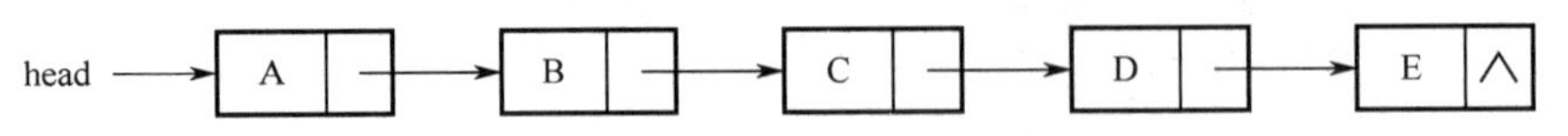

图 2-9 逻辑结构示例图

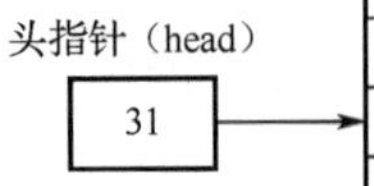

头指针（head）：31

存储地址	数据域	指针域
1	D	43
7	B	13
13	C	1
31	A	7
43	E	None

图 2-10 物理结构示例图

其中，头指针（head）表示指向单链表头结点的指针。有时为了操作的方便，还可以在单链表的第一个结点之前附设一个头结点（哨兵结点）。

（1）带头结点的单链表，如图 2-11 所示。

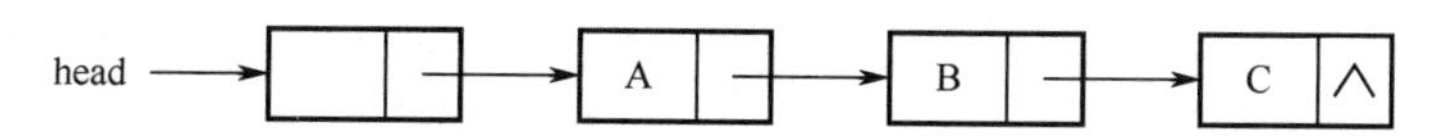

图 2-11　带头结点的单链表

（2）带头结点的空单链表，如图 2-12 所示。
（3）单链表的元素访问方式，如图 2-13 所示。

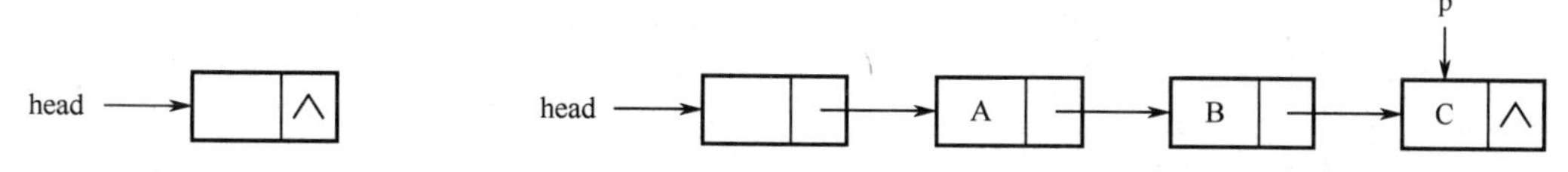

图 2-12　带头结点的空单链表

图 2-13　单链表的元素访问方式

① 访问数据元素 A：

```
head.next.data
```

② 访问数据元素 B：

```
head.next.next.data
```

③ 访问数据元素 C：

```
p.data
```

2.3.2 单链表的实现

创建单链表的类，用于实现单链表的一系列运算，代码如下。

```
class LinkedList:
    '''
    单链表的定义
    '''
```

（1）初始化单链表：对单链表进行所有操作之前，必须先进行初始化，即生成空表，代码如下。

```
def __init__(self):
    '''
    单链表初始化
    '''
    # 声明头结点
    self.head = Node(None)
```

（2）判断单链表是否为空表：只需要判断头结点的 next 域是否为 None，代码如下。

```
def isEmpty(self):
    '''
    判断单链表是否为空表
    :return: True or False
    '''
    # 如果头结点的 next 域为空，则返回 True；否则返回 False
    return self.head.next == None
```

（3）求单链表的长度：可以采用“数”结点个数的方法来求出单链表的长度，代码如下。

```
def getLength(self):
    '''
    获取单链表的长度
    :return: 当前单链表中数据元素的个数
    '''
    # 设置 length，用来计算单链表的长度，初始值为 0
    length = 0
    # 声明 cur 指针，用来遍历单链表，初始值为第一个结点
    cur = self.head.next
    # 循环，直至尾结点，即 cur==None
    while cur != None:
        # 单链表的长度加 1
        length += 1
        # cur 指针指向当前结点的后继
        cur = cur.next
    return length
```

（4）展示单链表，代码如下。

```
def display(self):
    '''
    展示单链表
    '''
    # 判断单链表是否为空表
    if self.isEmpty():
        print("当前单链表为空表！")
        return
    # 遍历单链表，展示数据元素
    print("单链表中的数据元素为：", end="")
    cur = self.head.next
    while cur != None:
        print(cur.data, end=",")
        cur = cur.next
    print()
```

（5）建立单链表：初始化单链表后，可采用结点插入的方式建立单链表。

① 头插法：从一个空表开始，重复读入数据，生成新结点，将读入数据存储到新结点的数据域中，然后将新结点插入当前链表的头结点之后。

例 2-6 从一张带头结点的空表开始，采用头插入的方式连续插入两个结点 A 和 B。

基本步骤如下。

步骤 1：产生一个新结点，并在新结点中存储 A，如图 2-14 所示。

步骤 2：修改指针域指向以实现插入，先将新结点的 next 指向头结点的 next，当前单链表为空表，next 域为 None，再将头结点的 next 指向新结点，如图 2-15 所示。

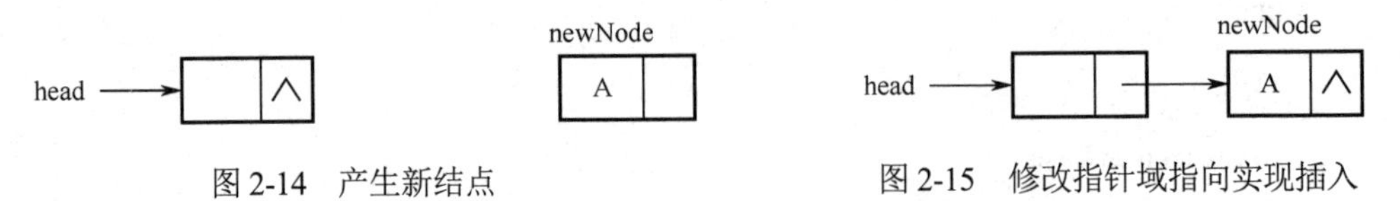

图 2-14 产生新结点

图 2-15 修改指针域指向实现插入

步骤 3：再产生一个新结点，并在新结点中存储 B，如图 2-16 所示。

步骤 4：修改指针域指向以实现插入，先将新结点的 next 指向头结点的 next 所指向的结点（A

结点），再将头结点的 next 指向新结点（B 结点），如图 2-17 所示。

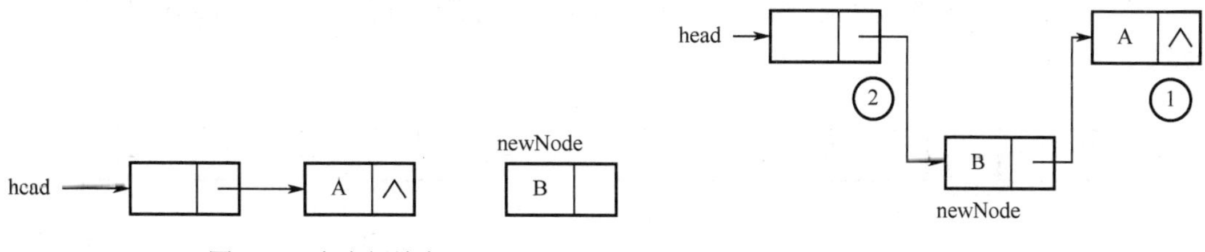

图 2-16　产生新结点　　　　图 2-17　修改指针域指向实现插入

代码如下。

```
def prepend(self, data):
    '''
    头插法
    :param data: 待插入的元素
    '''
    # 创建新结点，在新结点中存储元素
    newNode = Node(data)
    #修改指针指向，实现插入
    #将新结点的 next 指向头结点的后继结点
    newNode.next = self.head.next
    #将头结点的 next 指向新结点
    self.head.next = newNode
```

② 尾插法：从一个空表开始，重复读入数据，生成新结点，将读入数据存储到新结点的数据域中，然后将新结点插入当前链表的尾部，直至读入结束标志。

例 2-7　在一张带头结点的空表中采用尾插入的方式插入结点 A 和 B。

基本步骤如下。

步骤 1：创建尾指针 rear，初始化将尾指针指向头结点，如图 2-18 所示。

步骤 2：产生一个新结点，并在新结点中存储 A，如图 2-19 所示。

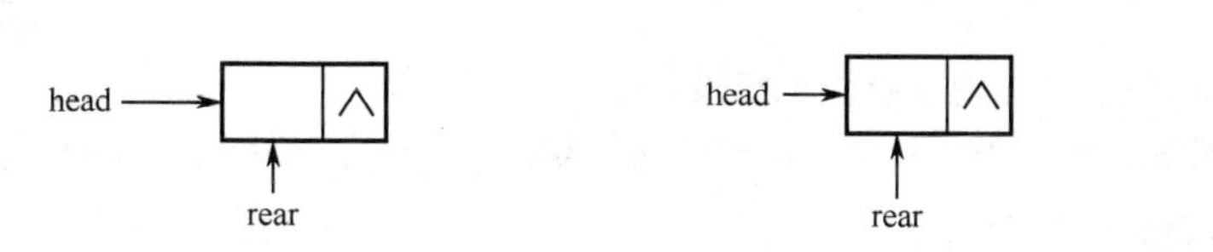

图 2-18　创建尾指针　　　　图 2-19　产生新结点

步骤 3：修改指针域指向以实现 A 结点的插入，首先将 A 结点的 next 指向尾指针所指向的结点的 next，当前单链表为空表，所以指向 None；然后将尾指针所指向的结点的 next 指向 A 结点，最后将尾指针指向 A 结点，等待下一个结点的插入，如图 2-20 所示。

步骤 4：产生一个新结点，并在新结点中存储 B，如图 2-21 所示。

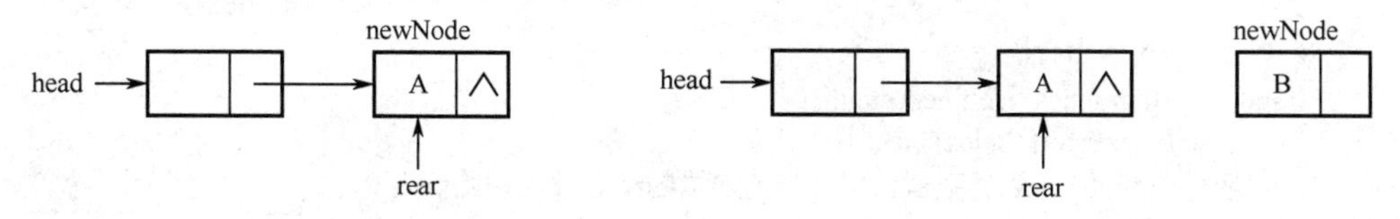

图 2-20　修改指针域指向实现插入　　　　图 2-21　产生新结点

步骤 5：修改指针域指向以实现 B 结点的插入，首先将 B 结点的 next 指向尾指针所指向的结点的 next，然后将尾指针所指向的结点的 next 指向 B 结点，最后将尾指针指向 B 结点，如图 2-22

所示。

步骤 6：若接下来输入结束，则最后插入的结点就成为表尾结点，应将它的 next 域设置为空，如图 2-23 所示。

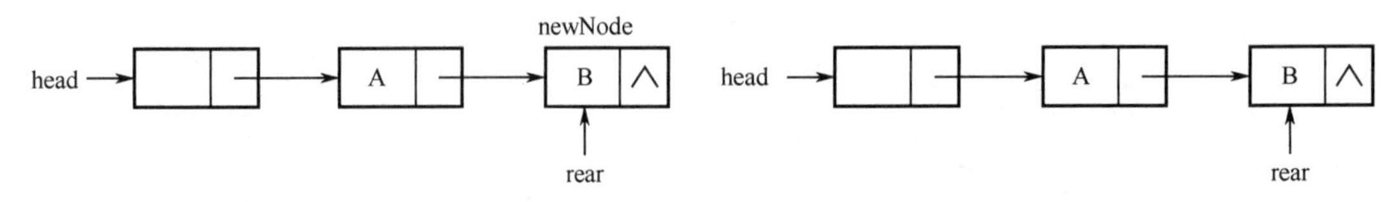

图 2-22　修改指针域指向实现插入　　　　图 2-23　设置尾结点

代码如下。

```
def append(self, data):
    '''
    尾插法
    :param data: 待插入的元素
    '''
    # 创建尾指针，初始化指向头结点
    rear = self.head
    # 循环，寻找尾结点
    while rear.next != None:
        rear = rear.next
    # 创建新结点，在新结点中存储元素
    newNode = Node(data)
    # 修改指针指向，实现插入
    # 将尾指针的 next 指向新结点
    rear.next = newNode
```

（6）查找操作。

① 按序号查找：要求查找单链表中第 index 个元素。

基本步骤如下。

步骤 1：需要从单链表头结点开始顺着链表扫描。

步骤 2：用 i 作为计数器，累计当前扫描过的结点数（初始值为 0），当 i = index 时，指针 cur 所指的结点就是要找的第 index 个结点。

代码如下。

```
def getData(self, index):
    '''
    按序号查找
    :param index: 待查找的位置
    :return: 待查找位置的元素
    '''
    # 判断 index 是否合法
    if index <= 0 or index >self.getLength():
        raise IndexError("index 非法")
    # 声明一个变量 i 作为计数器，累计当前扫描的结点数，初始值为 0
    i = 0
    # 声明 cur 指针，用来遍历单链表，初始化为头结点
    cur = self.head
    # 循环，从单链表的头结点出发，顺着链表开始扫描，当 index==i 或 cur 为空时，找到结点
    while cur != None and i != index:
```

```
        cur = cur.next
        i += 1
    return cur
```

② 按内容查找：要求查找单链表中与给定值 key 相等的元素。若在单链表中找到与 key 相等的元素，则返回该元素在表中的序号；若找不到，则返回一个“空序号”，如-1。

基本步骤为如下。

步骤 1：在单链表中查找数据域的值等于 key 的结点。

步骤 2：从单链表的头指针指向的头结点出发，顺链逐个将结点数据域中的值和给定值 key 做比较，返回查找结果。

代码如下。

```
def locate(self, key):
    '''
    按内容查找
    :param key: 待查找的内容
    :return: 待查找内容的位置
    '''
    # 声明 index 为索引位置，初始值为-1
    index = -1
    # 声明 cur 指针，用来遍历单链表，初始化为第一个结点
    cur = self.head.next
    # 循环，在单链表中查找值为 key 的结点位置，从单链表的头结点开始，顺着链逐个比较，如果
找到，则返回当前位置；如果没找到，则返回-1
    i = 0
    while cur != None:
        i += 1
        # 判断当前结点的值是否与 key 一致，如果一致，则获得当前位置，并退出循环
        if cur.data == key:
            index = i
            break
        cur = cur.next
    return index
```

（7）插入操作：在带头结点的单链表的第 index-1 个位置前插入一个元素。

例 2-8　在一张带头结点的单链表的第 i 个结点 a_i 前插入一个新结点 new，即在 a_{i-1} 与 a_i 之间插入一个新结点 new。

基本步骤如下。

步骤 1：在单链表中找到要插入的位置，即第 $i-1$ 个结点，并由指针 pre 指示，如图 2-24 所示。

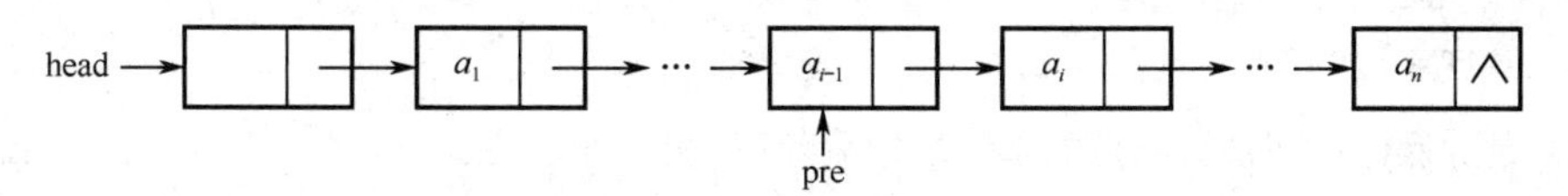

图 2-24　在单链表中找到要插入的位置

步骤 2：产生新结点，并在新结点中存储元素 new，如图 2-25 所示。

步骤 3：修改指针域指向以实现插入，先将新结点的 next 指向 pre 指针所指向的结点的 next，再将 pre 指针所指向的结点的 next 指向新结点，如图 2-26 所示。

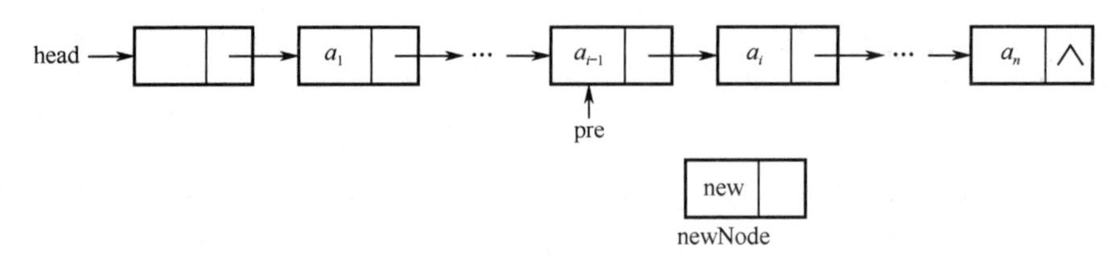

图 2-25　产生新结点

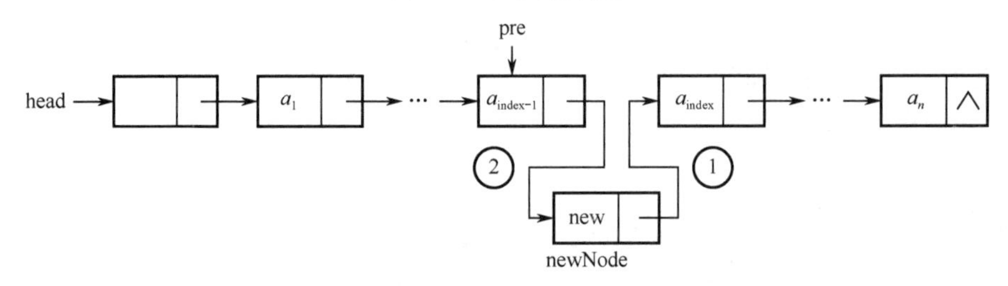

图 2-26　修改指针域指向实现插入

代码如下。

```
def insert(self, index, data):
    '''
    在单链表中任意位置插入元素
    :param index: 待插入的位置
    :param data: 待插入的元素
    '''
    # 判断 index 是否合法
    if index <= 0 or index > self.getLength():
        raise IndexError("index 非法")
    # 在单链表中找到要插入的位置，即第 index-1 个结点，并由 pre 指针指示
    # 初始化 i=1，用于判断是否找到 index-1 的位置
    i = 1
    # 声明 pre 指针，用来指示第 index-1 个结点，将其初始化为指向头结点
    pre = self.head
    # 循环，直至 pre 为空或者指向第 index-1 个结点
    while pre != None and i != index:
        pre = pre.next
        i += 1
    # 创建新结点，在新结点中存储数据元素
    newNode = Node(data)
    # 修改指针指向，实现插入
    # 将新结点的 next 指向 pre 指针所指向的结点的后继结点
    newNode.next = pre.next
    # 将 pre 指针所指向的结点的 next 指向新结点
    pre.next = newNode
```

（8）删除操作：在带头结点的单链表中删除第 index 个结点。

例 2-9　在带头结点的单链表中，删除第 index 个结点。

基本步骤如下。

步骤 1：在单链表中找到要删除的位置，要删除第 index 个结点，则找到其前一个结点，即第 index－1 个结点，并由指针 pre 指示，如图 2-27 所示。

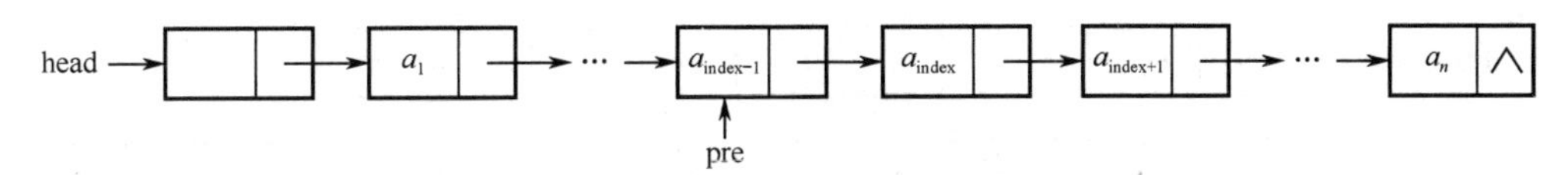

图 2-27　在单链表中找到要删除的位置

步骤 2：将要删除的结点从链表中断开，将 pre 指针所指向的结点（$a_{index-1}$）的 next 指向 prc 指针所指向结点（$a_{index-1}$）的后继结点（a_{index}）的后继结点（$a_{index+1}$），如图 2-28 所示。

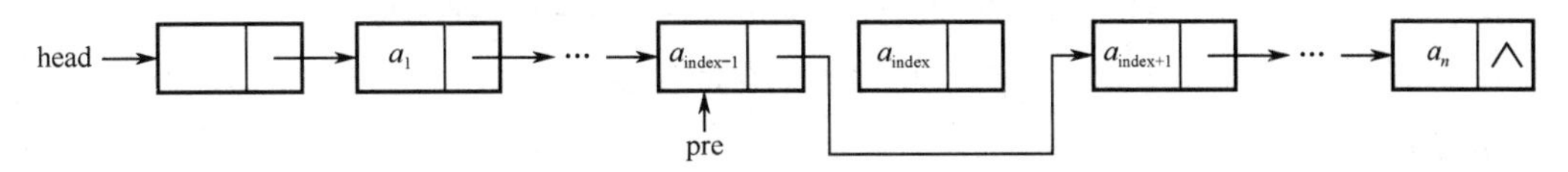

图 2-28　将要删除的结点从链表中断开

代码如下。

```
def delete(self, index):
    '''
    在单链表中任意位置删除元素
    :param index: 待删除的位置
    :return: 被删除的结点
    '''
    # 判断 index 是否合法
    if index <= 0 or index > self.getLength():
        raise IndexError("index 非法")
    # 判断单链表是否为空
    if self.isEmpty():
        raise IndexError("当前单链表为空，不允许删除")
    # 在单链表中找到要删除的结点的前一个结点，用 pre 指针指示
    i = 1
    # 声明 pre 指针，用来遍历单链表，初始化为头结点
    pre = self.head
    # 循环，当 pre 为空或者指向第 index-1 个结点时，循环结束
    while pre != None and i != index:
        pre = pre.next
        i += 1
    # 获取被删除的结点
    delNode = pre.next
    # 修改指针指向，实现删除
    # 将 pre 的 next 指向被删除结点的后继结点
    pre.next = delNode.next
    return delNode
```

（9）合并操作。

例 2-10　已知有两个单链表 listA 和 listB，其元素均是非递减有序排列的，编写一个算法，将它们合并成一个单链表 listC，要求 listC 也是非递减有序排列的。要求利用现有的表 listA 和 listB 的结点空间，而不需要额外申请结点空间，如图 2-29 所示。

算法思想：

（1）可通过更改结点的 next 域来重建新结点之间的线性关系；

（2）为保证新表仍然递增有序，可利用尾插法建立单链表；

（3）新建表中的结点不用重新创建，只需从表 listA 和 listB 中选择合适的结点插入新表 listC 中即可。

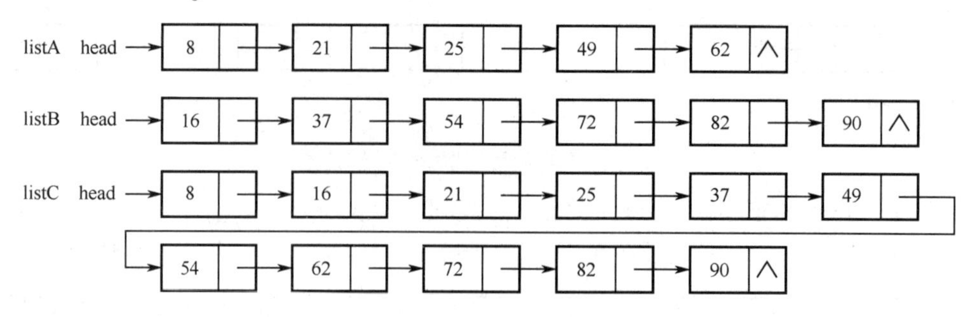

图 2-29　单链表合并算法示例

代码如下。

```
def merge(self, listB):
    '''
    合并操作
    :param listB: 待合并的单链表 listB
    :return: 合并后的单链表 listC
    '''
    # 声明 nodeA 和 nodeB 指针分别指向 listA 和 listB 当前待合并的结点，分别初始化为 listA 和 listB
的第一个结点
    nodeA = self.head.next
    nodeB = listB.head.next
    # 创建 listC，沿用 listA 的头结点
    listC = LinkedList()
    listC.head = self.head
    # 声明 tailC 作为 listC 的尾指针，用于合并数据元素，初始化为 listC 的头结点
    tailC = listC.head
    # 循环，将较小的结点插入 listC 中
    while nodeA != None and nodeB != None:
        if nodeA.data <= nodeB.data:
            tailC.next = nodeA
            tailC = nodeA
            nodeA = nodeA.next
        else:
            tailC.next = nodeB
            tailC = nodeB
            nodeB = nodeB.next
    # 若 listA 未合并结束，则将 listA 中剩余的结点链接到 listC 的表尾
    if nodeA != None:
        tailC.next = nodeA
    # 若 listB 未合并结束，则将 listB 中剩余的结点链接到 listC 的表尾
    if nodeB != None:
        tailC.next = nodeB
    return listC
```

（10）进行调试，代码如下。

```
if __name__ == "__main__":
    # 初始化单链表
    list = LinkedList()
    list.display()
    # 创建单链表，采用头插入操作
    for i in range(10):
```

```
        list.prepend(chr(ord("A") + i))
    print("采用头插入操作，", end="")
    list.display()
    # 创建单链表，采用尾插入操作
    list = LinkedList()
    for i in range(10):
        list.append(chr(ord("A") + i))
    print("采用尾插入操作，", end="")
    list.display()
    # 获取单链表的长度
    length = list.getLength()
    print("当前单链表的长度为：%d" % length)
    # 在单链表中的任意位置插入元素
    list.insert(2, "T")
    list.display()
    # 按序号查找
    node = list.getData(2)
    print("按序号查找的结果为：%s" % node.data)
    # 按内容查找
    index = list.locate("B")
    if index == -1:
        print("未找到你要的内容的位置")
    else:
        print("按内容查找的结果为：%d" % index)
    # 在单链表的任意位置删除元素
    node = list.delete(2)
    print("被删除的数据元素为：%s" % node.data)
    list.display()
    # 合并操作
    # 原始数据
    dataA = (8, 21, 25, 49, 62)
    dataB = (16, 37, 54, 72, 82, 90)
    # 创建 listA
    listA = LinkedList()
    for i in range(len(dataA)):
        listA.append(dataA[i])
    listA.display()
    # 创建 listB
    listB = LinkedList()
    for i in range(len(dataB)):
        listB.append(dataB[i])
    listB.display()
    # 合并成 listC
    listC = listA.merge(listB)
    listC.display()
```

由上述单链表的操作可以发现，单链表中的元素，其逻辑地址和物理地址并不一定有直接的映射关系，所以查找效率较低，但是，如果在单链表中插入或删除元素，由于只是改变指针域的指向，效率会特别高。

由此分析出链式存储结构的优点和缺点。

（1）优点：

① 无须考虑单链表的存储空间大小，只要内存足够大，就可以无限延伸；

② 插入或删除运算方便，只要改变指针域的指向，无须移动大量的结点，效率较高。

（2）缺点：因为逻辑地址与物理地址不一定有直接的映射关系，所以，随机存取单链表中的任一元素的效率较低。

2.4 双向链表

2.4.1 双向链表的定义

单链表有一个缺点：无法快速访问前驱结点，当查找到某一个元素时，如果想查找其前驱结点，需要再次从头遍历。因此，有人提出在结点中添加一个指向前驱结点的指针，如此便构成双向链表。

图 2-30 所示为一个双向链表，表中第一个结点的前驱指针域为 None，最后一个结点的后继指针域为 None。在双向链表中，通过一个结点可以找到它的后继结点，也可以找到它的前驱结点。

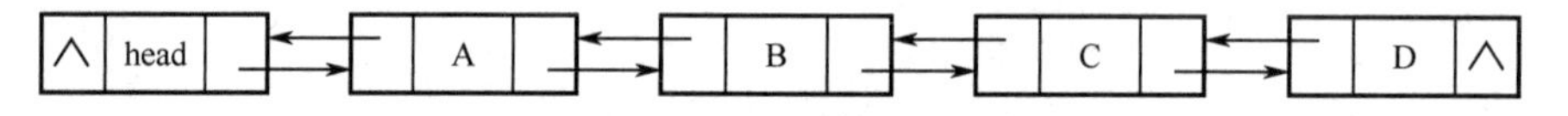

图 2-30　双向链表示例图

在单链表的每个结点里再增加一个指向其前驱的指针域 pre。这样形成的链表中就有两条方向不同的链，我们称之为双向链表（Double Linked List）。

pre	data	next

图 2-31　双向链表的结点结构

双向链表的结点结构如图 2-31 所示。

（1）数据域（data）：存储结点的值。

（2）指针域（pre）：直接前驱结点的地址（或位置）。

（3）指针域（next）：直接后继结点的地址（或位置）。

代码如下。

```
class Node:
    '''
    定义双向链表结点类型
    '''
    def __init__(self, data):
        # 存储结点中的数据域
        self.data = data
        # 指向后继结点的指针域 next
        self.next = None
        # 指向前驱结点的指针域 pre
        self.pre = None
```

2.4.2 双向链表的实现

创建双向链表的类，用于实现双向链表的一系列运算，代码如下。

```
class DLinkedList:
    '''
```

```
    双向链表的定义
    '''
```

（1）初始化双向链表：对双向链表进行所有操作之前，必须先进行初始化，即生成空表，代码如下。

```
def __init__(self):
    '''
    双向链表初始化
    '''
    # 声明表头指针，将表头的 next 指针指向空
    self.head = Node(None)
```

（2）判断双向链表是否为空表：只需要判断头结点的 next 域是否为 None，代码如下。

```
def isEmpty(self):
    '''
    判断双向链表是否为空表
    :return: True or False
    '''
    # 如果头结点的 next 域为 None，则返回 True；否则返回 False
    return self.head.next is None
```

（3）求双向链表的长度：遍历双向链表，每经过一个结点，长度加 1，代码如下。

```
def getLength(self):
    '''
    获取双向链表的长度
    :return: 当前双向链表中元素的个数
    '''
    # length 用来计算双向链表的长度
    length = 0
    # 声明 cur 指针，用来遍历双向链表
    cur = self.head.next
    # 当 cur 指针没有指向 None
    while cur != None:
        # 单链表长度加 1
        length += 1
        # cur 指针指向当前结点的后继结点
        cur = cur.next
    return length
```

（4）展示双向链表，代码如下。

```
def display(self):
    '''
    遍历双向链表，进行展示
    '''
    if self.isEmpty():
        print('当前双向链表为空表！')
        return
    print("双向链表的元素为：", end="")
    # 遍历双向链表
    cur = self.head.next
    while cur != None:
```

```
            print(cur.data, end = " ")
            cur = cur.next
        print()
```

（5）建立双向链表：追加元素，使用尾指针每次都先找到最后一个元素，然后在表尾插入，代码如下。

```
    def append(self, data):
        '''
        建立双向链表
        :param data: 待插入的元素
        '''
        # 查找尾结点
        rear = self.head
        while rear.next != None:
            rear = rear.next
        # 创建新结点
        newNode = Node(data)
        # 将尾结点的 next 指针指向新结点
        rear.next = newNode
        # 将新结点的 pre 指针指向尾结点
        newNode.pre = rear
```

（6）插入操作：在双向链表第 index 个结点之前插入一个新结点，指针的变化情况如图 2-32 所示。

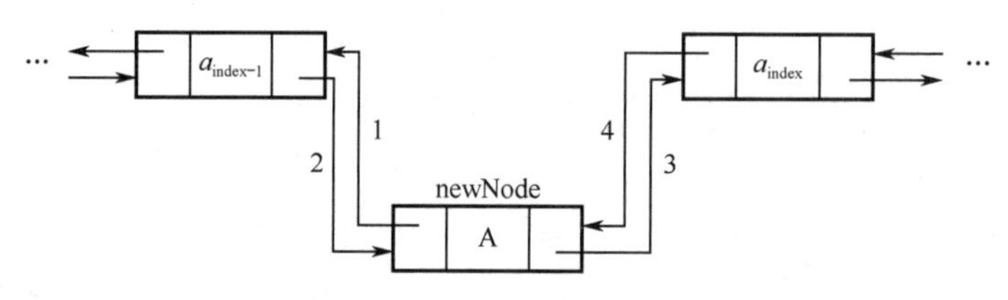

图 2-32　双向链表插入操作指针的变化情况

代码如下。

```
    def insert(self, index, data):
        '''
        在双向链表中任意位置插入元素
        :param index: 待插入元素的位置
        :param data: 待插入元素的值
        '''
        i = 1
        # 声明指针 cur，用来遍历双向链表
        cur = self.head
        # 遍历停止的条件，cur 为空或者指向第 index 个结点
        while cur != None and i != index + 1:
            cur = cur.next
            i += 1
        # 若 index 非法，抛出异常
        if cur == None or i > self.getLength():
            raise IndexError('index 非法')
        # 创建新结点
        newNode = Node(data)
```

```
        # 将新结点的前驱指针指向指针 cur 所指向的结点的前驱结点
        newNode.pre = cur.pre
        # 将指针 cur 所指向的结点的前驱结点的后继指针指向新结点
        cur.pre.next = newNode
        # 将新结点的后继指针指向指针 cur 所指向的结点
        newNode.next = cur
        # 将指针 cur 所指向的结点的前驱指针指向新结点
        cur.pre = newNode
```

（7）删除操作：删除双向链表中的第 index 个结点，指针的变化情况如图 2-33 所示。

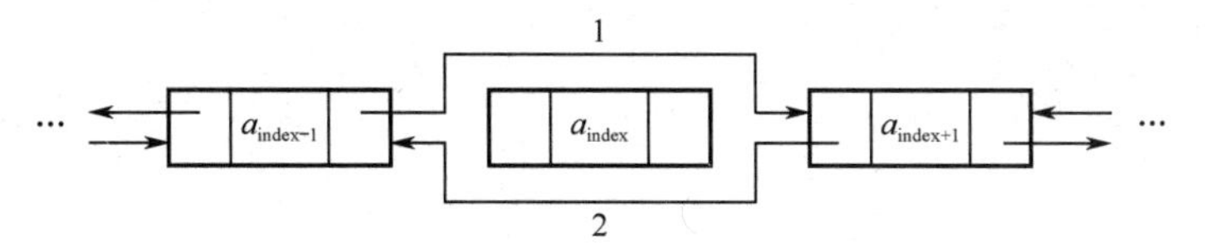

图 2-33　双向链表删除操作指针的变化情况

代码如下。

```
def delete(self, index):
    '''
    在双向链表中任意位置删除元素
    :param index: 待删除元素的位置
    :return: 被删除的元素
    '''
    # 若双向链表为空，抛出异常
    if self.isEmpty() :
        raise IndexError('当前双向链表为空表！ ')
    # 在双向链表中找到要删结点的前一个结点，由指针 pre 指示
    i = 1
    # 声明指针 cur，用来遍历双向链表
    cur = self.head
    # 遍历停止的条件，cur 为空或者指向第 index 个结点
    while cur != None and i != index + 1:
        cur = cur.next
        i += 1
    # 若 index 非法，抛出异常
    if cur == None or i > self.getLength():
        raise IndexError('index 非法')
    # 获取被删除元素
    data = cur.data
    # 将指针 cur 所指向结点的前驱结点的 next 指针指向指针 cur 所指向结点的后继结点
    cur.pre.next = cur.next
    # 将指针 cur 所指向结点的后继结点的 pre 指针指向指针 cur 所指向结点的前驱结点
    cur.next.pre = cur.pre
    return data
```

（8）进行调试，代码如下。

```
if __name__=='__main__':
    # 初始化双向链表
    list = DLinkedList()
    list.display()
    # 创建双向链表
```

```
    for i in range(10) :
        list.append(chr(ord('A') + i))
    print("尾插入操作，", end = "")
    list.display();
    # 获取双向链表的长度
    length = list.getLength()
    print("单链表的长度为：", length)
    # 在双向链表中任意位置插入元素
    list.insert(2, 'Y')
    list.display()
    # 在双向链表中任意位置删除元素
    data = list.delete(2)
    print("被删除的元素为：", data)
    list.display()
```

综上所述，相对于单链表，双向链表要复杂一些，因为它多了一个前驱指针，所以要格外小心对应插入和删除操作的实现。

2.5 循环链表

2.5.1 循环链表的定义

循环链表（Circular Linked List）是首尾相接的一种链表，其尾结点的后继指针又指向链表的第一个结点，这样形成一个环。对于循环链表，从表中的任意一个结点出发，都能找到其他所有的结点，如图 2-34 所示。

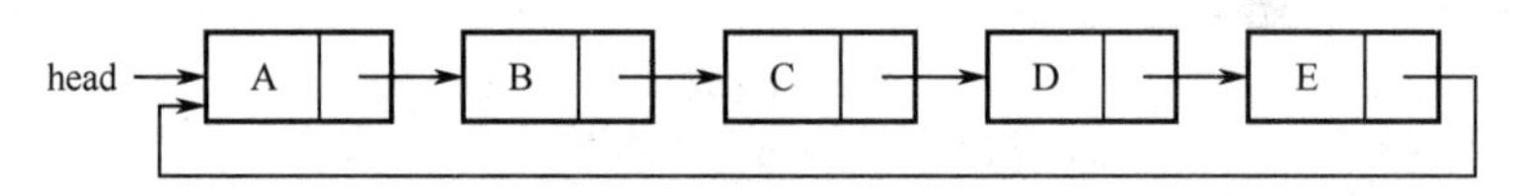

图 2-34　循环链表示例图

特点：将单链表最后一个结点的指针域 next 由 None 改为指向头结点或表中的第一个结点，使其变为一种头尾相接的结构。

例 2-11　假设链表长度为 n，计算其时间复杂度。

（1）带头结点的一般形式，如图 2-35 所示。

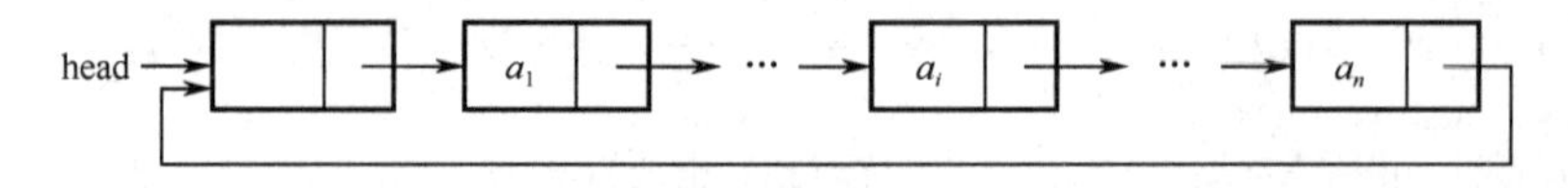

图 2-35　带头结点的一般形式

① 在表头插入或删除元素，时间复杂度为 $O(1)$；

② 在表尾插入或删除元素，时间复杂度为 $O(n)$。

（2）带尾指针的一般形式，如图 2-36 所示。

① 在表头插入或删除元素，时间复杂度为 $O(1)$；

② 在表尾插入或删除元素，时间复杂度为 $O(1)$。

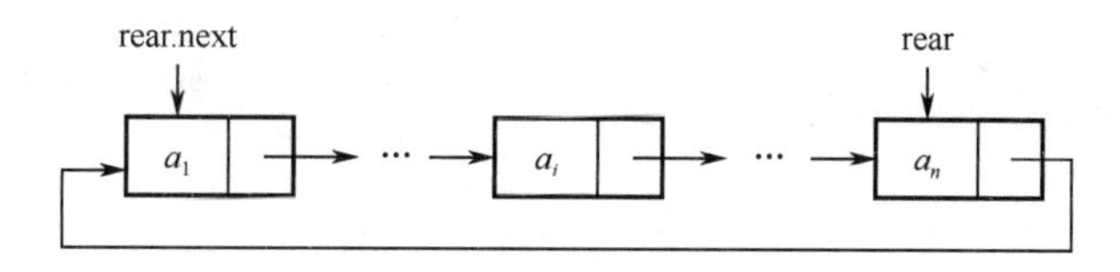

图 2-36　带尾指针的一般形式

综上所述，在循环链表中附设尾指针有时比附设头指针会使操作变得更简单。

2.5.2 循环链表的实现

定义循环链表的结点类型，代码如下。

```
class Node:
    '''
    定义循环链表结点类型
    '''
    def __init__(self,data):
        # 存储结点中的数据域
        self.data = data
        # 指向后继结点的指针域 next
        self.next = None
```

创建循环链表的类，用于实现循环链表的一系列运算，代码如下。

```
class CLinkedList:
    '''
    循环链表的定义
    '''
```

（1）初始化循环链表，代码如下。

```
def __init__(self):
    '''
    循环链表初始化
    '''
    # 声明头指针，将头结点的后继指针指向自己
    self.head = Node(None)
    self.head.next = self.head
```

（2）判断循环链表是否为空表：只需要判断头结点的 Next 指针域是否为 None，代码如下。

```
def isEmpty(self):
    '''
    判断循环链表是否为空表
    :return: True or False
    '''
    # 如果头结点的 next 指针指向自己，则返回 True；否则返回 False
    return self.head.next is self.head
```

（3）求循环链表的长度：遍历循环链表，每经过一个结点，链表长度加 1，从而获取链表长度，代码如下。

```
def getLength(self):
    '''
```

```
        获取循环链表的长度
        :return: 当前循环链表中元素的个数
        '''
        # length 用来计算循环链表的长度
        length = 0
        # 声明 cur 指针，用来遍历循环链表
        cur = self.head.next
        # 当 cur 指针没有指向自己
        while cur != self.head:
            # 循环链表长度加 1
            length += 1
            # cur 指针指向当前结点的后继结点
            cur = cur.next
        return length
```

（4）展示循环链表，代码如下。

```
    def display(self):
        '''
        遍历循环链表，进行展示
        '''
        if self.isEmpty():
            print('当前循环链表为空表！')
            return
        print("循环链表的元素为：", end="")
        # 遍历循环链表
        cur = self.head.next
        while cur != self.head:
            print(cur.data, end = " ")
            cur = cur.next
        print()
```

（5）建立循环链表：追加新的结点，使用尾指针获取最后一个结点的位置，进行表尾插入操作，代码如下。

```
    def append(self, data):
        '''
        建立循环链表
        :param data: 待插入的元素
        '''
        # 查找尾结点
        rear = self.head
        while rear.next != self.head:
            rear = rear.next
        # 创建新结点
        newNode = Node(data)
        # 将尾结点的后继指针指向新结点
        rear.next = newNode
        # 将新结点的后继指针指向头结点
        newNode.next = self.head
```

（6）插入操作：找到需要插入结点的位置的前驱结点，进行插入操作，代码如下。

```
    def insert(self, index, data):
```

```
        '''
        在循环链表中任意位置插入元素
        :param index: 待插入元素的位置
        :param data: 待插入元素的值
        '''
        i = 1
        # 声明指针 pre，用来遍历循环链表
        pre = self.head.next
        # 遍历停止的条件，pre 为空或者指向下标为 index-1 的结点
        while pre != self.head and i != index - 1:
            pre = pre.next
            i += 1
        # 若 index 非法，抛出异常
        if pre == self.head or i > self.getLength():
            raise IndexError('index 非法')
        # 创建新结点
        newNode = Node(data)
        # 将新结点的后继指针指向指针 pre 的后继结点
        newNode.next = pre.next
        # 将第 index 个结点的后继指针指向新结点
        pre.next = newNode
```

（7）删除操作：找到需要删除结点的位置的前驱结点，进行删除操作，代码如下。

```
    def delete(self, index):
        '''
        在循环链表中任意位置删除元素
        :param index: 删除下标为 index 的元素
        :return: 被删除的元素
        '''
        # 若循环链表为空表，抛出异常
        if self.isEmpty():
            raise IndexError('当前循环链表为空表！')
        i = 1
        # 声明指针 pre，用来遍历循环链表
        pre = self.head.next
        # 遍历停止的条件，pre 为空或者指向下标为 index-1 的结点
        while pre != self.head and i != index - 1:
            pre = pre.next
            i += 1
        # 若 index 非法，抛出异常
        if pre == self.head or i > self.getLength():
            raise IndexError('index 非法')
        # 获取被删除元素值
        data = pre.next.data
        # 将要删结点从循环链表中断开
        pre.next = pre.next.next
        return data
```

（8）进行调试，代码如下。

```
if __name__ == '__main__':
    # 初始化循环链表
    list = CLinkedList()
```

```
list.display()
# 创建循环链表，采用尾插入操作
for i in range(10) :
    list.append(chr(ord('A') + i))
print("尾插入操作，", end = "")
list.display()
# 获取循环链表的长度
length = list.getLength()
print("循环链表的长度为：", length)
# 在循环链表中任意位置插入元素
list.insert(2, 'Y')
list.display()
# 在循环链表中任意位置删除元素
data = list.delete(2)
print("被删除的数据元素为：", data)
list.display()
```

（循环双链表）

2.6 线性表的比较

2.6.1 顺序表与链表的比较

顺序表与链表是线性表的两种存储结构，它们的存在是必要的。因此，在合适的环境下选择何种存储结构，可以从以下几点讨论。

（1）基于空间的考虑。

① 顺序表的存储空间是静态分配的，在程序执行之前必须明确规定它的存储规模。

② 动态链表的存储空间是动态分配的，只要存储空间尚有空闲，就不会产生溢出。

因此，当线性表的长度变化较大，难以估计存储规模时，采用动态链表作为存储结构较好。

（2）基于时间的考虑。

① 顺序表可以随机存取，对表中任一结点都可以在 $O(1)$时间内直接存取；链表中的结点需从头指针开始顺着链找才能取得。

② 在顺序表中进行插入、删除时，平均要移动表中近一半的元素；而链表只需要修改指针。

因此，若对线性表的主要操作是查找而非插入和删除，宜采用顺序表存储结构；若对线性表的主要操作是频繁的插入、删除，宜采用链表存储结构。

（3）基于语言的考虑。

① 顺序表易于操作，数据内容顺序存储，对数据的操作较为简单。

② 链表由于需要进行引用操作，需要分配存储空间，对数据的操作较为复杂。

2.6.2 链式存储方式的比较

链式存储方式有多种，表 2-1 列举部分有特点的链式存储方式及操作。

表 2-1　链式存储方式及操作

链表名称	找头结点	找尾结点	找 P 结点的前驱结点
带头结点的 单链表 list	head.next ($O(1)$)	一重循环 ($O(n)$)	顺 P 结点的指针域无法找到 P 结点的前驱结点
带头结点的 循环链表 list	head.next ($O(1)$)	重循环 ($O(n)$)	顺 P 结点的指针域可以找到 P 结点的前驱结点 ($O(n)$)
带尾指针的 循环链表 list	head.next ($O(1)$)	rear ($O(1)$)	顺 P 结点的指针域可以找到 P 结点的前驱结点 ($O(n)$)
带头结点的 双向循环链表 list	head.next ($O(1)$)	head.pre ($O(1)$)	P.pre ($O(1)$)

综上所述，在提高时间复杂度的同时，也需要扩充部分存储空间。因此，我们需要根据实际场景选择合适的存储方式，对数据进行存储及操作。

2.7　线性表的应用

2.7.1　一元多项式的表示及相加

一元多项式可按升幂的形式写成：

$$P_n(x) = p_0 + p_1x^{e_1} + p_2x^{e_2} + \cdots + p_nx^{e_n}$$

其中，e_i 为第 i 项的指数（且 $1 \leqslant e_1 \leqslant e_2 \leqslant \cdots \leqslant e_n$），$p_i$ 是指数 e_i 的项的系数。

例 2-12　已知 $B(x) = 8x + 22x^7 - 9x^8$，对该一元多项式进行物理存储。

考虑只存储该一元多项式各项的系数，每个系数所对应的指数项则隐含在存储系数的顺序表的下标中，如图 2-37 所示。

值	0	8	0	0	0	0	0	22	−9
下标	0	1	2	3	4	5	6	7	8

图 2-37　只存储该一元多项式各项的系数示例图

采用这种存储方法使多项式的相加运算的算法定义十分简单，只需将下标相同的单元的内容相加即可。但是，此种方法存在缺点，如果多项式的非零项指数很大但非零项很少，就十分浪费存储空间。例如，$R(x) = 1 + 5x^{10000} + 7x^{20000}$，存在很多被浪费的存储空间。

因此，考虑另一种方法，只存储非零项，此时对每个非零项需要存储非零项系数与非零项指数，如图 2-38 所示。

值	系数	8	22	−9
	指数	1	7	8
下标		0	1	2

图 2-38　只存储非零项示例图

此方法解决了前一种方法的存储空间浪费的问题。但是，在进行多项式的相加运算时，需要对指数进行判断，只有当指数相等时才相加。因此，从操作性来说，其比前一种方法复杂。

还可以用链式存储的方式来表示一元多项式，即只存储非零项，每个非零项由指数项和系数项两部分构成，结点结构如图 2-39 所示。

系数coef	指数exp	后继指针next

图 2-39　一元多项式结点结构

（1）数据域（coef）：存储单项式系数的值。

（2）数据域（exp）：存储单项式指数的值。

（3）指针域（next）：直接后继单项式的地址（或位置）。

代码如下。

```
class Node:
    '''
    定义一元多项式的结点类型
    '''
    def __init__(self, coef, exp):
        self.coef = coef        # 系数
        self.exp = exp          # 指数
        self.next = None        # 后继指针
```

因此，用链式存储方式表示一元多项式，如图 2-40 所示。

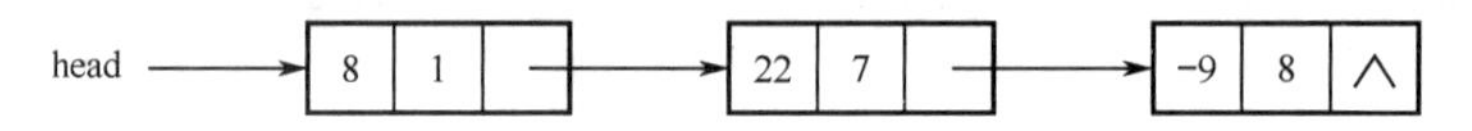

图 2-40　链式存储方式示例图

用链式存储建立一元多项式，算法思想如下：

（1）输入一组多项式的系数和指数，用尾插法建立一元多项式的链表；

（2）以输入系数 0 为结束标志；

（3）约定当建立一元多项式链表时，总是按指数从小到大的顺序排列。

代码如下。

```
class PolyList:
    '''
    一元多项式的定义
    '''
    def __init__(self, items):
        '''
        一元多项式的初始化
        :param items: 一元多项式的数据
        '''
        self.head = Node(0, 0)
        # 存储系数和指数
        for item in items:
            coef, exp = item[0], item[1]
            node = Node(coef, exp)
            self.append(node)

    def append(self, node):
        '''
        尾插入
        :param node: 待插入的结点
        '''
        # 查找尾结点
        rear = self.head
```

```
        while rear.next != None:
            rear = rear.next
        # 修改指针指向待插入的结点
        rear.next = node

    def display(self):
        cur = self.head.next
        if cur == None:
            print("未初始化一元多项式！")
            return
        # 打印第一个单项式
        print("%dx^%d" % (cur.coef, cur.exp), end="")
        cur = cur.next
        # 循环打印之后的单项式
        while cur != None:
            if cur.coef != 0:
                print(" + %dx^%d" % (cur.coef, cur.exp), end="")
            cur = cur.next
        print()
```

例 2-13　已知多项式 $A=7+3x+9x^8+5x^{17}$ 与 $B=8x+22x^7-9x^8$，如果采用链式存储结构，编写一个进行两个一元多项式相加的算法。

两个一元多项式相加后的结果，称为“和多项式”，运算规则为：两个多项式中所有指数相同的项的对应系数相加，若和不为零，则构成“和多项式”中的一项；所有指数不相同的项均复制到“和多项式”中。具体步骤如下（如图 2-41 所示）：

（1）若多项式 A 当前单项式的指数小于多项式 B 当前单项式的指数，则多项式 A 当前单项式成为“和多项式”中的一项，然后比较多项式 A 下一个单项式指数与多项式 B 当前单项式的指数之间的关系；

（2）若多项式 A 当前单项式的指数大于多项式 B 当前单项式的指数，则多项式 B 当前单项式成为“和多项式”中的一项，然后比较多项式 B 下一个单项式指数与多项式 A 当前单项式的指数之间的关系；

（3）若多项式 A 当前单项式的指数等于多项式 B 当前单项式的指数，则将两个单项式的系数相加，当和不为零时修改多项式 A 当前单项式的系数，然后构成“和多项式”中的一项；若和为零，则“和多项式”中无此项，然后比较多项式 A 下一个单项式指数与多项式 B 下一个单项式的指数之间的关系。

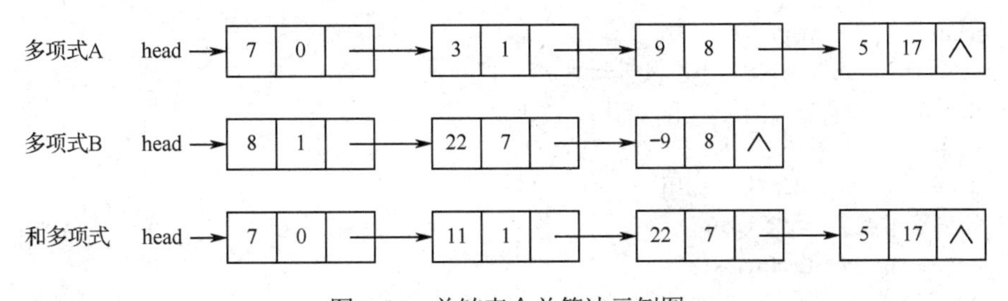

图 2-41　单链表合并算法示例图

代码如下。

```
def add(self, polyList):
    '''
```

```
        一元多项式相加
        :param polyList: 待相加的一元多项式
        '''
        # 设置尾指针，指向第 1 个一元多项式的头结点
        rear = self.head
        # 设置第 1 个一元多项式的移动指针，指向第 1 个结点
        node1 = self.head.next
        # 设置第 2 个一元多项式的移动指针，指向第 1 个结点
        node2 = polyList.head.next
        # 循环两个一元多项式，相加
        while node1 != None and node2 != None:
            # 判断指数的大小
            if node1.exp < node2.exp:
                rear.next = node1
                rear = node1
                node1 = node1.next
            elif node1.exp > node2.exp:
                rear.next = node2
                rear = node2
                node2 = node2.next
            else:    # 两个一元多项式指数相同时，将系数相加
                sum = node1.coef + node2.coef
                # 判断系数是否为 0
                if sum != 0:
                    node1.coef = sum
                    rear.next = node1
                    rear = node1
                node1 = node1.next
                node2 = node2.next
        # 将剩余的单项式添加到一元多项式相加的结果中
        if node1 != None:
            rear.next = node1
        if node2 != None:
            rear.next = node2
```

最终调试程序代码如下。

```
if __name__ == "__main__":
    # 第 1 个一元多项式：7 + 3x^1 + 9x^8 + 5x^17
    items1 = [[7, 0], [3, 1], [9, 8], [5, 17]]
    # 第 2 个一元多项式：8x^1 + 22x^7 - 9x^8
    items2 = [[8, 1], [22, 7], [-9, 8]]
    # 创建第 1 个一元多项式
    polyList1 = PolyList(items1)
    print("第 1 个一元多项式为：", end="")
    polyList1.display()
    # 创建第 2 个一元多项式
    polyList2 = PolyList(items2)
    print("第 2 个一元多项式为：", end="")
```

```
    polyList2.display()
    # 一元多项式的相加
    polyList1.add(polyList2)
    print("相加后的一元多项式为：", end="")
    polyList1.display()
```

2.7.2 约瑟夫环

约瑟夫环是循环链表的一个典型应用，其描述为：m 个人围成了一圈，从其中任一个人开始，按顺时针顺序所有人依次从 1 开始报数，报到 n 的人出列；然后 n 之后的人接着从 1 开始报数，报到 n 的人出列……如此下去，求出列的顺序及最后留下来的人的编号。

例 2-14　将 m 与 n 设定为具体数字，如使 $m=8$，$n=3$ 模拟约瑟夫环，如图 2-42 所示。

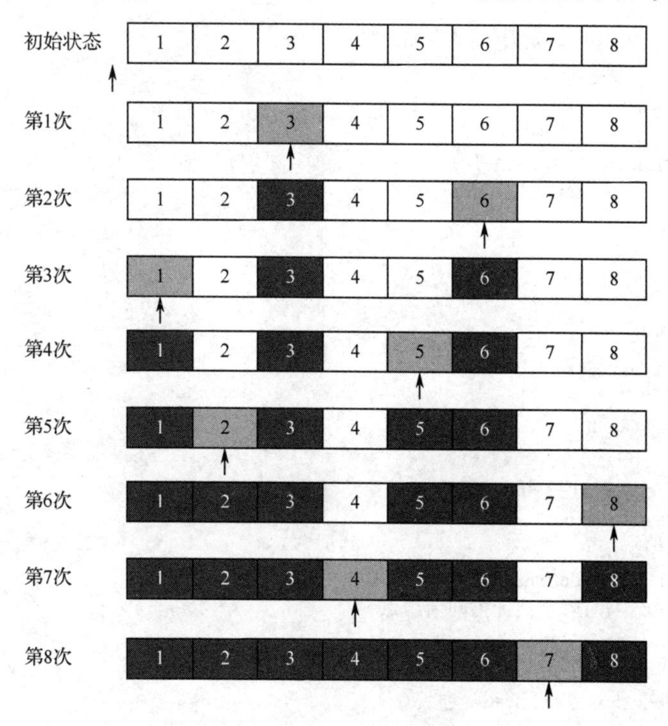

图 2-42　约瑟夫环示例图

代码如下。

```
class Node:
    def __init__(self, data) :
        self.data = data
        self.next = None

class Josephus:
    def __init__(self):
        '''
        约瑟夫环初始化
        '''
        # 声明表头指针，将表头后继指针指向自己
        self.head = Node(None)
        self.head.next = self.head
```

```
    def isEmpty(self):
        '''
        判断约瑟夫环是否为空表
        :return: True or False
        '''
        # 如果头结点的 next 指针指向自己，返回 True；否则返回 False
        return self.head.next is self.head

    def display(self):
        '''
        遍历约瑟夫环，进行展示
        '''
        if self.isEmpty():
            print('当前约瑟夫环为空表！')
            return
        print("约瑟夫环的元素为：", end="")
        # 遍历约瑟夫环
        cur = self.head.next
        while cur != self.head:
            print(cur.data, end = " ")
            cur = cur.next
        print()

    def append(self, data):
        '''
        插入操作
        :param data: 待插入的元素
        '''
        # 查找尾结点
        rear = self.head
        while rear.next != self.head:
            rear = rear.next
        # 创建新结点
        newNode = Node(data)
        # 将尾结点的后继指针指向新结点
        rear.next = newNode
        # 将新结点的后继指针指向头结点
        newNode.next = self.head

    def joseph(self, n):
        '''
        约瑟夫环核心算法
        '''
        if self.isEmpty():
            print('当前约瑟夫环为空表！')
            return
        print("约瑟夫环的出列顺序为：", end="")
        node = self.head
        # 遍历约瑟夫环
        while node.next != node:
            # 每 n 个位置删除一个结点
            pre = node
            for i in range(n - 1):
                pre = pre.next
            node = pre.next
```

```
            if (node == self.head):
                node = node.next
            print(node.data, end=" ")
            pre.next = node.next

if __name__ == '__main__':
    # m：表示有 m 个人
    m = 8
    # n：表示经过 n 个位置出列一个人
    n = 3
    # 初始化约瑟夫环
    josephus = Josephus()
    for i in range(m):
        josephus.append(i + 1)
    josephus.display()
    # 执行约瑟夫环核心算法
    josephus.joseph(n)
```

（线性表总结）

2.8　本章实验：线性表初探

一、实验目的与要求

1．了解线性表存储结构的应用。
2．复习结构体类型的定义。
3．复习结构体变量成员的访问方式、函数定义、线性表存储。
4．理解线性表的定义与存储特点。
5．掌握线性表的插入与删除操作。

二、实验准备与环境

一台安装 Python 的计算机。

三、实验内容

采用线性表存储结构定义“学生选课表”，并实现表的以下操作。
提示：一条学生的信息可以用结构体存储。
1．采用线性表存储结构定义如下学生选课表：

序　号	学　号	课 程 名	教　师	成　绩
1	101	操作系统	卢春燕	90
2	102	数据结构	卢声凯	85
3	103	数据库	袁秋慧	60
4	104	C 语言	洪伟	70
5	105	高等数学	刘仪伟	88

2．实现 init 函数，用于顺序表的初始化。
3．实现 display 函数，用于表中信息在控制台的输出，并完成数据的初始化。
4．实现 insertCourse 函数，用于在表中任意位置插入学生选课信息，如下所示：

```
请输入学生课程的信息：
学号：106
课程名：办公自动化
教师：周翔
成绩：59
请输入你要插入的位置：3
学生选课信息如下：
序号      学号      课程名          教师      成绩
1         101       操作系统        卢春燕    90
2         102       数据结构        卢声凯    85
3         106       办公自动化      周翔      59
4         103       数据库          袁秋慧    60
5         104       C语言           洪伟      70
6         105       高等数学        刘仪伟    88
```

5．实现 searchByNo 函数，用于根据学号查询选课情况，效果如下：

```
请输入你要查询的学号：106
你所查询的学号学生的课程信息如下：
学号：106
课程名：办公自动化
教师：周翔
成绩：59
```

6．实现 deleteByNo 函数，用于根据学号删除选课信息。

2.9 本章习题

一、选择题

1．以下关于线性表的说法中，不正确的是（　　）。

A．线性表中的数据元素可以是数字、字符、记录等不同类型

B．线性表中包含的数据元素个数不是任意的

C．线性表中的每个结点都有且只有一个直接前驱结点和一个直接后继结点

D．存在这样的线性表，表中各结点都没有直接前驱结点和直接后继结点

2．在顺序表中，只要知道（　　），就可在相同时间内求出任一结点的存储地址。

A．基地址　　B．结点大小　　C．向量大小　　D．基地址和结点大小

3．在一个长度为 n 的顺序表中向第 i（$1 \leqslant i \leqslant n$）个位置插入一个新元素时，需要从后向前依次后移（　　）个元素。

A．$n-i$　　B．$n-i+1$　　C．$n-i-1$　　D．i

4．线形表若采用链式存储结构，要求内存中可用存储单元的地址（　　）。

A．必须是连续的　　B．部分地址必须是连续的

C．一定是不连续的　　D．连续或不连续都可以

5．不带头结点的单链表 first 为空的判定条件是（　　）。

A．first == None　　B．first.next == None

C．first.next == first　　D．first != None

6．设单链表中结点的结构为(data, next)。已知 q 所指结点是 p 所指结点的直接前驱结点，若在 q 与 p 之间插入结点 s，则应执行的操作是（　　）。

A．

```
s.next = p.next
p->link = s;
```

B.

```
q.next = s
s.next = p
```

C.

```
p.next = s.next
s.next = p
```

D.

```
p.next = s
s.next = q
```

7．在一个具有 n 个结点的有序单链表中插入一个新结点并仍然保持有序的时间复杂度是（　　）。

A．$O(1)$　　B．$O(n)$　　C．$O(n^2)$　　D．$O(n\log_2 n)$

8．利用双向链表作为线性表的存储结构的优点是（　　）。

A．便于单向进行插入和删除的操作　　B．便于双向进行插入和删除的操作

C．节省空间　　D．便于销毁结构释放空间

9．带表头结点的双向循环链表的空表满足（　　）。

A．head = None　　B．head.next == head

C．head.pre == None　　D．head.next == None

10．若某链表中最常用的操作是在最后一个元素之后插入一个元素和删除最后一个元素，则采用（　　）存储结构最节省运算时间。

A．单链表　　B．双链表

C．循环链表　　D．带头结点的双向循环链表

二、填空题

1．在线性表的顺序存储结构中，元素之间的逻辑关系是通过________决定的；在线性表的链式存储结构中，元素之间的逻辑关系是通过________决定的。

2．当对一个线性表频繁进行存取操作，而很少进行插入和删除操作时，采用________存储结构为宜；相反，当经常进行插入和删除操作时，则采用________存储结构为宜。

3．根据线性表的链式存储结构中每个结点所含指针的个数，链表可分为________和________；而根据指针的链接方式，链表又可分为________和________。

4．若设 head 指向带表头结点的单链表，则语句 head.next = head.next.next 的作用是________。

5．在双向链表中插入和删除结点时，必须修改________方向上的指针。

三、简答题

1．线性表的两种存储结构各有哪些优缺点？

2．在循环链表中设置尾指针比设置头指针好吗？为什么？

3．描述三个概念的区别：头指针、头结点和表头结点。

四、编程题

带头结点的单链表，其长度存储在头结点的数据域中，设计一算法求倒数第 k 个结点的值，

并且删除该结点。要求：

（1）用 Python 语言描述该单链表；

（2）写出解决该问题的 Python 语言算法过程：

进行合法性检查：

若不合法，则返回 error；

若合法，则

① 遍历链表查找倒数第 k 个结点的前驱结点；

② 将倒数第 k 个结点值保存；

③ 将倒数第 k 个结点删除。

第3章

栈与队列

栈与队列是两种特殊的线性表，其特点是对插入与删除的操作位置进行了限制，使其能够在一些特定的应用场景下进行特殊的数据元素的存储与操作。因此，学好栈与队列是对线性表的复习和扩展。

- 了解栈与队列的定义和性质
- 掌握栈与队列的顺序实现
- 掌握栈与队列的链式实现
- 熟悉栈与队列的应用

3.1 什么是栈

栈（Stack）是一种线性表，但它是受到限制的线性表，因为栈只允许在一端进行操作。其特点是后进先出（Last In First Out，LIFO），如图 3-1 所示。

（1）栈中允许执行插入和删除操作的一端称为栈顶，不允许执行插入和删除操作的一端称为栈底。

（2）向一个栈中插入新元素称入栈或压栈。入栈之后该元素被放在栈顶元素的上面，成为新的栈顶元素。

（3）从一个栈中删除元素称出栈或弹栈，即把栈顶元素删除，使其相邻元素成为新的栈顶元素。

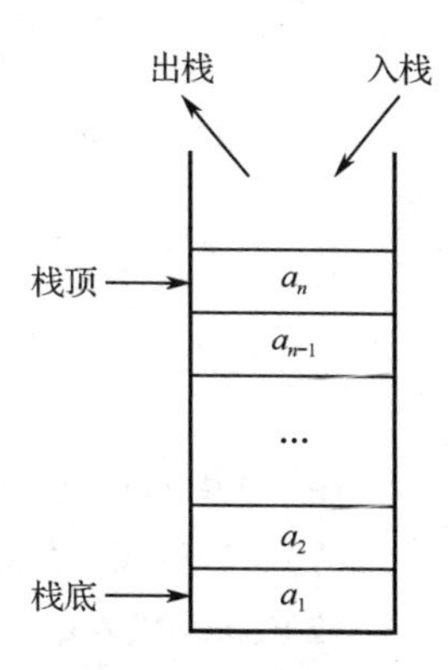

图 3-1 栈示例图

例 3-1 设有一个栈，元素的入栈次序为 A, B, C, D, E，则不可能的出栈序列是________。

A．A, B, C, D, E　　　B．B, C, D, E, A

C．E, A, B, C, D　　　D．E, D, C, B, A

答案：C

解析：模拟出入栈操作，A 选项为入栈后马上出栈；B 选项为 A 入栈后，之后的元素都是入栈后马上出栈，最后 A 出栈；C 选项无法做到 A 前面元素未出栈的时候，位于栈底的 A 就能出栈；D 选项为所有元素都入栈后，依次出栈。

例 3-2 设有一空栈，现有输入序列 1, 2, 3, 4, 5，经过 push、push、pop、push、pop、push、push 后，输出序列是________。

答案：2, 3, 5, 4, 1

解析：按照操作指令，依次为 1 入栈，2 入栈，2 出栈，3 入栈，3 出栈，4 入栈，5 入栈，5 出栈，4 出栈，1 出栈。这里的操作严格遵循后进先出的原则。

3.2 栈的实现

栈的抽象数据类型的定义如下：

```
ADT Stack
{
    数据元素：可以是任意类型的数据，但必须属于同一个数据对象
    结论关系：栈中数据元素之间是线性关系
    基本操作：
        Init();              #将栈初始化为空栈
        Push(elem);          #入栈
        Pop();               #出栈
        Peak();              #获取栈顶元素
}
```

3.2.1 顺序栈存储实现

顺序存储结构的栈称为顺序栈，它利用一组地址连续的存储单元，依次存储自栈底到栈顶的元素，同时附设栈顶标识 top 来指示栈顶元素在顺序栈中的位置。

因此，顺序栈主要是用列表实现的栈，如图 3-2 所示。

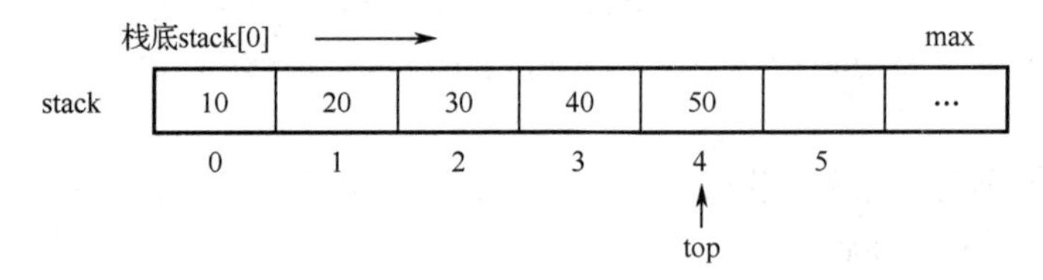

图 3-2 顺序栈的存储示意图

图 3-2 中元素说明：

（1）列表 stack 存储栈元素，向下标增大方向扩展；

（2）stack[0]为最早入栈的元素，在列表的底部；

（3）max 表示栈空间的大小；

（4）top 表示栈顶位置。

创建顺序栈的类，用于实现顺序栈的一系列运算，代码如下。

```
class SeqStack:
    '''
    顺序栈的定义
    '''
```

（1）顺序栈的初始化：需要定义栈的大小，即初始化时就规定该栈可以存储的元素的个数。

同时规定，当栈为空时，self.top 为−1；当栈满时，self.top 为 max−1。代码如下。

```
def __init__(self, max):
    '''
    顺序栈初始化
    '''
    # 顺序栈的最大容量
    self.max = max
    # 当栈为空时，栈顶指针指向-1
    self.top = -1
    # 存储栈元素的列表
    self.stack = [None for i in range(self.max)]
```

（2）判断顺序栈是否为空：判断 self.top 是否为−1，代码如下。

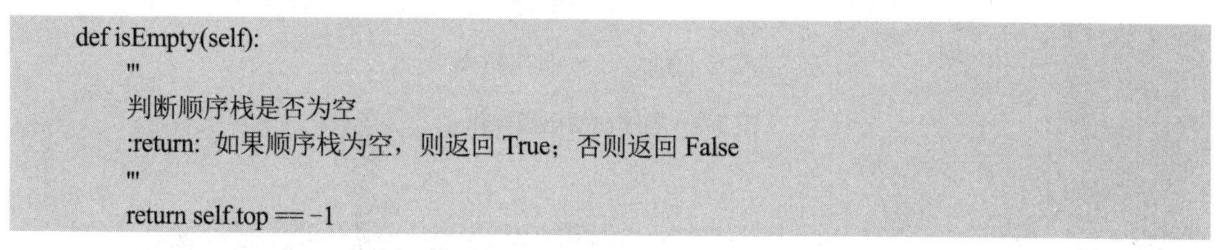

```
def isEmpty(self):
    '''
    判断顺序栈是否为空
    :return: 如果顺序栈为空，则返回 True；否则返回 False
    '''
    return self.top == -1
```

（3）顺序栈的插入元素，即入栈操作，如图 3-3 所示。

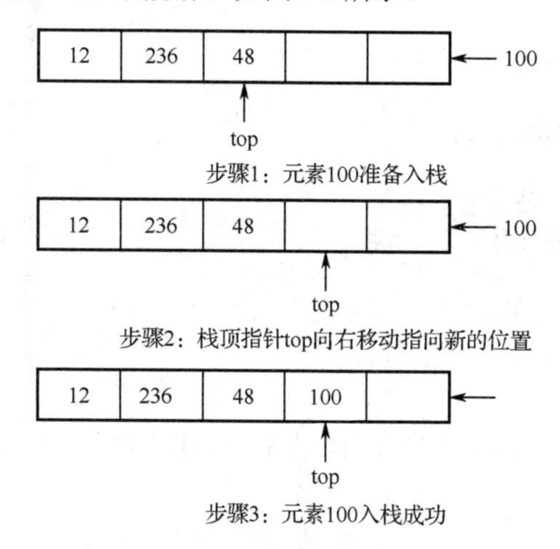

图 3-3　顺序栈的入栈操作

代码如下。

```
def push(self, data):
    '''
    入栈
    :param data:入栈元素
    '''
    # 如果栈满，则抛出异常
    if self.top == self.max - 1:
        raise IndexError("栈已满")
    else:
        # 将栈顶指针加 1
        self.top += 1
        self.stack[self.top] = data
```

（4）顺序栈的删除元素，即出栈操作，如图 3-4 所示。

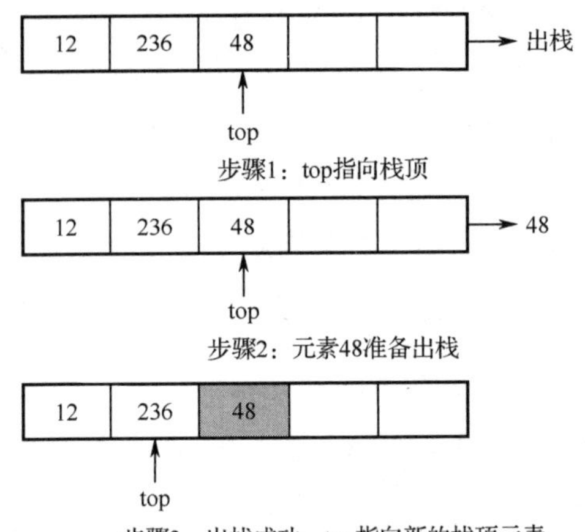

图 3-4　顺序栈的出栈操作

代码如下。

```
def pop(self):
    '''
    出栈
    :return  返回栈顶元素
    '''
    # 如果栈为空，则抛出异常
    if self.isEmpty():
        raise IndexError("栈为空")
    # 将栈顶指针减 1 并且返回栈顶元素
    else:
        data = self.stack[self.top]
        self.top -= 1
        return data
```

（5）顺序栈的获取栈顶元素：判断栈是否为空，如果栈为空，则抛出异常；否则，返回栈顶元素。代码如下。

```
def peak(self):
    '''
    获取栈顶元素
    :return: 返回栈顶元素
    '''
    # 如果栈为空，则抛出异常
    if self.isEmpty():
        raise IndexError("栈为空")
    # 返回栈顶元素
    else:
        return self.stack[self.top]
```

（6）进行调试，代码如下。

```
if __name__ == "__main__":
    seqStack = SeqStack(8)
    # 入栈操作
```

```
seqStack.push(12)
seqStack.push(236)
seqStack.push(48)
seqStack.push(100)
# 返回栈顶元素
print("栈顶元素：", seqStack.peak())
# 出栈
data = seqStack.pop()
print("出栈的元素为：", data)
print("出栈后的栈顶元素：", seqStack.peak())
```

3.2.2 双端栈存储实现

栈在实际中的应用是非常广泛的，因此，经常会出现在一个程序中同时使用多个栈的情况。使用顺序栈，会因为对栈空间难以估计而产生有的栈溢出，有的栈空间还很空闲的情况。

因此，提出一种解决方案，即让多个栈共享一个足够大的列表空间。其中，最常用的是两个栈的共享技术——双端栈。双端栈的主要特点是共享一个栈空间，如图 3-5 所示。

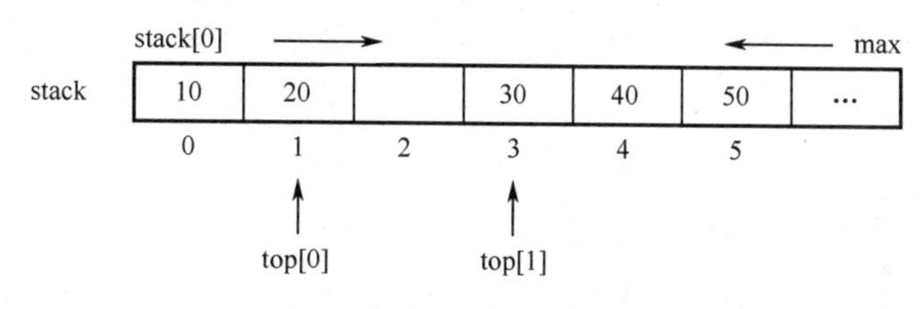

图 3-5　双端栈示意图

图 3-5 中元素说明：

（1）两个栈共享一个列表空间 stack[0: max - 1]；

（2）两栈栈底分别放在列表的两端，分别是 0 和 max - 1；

（3）top[0]和 top[1]两个列表分别存储两个栈的栈顶位置，两个栈顶分别动态变化；

（4）初始情况：top[0] = -1，top[1] = max；

（5）栈满条件，即两个栈顶指针相遇：top[0]+1 == top[1]。

创建双端栈的类，用于实现双端栈的一系列运算，代码如下。

```
class DSeqStack:
    '''
    双端栈的定义
    '''
```

（1）双端栈的初始化：需要定义双端栈的大小，即初始化时就规定该栈可以存储的元素的个数。同时设置 self.top 为列表，存储两端的栈顶位置。代码如下。

```
def __init__(self, max):
    '''
    双端栈初始化
    '''
    # 双端栈的最大容量
    self.max = max
    # 当栈为空时，栈顶指针指向-1
    self.top = [-1, max]
```

```
    # 存储栈元素的列表
    self.stack = [None for i in range(self.max)]
```

（2）双端栈的入栈：根据类型判断是从列表头还是从列表尾入栈。代码如下。

```
def push(self, data, type):
    '''
    入栈
    :param data:入栈元素
    :param type:0 表示从列表头，1 表示从列表尾
    '''
    # 如果栈满，则抛出异常
    if self.top[0] + 1 == self.top[1]:
        raise IndexError("栈已满")
    else:
        if type == 0:
            # 将栈顶指针加 1，赋值
            self.top[0] += 1
            self.stack[self.top[0]] = data
        elif type == 1:
            # 将栈顶指针减 1，赋值
            self.top[1] -= 1
            self.stack[self.top[1]] = data
        else:
            print("你的输入有误！")
```

（3）双端栈的出栈：根据类型判断是从列表头还是从列表尾出栈。代码如下。

```
def pop(self, type):
    '''
    出栈
    :param type:0 表示从列表头，1 表示从列表尾
    :return  返回栈顶元素
    '''
    data = None
    if type == 0:
        # 将栈顶指针减 1 并且返回栈顶元素
        data = self.stack[self.top[0]]
        self.top[0] -= 1
    elif type == 1:
        # 将栈顶指针加 1 并且返回栈顶元素
        data = self.stack[self.top[1]]
        self.top[1] += 1
    return data
```

（4）进行调试，代码如下。

```
if __name__ == "__main__":
    seqStack = DSeqStack(10)
    # 列表头入栈操作
        seqStack.push(10, 0)
        seqStack.push(20, 0)
    # 列表尾入栈操作
        seqStack.push(30, 1)
        seqStack.push(40, 1)
```

```
        seqStack.push(50, 1)
    # 出栈
    data = seqStack.pop(0)
    print("出栈的元素为：", data)
    data = seqStack.pop(1)
    print("出栈的元素为：", data)
```

3.2.3 链栈存储实现

链式存储结构的栈称为链栈，它和链表的存储原理一样，可以利用闲散空间来存储元素，用指针来建立各结点之间的逻辑关系。链栈也会设置一个栈顶元素的标识符 top，称之为栈顶指针。链栈和链表的区别是，链栈只能在一端进行各种操作，如图 3-6 所示。

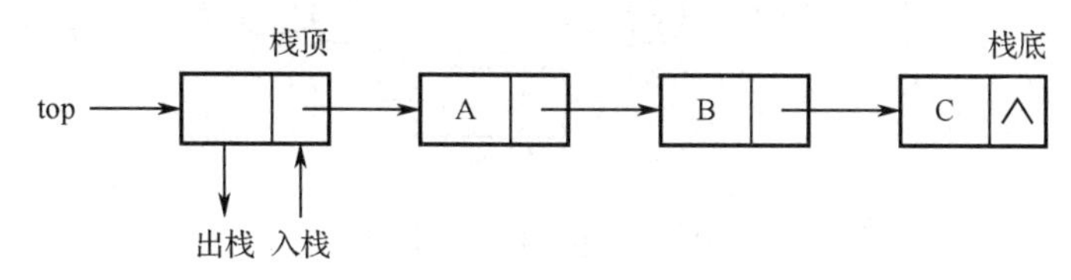

图 3-6 链栈示意图

定义链栈结点类型，代码如下。

```
class Node:
    '''
    定义链栈结点类型
    '''
    def __init__(self, data):
        # 结点的数据域
        self.data = data
        # 结点的指针域
        self.next = None
```

使用指针实现链栈，有以下三个特点：

（1）链栈无栈满问题，空间可扩充；

（2）插入与删除仅在栈顶处执行，即在链栈的表头进行；

（3）链栈的头结点作为栈顶结点，而栈空操作则是 top.next = None。

创建链栈的类，用于实现链栈的一系列运算，代码如下。

```
class LinkedStack:
    '''
    链栈的定义
    '''
```

（1）链栈的初始化：设置栈的栈顶结点，并设置其 next 域为 None。代码如下。

```
def __init__(self):
    '''
    链栈初始化
    '''
    # 栈的头结点指针
    self.top = Node(None)
```

（2）判断链栈是否为空：如果栈顶结点的 next 域为 None，则其为空栈。代码如下。

```
def isEmpty(self):
    '''
    判断链栈是否为空
    :return: 如果链栈为空，则返回 True；否则返回 False
    '''
    return self.top.next is None
```

（3）链栈的入栈操作：将待入栈的新结点的 next 指向栈顶指针所指向的结点，将栈顶指针指向待入栈的新结点，如图 3-7 所示。

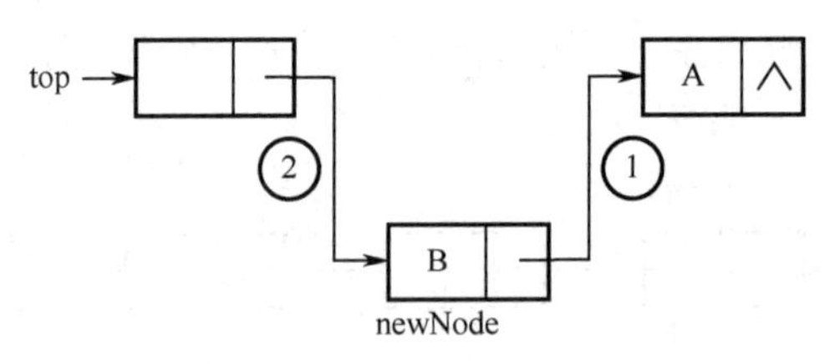

图 3-7　链栈的入栈操作

代码如下。

```
def push(self, data):
    '''
    入栈
    :param data:入栈元素
    '''
    # 创建新结点
    newNode = Node(data)
    # 新结点的 next 指向栈顶指针
    newNode.next = self.top.next
    # 将栈顶指针指向新结点
    self.top.next = newNode
```

（4）链栈的出栈操作：判断栈是否为空，如果为空，则抛出异常；否则，将栈顶指针指向当前栈顶指针的下一个结点，如图 3-8 所示。

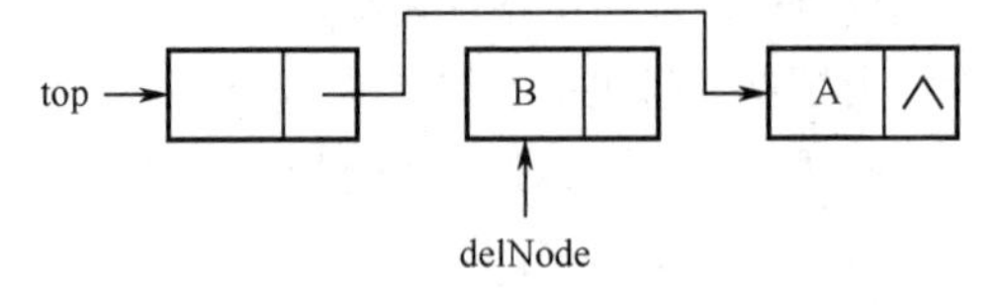

图 3-8　链栈的出栈操作

代码如下。

```
def pop(self):
    '''
    出栈
    :return  返回栈顶元素
    '''
    # 如果栈为空，则抛出异常
    if self.isEmpty():
        raise IndexError("栈为空")
```

```
        else:
            # node 存储栈顶元素
            node = self.top.next
            # 指向栈顶的下一个元素
            self.top.next = self.top.next.next
            # 返回栈顶元素
            return node
```

（5）链栈的获取栈顶元素：判断栈是否为空，如果栈为空，则抛出异常；否则，返回栈顶元素。代码如下。

```
    def peak(self):
        '''
        获取栈顶元素
        :return: 返回栈顶元素
        '''
        # 栈为空，抛出异常
        if self.isEmpty():
            raise IndexError("栈为空")
        # 栈不为空，返回栈顶元素
        else:
            return self.top.next.data
```

（6）进行调试，代码如下。

```
if __name__ == "__main__":
    linkedStack = LinkedStack()
    # 入栈 A,B,C
    linkedStack.push('A')
    linkedStack.push('B')
    linkedStack.push('C')
    # 返回栈顶元素
    print("栈顶元素：", linkedStack.peak())
    # 出栈
    node = linkedStack.pop()
    print("出栈的元素为：", node.data)
    print("出栈后的栈顶元素：", linkedStack.peak())
```

（多栈运算）

3.3　栈与递归

3.3.1　递归的概念

递归是一种常用的算法，例如，走迷宫和骑士游历，分别如图 3-9 与图 3-10 所示。

从上述两个例子可以知道，递归其实就是在定义自身的同时又出现了对自身的引用；而这种引用，通过递归函数来实现，即直接地或间接地调用自身的算法。因此，调用递归函数时，按照“后调用先返回”的原则处理。递归可以把一个大型的、复杂的问题层层转化为一个与原问题相似的、规模较小的问题来求解，递归策略只需少量的代码就可描述出解题过程中所需要的多次重复计算，大大地减少了代码量。一般来说，递归需要有临界条件：递归前进和递归返回段。否则，递归将被无限调用，程序永远无法结束，最终造成内存崩溃。

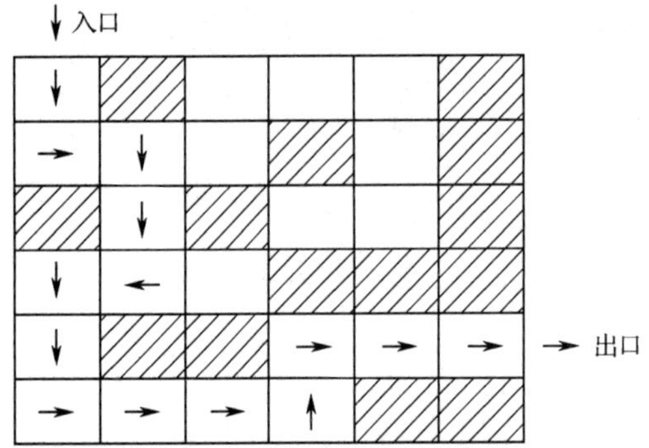

图 3-9　走迷宫

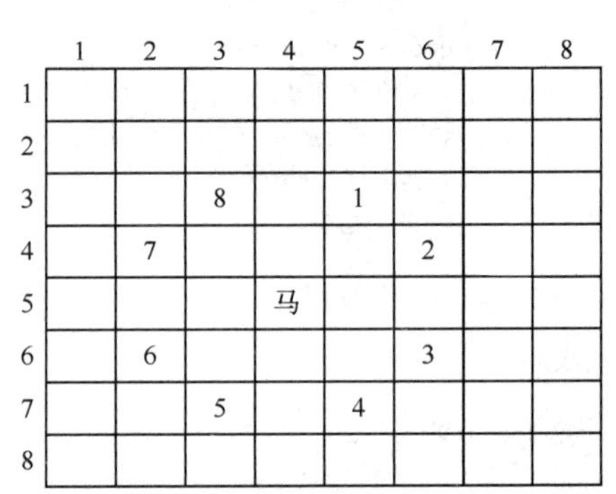

图 3-10　骑士游历

递归的应用范围很广泛，其中在数学方面的应用，例如：

（1）$x^n = x \times x \times x \times \cdots \times x \times x$；

（2）$S(n) = 1 + 2 + \cdots + (n-1) + n$，

要计算 x^{n+1} 或 $S(n+1)$，可利用前面计算过的结果以求得答案：

（1）$x^{n+1} = x^n \times x$；

（2）$S(n+1) = S(n) + (n+1)$。

例 3-3　阶乘（Factorial）函数的计算：

$$n! = \begin{cases} 1, & n = 0,1 \\ n \times (n-1)!, & n \geqslant 2 \end{cases}$$

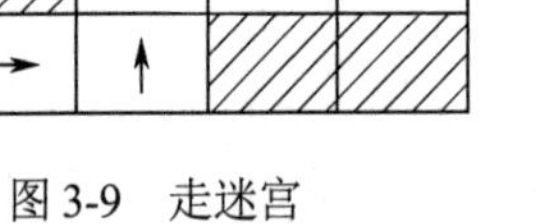

经过分析，可以得出结论：$f(n) = n \times f(n-1)$，如图 3-11 所示。因此，每个递归函数都必须有非递归定义的初始值。代码如下。

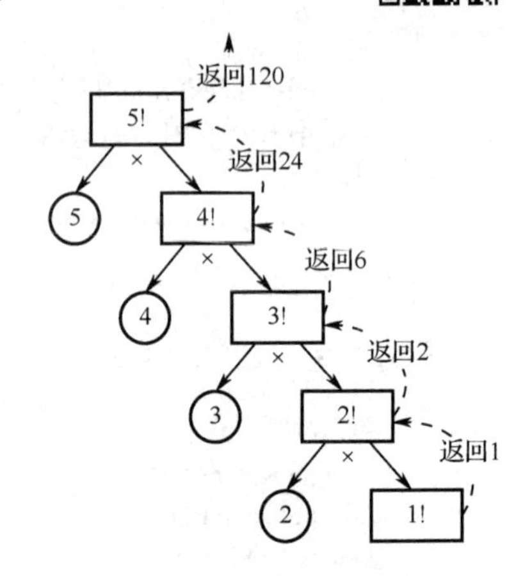

图 3-11　阶乘函数的计算

```
# 求解阶乘函数的递归算法
def factorial(n):
    if n == 0:
        return 1
    else:
        return n * factorial(n-1)

if __name__ == "__main__":
    num = eval(input("请输入你需要阶乘的数字："))
    result = factorial(num)
    print(f"%d{num}! = {result}")
```

例 3-4　Fibonacci 序列的计算：

$$f(n) = \begin{cases} n, & n = 0,1 \\ f(n-1) + f(n-2), & n \geqslant 2 \end{cases}$$

分析：Fibonacci 序列除第 1 位和第 2 位的元素为 1 外，其余元素都是前两个元素的和，即 1, 1, 2, 3, 5, 8, 13, 21, 34, 55,⋯。

代码如下。

```
# 求解 Fibonacci 序列的递归算法
```

```
def fibonacci(n):
    result = 0
    if n >= 1:
        if n == 1:
            result = 1
        else:
            result = fibonacci(n - 1) + fibonacci(n - 2)
    return result

if __name__ == "__main__":
    num = eval(input("请输入你需要 Fibonacci 序列的数量："))
    result = fibonacci(num)
    print("结果为：", result)
```

递归的优点是，对问题描述简洁，结构清晰，程序的正确性易证明。但是，使用递归算法需要一定的前提：

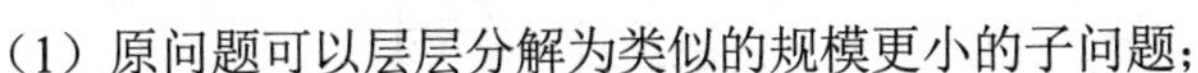

（1）原问题可以层层分解为类似的规模更小的子问题；

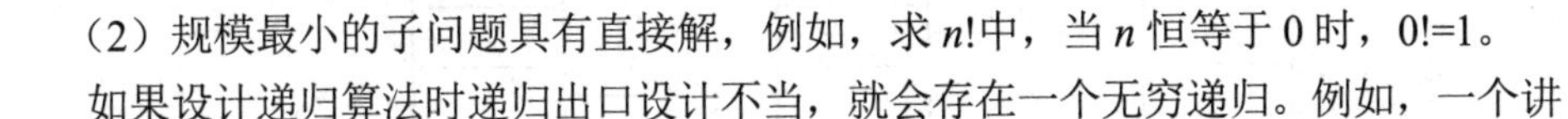

（2）规模最小的子问题具有直接解，例如，求 $n!$ 中，当 n 恒等于 0 时，0!=1。

如果设计递归算法时递归出口设计不当，就会存在一个无穷递归。例如，一个讲不完的故事：

```
def story():
    print("从前有座山，山上有座庙，庙里有一个老和尚和一个小和尚，有一天，老和尚对小和尚说：")
    story()
```

因此，设计递归算法的方法如下。

（1）寻找分解方法：将原问题分解为子问题；

（2）设计递归终止条件。

递归算法把复杂问题分解为简单问题，分而治之，因此，对求解某些复杂问题，递归算法的分析方法十分有效，但递归算法的效率较低。

3.3.2 栈的应用

栈可以作为嵌套调用机制的实现基础，因此，使用栈可以非递归方式实现递归算法，如图 3-12 所示。

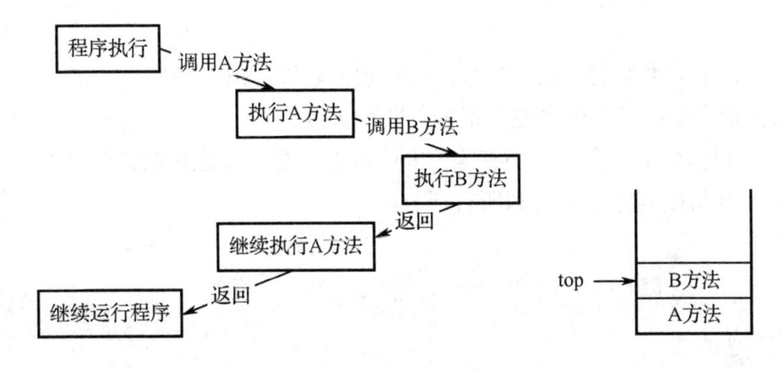

图 3-12　使用栈以非递归方式实现递归算法示意图

例 3-5 括号匹配问题，判断表达式中括号是否匹配。

具体需求为表达式中包含三种括号()、[]、{}，正确格式如{[(1 + 2) + (3 + 4)] + (5 + 6)}；错误格式如{[]})。对于给定的表达式，从左到右逐个字符扫描：

（1）每个右圆括号与最近遇到的尚未匹配的左圆括号匹配；

（2）每个右方括号与最近遇到的尚未匹配的左方括号匹配；

（3）每个右花括号与最近遇到的尚未匹配的左花括号匹配。

算法分析如图 3-13 所示。

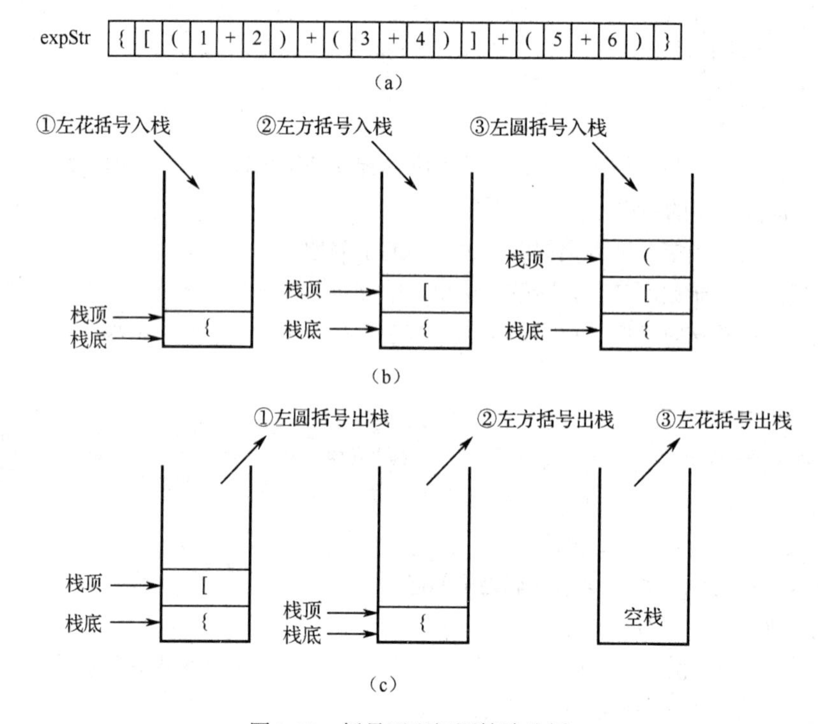

图 3-13 括号匹配问题算法分析

算法思想如下。

步骤 1 在扫描过程中将所遇到的“左圆括号(、左方括号[、左花括号{”存入栈中。

步骤 2 遇到“右圆括号)、右方括号]、右花括号}”时：

若栈空，则遇到“右”括号，匹配失败。

若栈非空，则

① 栈顶元素是同类型的“左”括号，对栈顶元素进行出栈操作；

② 栈顶元素不是同类型的“左”括号，匹配失败。

步骤 3 读入序列已结束，而栈中仍有等待匹配的左括号，匹配失败。

步骤 4 读入序列与栈同时结束，则所有括号匹配。

代码如下。

```
def match(self, char1, char2):
    '''
    判断是否匹配
    :param char1:需要匹配的第一个字符
    :param char2:需要匹配的第二个字符
    '''
```

```
        if char1 == '(' and char2 == ')':
            return True
        elif char1 == '[' and char2 == ']':
            return True
        elif char1 == '{' and char2 == '}':
            return True
        else:
            return False

    def bracketMatch(self, str):
        '''
        括号匹配
        :return:
            括号匹配成功，返回 True
            括号匹配失败，返回 False
        '''
        stack = LinkedStack()
        arr = list(str)
        for i in range(len(arr)):
            # 如果字符为'(', '[', '{', 将其入栈
            if arr[i] == '(' or arr[i] == '[' or arr[i] == '{':
                stack.push(arr[i])
            # 如果字符为')'
            elif arr[i] == ')' or arr[i] == ']' or arr[i] == '}':
                # 判断其是否为空栈，如果为空，则说明匹配失败，返回 False
                if stack.isEmpty():
                    print(f"右括号{arr[i]}多余")
                    return False
                # 否则，判断栈顶元素是否匹配，若匹配则将其出栈
                else:
                    char = stack.peak()
                    if stack.match(char, arr[i]):
                        stack.pop()
                    else:
                        print(f"对应的左括号{char}与右括号{carr[i]}不匹配")
                        return False
        # 如果栈为空，则说明全部括号匹配成功，返回 True
        if stack.isEmpty():
            print("当前字符串的括号匹配")
            return True
        # 如果栈不为空，则说明尚有括号匹配不成功，返回 False
        else:
            print(f"左括号{stack.peak().data}多余")
            return False

if __name__ == "__main__":
    linkedStack = LinkedStack()
    expStr = "{[(1+2)+(3+4)]+(5+6)}"
    linkedStack = LinkedStack()
    linkedStack.bracketMatch(expStr)
```

（用栈实现四则运算）

3.4 什么是队列

排队买票时，排在前面的人先买到票离开排队的队伍，然后轮到后面的人买；如果又有人来买票，就依次排到队尾。买票的过程中，队伍中的人从头到尾依次出列。对队列的定义就像排队这样，先来的先离开，后来的排在队尾后离开，称为“先进先出”（First In First Out，FIFO）原则。有一种数据结构也遵循这一原则，那就是队列（Queue），如图 3-14 所示。

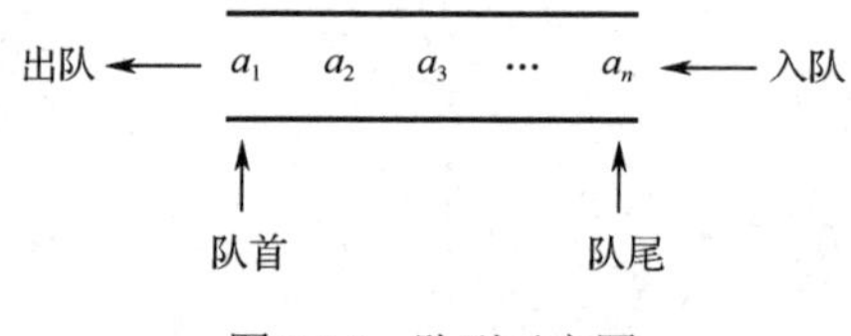

图 3-14　队列示意图

（1）队列是只允许在一端删除，在另一端插入的线性表；

（2）允许删除的一端称为队首，允许插入的一端称为队尾；

（3）向队列中插入元素称为入队，从队列中删除元素称为出队。

3.5 队列的实现

队列是一种特殊的线性表，其插入和删除操作分别在线性表的两端进行。队列的抽象数据类型的定义如下：

```
ADT Queue
{
    数据元素：可以是任意类型的数据，但必须属于同一个数据对象
    数据关系：队列中数据元素之间是线性关系
    基本操作：
        Init();                 #将队列初始化为空队列
        Enter();                #入队
        Delete();               #出队
        Peak();                 #获取队首元素
}
```

3.5.1 顺序队列的实现

使用顺序表实现的队列称作顺序队列。顺序队列的实现和顺序表的实现相似，只是顺序队列只允许在一端插入，在另一端删除。通常定义两个变量 front 与 rear 分别标识队首与队尾，当删除队首元素时，front 后移指向下一个位置；当插入新元素时，在 rear 指向的位置插入，插入后，rear 向后移动指向下一个位置。

创建顺序队列的类，用于实现顺序队列的一系列运算，代码如下。

```
class SeqQueue:
    '''
    顺序队列的定义
    '''
```

（1）顺序队列的初始化：需要定义队列的大小，即初始化时就规定该队列可以存储的元素的个数。同时规定，当队列为空时，self.front 等于 self.rear，即队首位置等于队尾位置；队满时，self.rear 为 max。代码如下。

```
def __init__(self, max):
    '''
    顺序队列初始化
    '''
    # 队列大小
    self.max = max
    # 存储队列元素的列表
    self.data = [None for i in range(self.max)]
    # 队首指针
    self.front = 0
    # 队尾指针
    self.rear = 0
```

（2）顺序队列的元素入队：从队尾入队，队尾指针向后移动一位，如图 3-15 所示。代码如下。

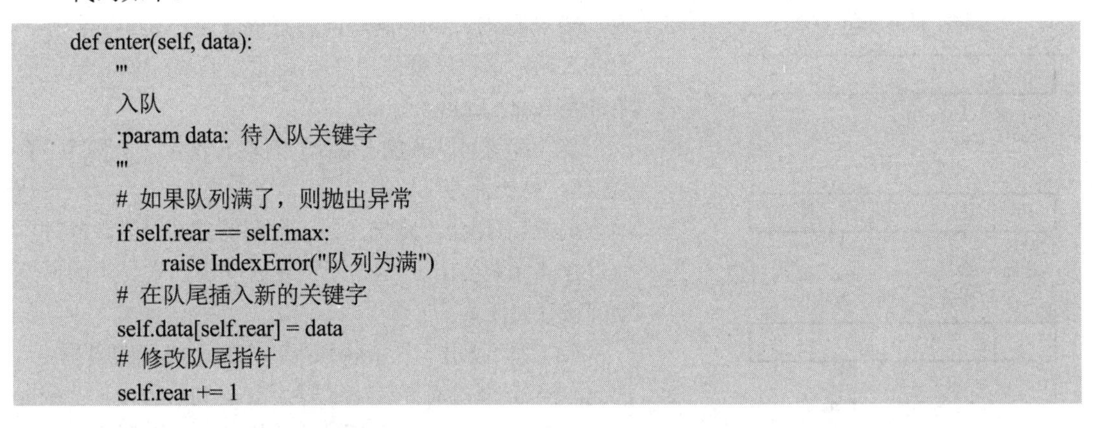

```
def enter(self, data):
    '''
    入队
    :param data: 待入队关键字
    '''
    # 如果队列满了，则抛出异常
    if self.rear == self.max:
        raise IndexError("队列为满")
    # 在队尾插入新的关键字
    self.data[self.rear] = data
    # 修改队尾指针
    self.rear += 1
```

（3）顺序队列的元素出队：从队首出队，队首指针向后移动一位，如图 3-16 所示。

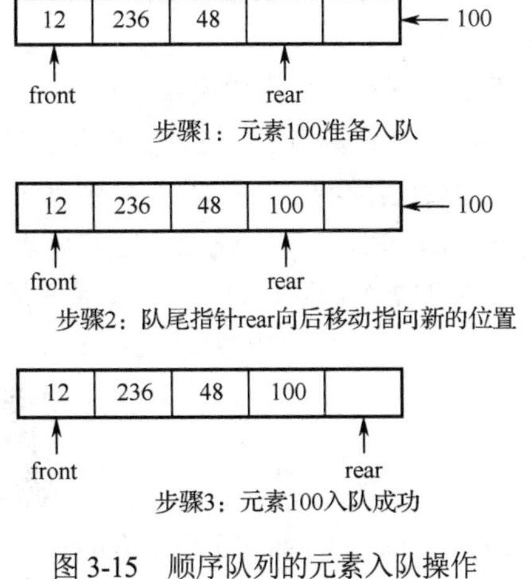

图 3-15　顺序队列的元素入队操作

图 3-16　顺序队列的元素出队操作

代码如下。

```
def delete(self):
```

```
'''
出队
:return  返回队首元素
'''
# 如果队列为空，则抛出异常
if self.front == self.rear:
    raise IndexError("队列为空")
# 队列不为空，获取队首元素
data = self.data[self.front]
# 修改队首指针，指向下一个位置
self.front += 1
# 返回原队首元素
return data
```

思考：若按以上方式设计队列的存储，会发生什么情况呢？

例 3-6　使用顺序队列，依次将 10, 20, 30 入队，然后将 10, 20 出队，最后将 40, 50, 60 入队。具体操作如图 3-17 所示。

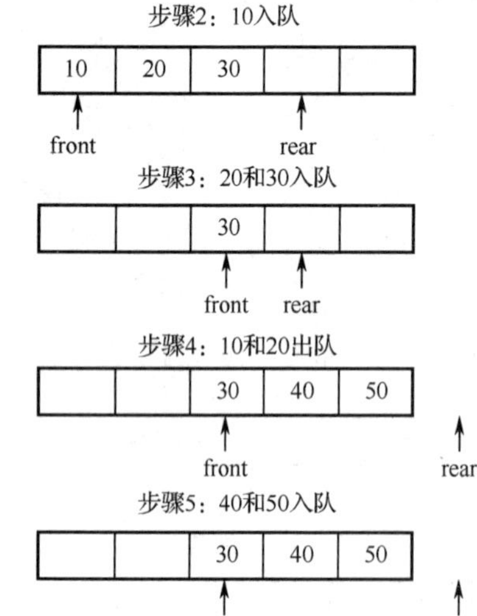

图 3-17　顺序队列假溢出现象

从图 3-17 我们发现，此时队满表示为 rear == max。但是，能用 rear == max 来判断队满吗？从图 3-17 可以发现，60 入队时，队不满，但仍有 rear == max，导致 60 无法入队，这种现象称为“假溢出”。因此，真正队满的条件是 rear − front == max。

综上所述，队列的“溢出”有两种情况，一种为“真溢出”，另一种为“假溢出”。

（1）“真溢出”是指当队列分配的空间已满，此时再往里存储元素会出现“溢出”，这种“溢出”是真的再无空间来存储元素；

（2）“假溢出”是指队列尚有空间而出现的“溢出”情况。当 front 端有元素出队时，front 向后移动；当 rear 端有元素入队时，rear 向后移动，若 rear 已指到队列中下标最大的位置，此时虽然 front 前面有空间，但再有元素入队也会出现“溢出”。

如何解决列表前面有空单元的现象呢？其中一种方法为每出队一个元素，就将列表中其他所有元素都向前移动一个位置。如果这样操作，那么当队列中有 n 个元素时，该操作需要 $O(n)$时间。这种方法，时间复杂度高，不适合频繁的出入队操作。更好的解决方案是采用循环队列。

3.5.2 循环队列的实现

循环队列中，队列存储的列表被当作首尾相接的表进行处理。element[0]接在 element[max−1]的后面。队列中元素从队首到队尾按顺时针方向存储在一段连续的单元中。

例 3-7　使用循环队列，依次将 10, 20, 30 入队，然后将 10, 20 出队，最后将 40, 50, 60 入队。具体操作如图 3-18 所示。

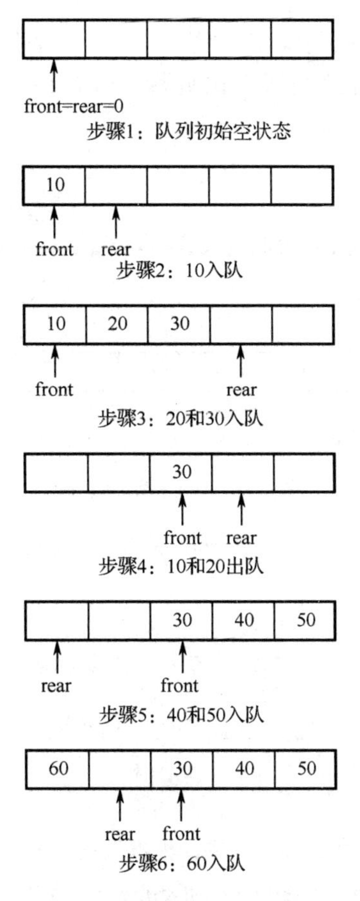

图 3-18　循环队列出入队示意图

在使用循环队列时，我们需要弄清楚以下几个问题：

（1）如何指示队首与队尾位置？

（2）如何表示空队列？

（3）如何表示满队列？

从循环队列的定义及实现可知，front 始终指示队首元素的位置，rear 始终指示队尾元素的后面位置。初始循环队列为 $a(1), a(2), a(3)$，front=1，rear=4，如图 3-19 所示。

根据图 3-19 依次对元素进行出队操作，此时有 front == rear，如图 3-20 所示。

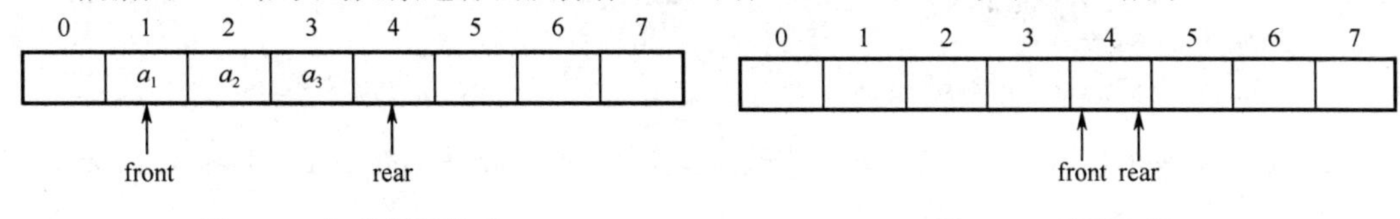

图 3-19　初始循环队列　　图 3-20　元素出队

如果根据图 3-19 依次将元素 $a(4), a(5), a(6), a(7), a(8)$入队，此时仍有 front == rear，如图 3-21 所示。

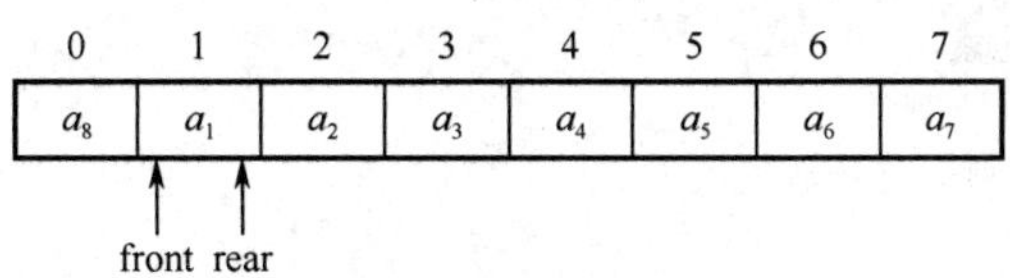

图 3-21　元素入队

因此，无法仅靠 front == rear 判断队列“满”与“空”的状态。如果约定当循环列表中元素个数达到 max − 1 时队列为满，就可以区分出满队列和空队列。总结如下。

（1）队首取下一个位置：(front + 1) % max。

（2）队尾取下一个位置：(rear + 1) % max。

（3）队空：front == rear。

（4）队满：元素个数达到 max − 1 时，(rear + 1) % max == front。

最终循环队列如图 3-22 所示。

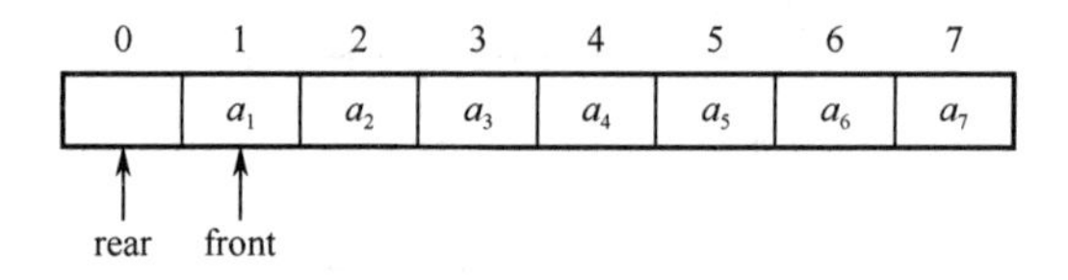

图 3-22　最终循环队列

（1）判断循环队列是否为空：判断 self.front 是否等于 self.rear，即队首与队尾是否重合，重合则为空。代码如下。

```
def isEmpty(self):
    '''
    判断循环队列是否为空
    :return: 如果循环队列为空，则返回 True；否则返回 False
    '''
    return self.front == self.rear
```

（2）循环队列的入队：先判断队列是否满，根据 self.front 是否等于(self.rear + 1) % self.max 判断；再从队尾入队，修改队尾指针 self.rear 为(self.rear + 1) % self.max。代码如下。

```
def enter(self, data):
    '''
    入队
    :param data: 待入队关键字
    '''
    # 如果队列满了，则抛出异常
    if (self.rear + 1) % self.max == self.front:
        raise IndexError("队列为满")
    # 在队尾插入新的关键字
    self.data[self.rear] = data
    # 修改队尾指针
    self.rear = (self.rear + 1) % self.max
```

（3）循环队列的出队：从队首出队，修改队首指针 self.front 为(self.front + 1) % self.max。代码如下。

```
def delete(self):
    '''
    出队
    :return: 返回队首元素
    '''
    # 如果队列为空，则抛出异常
    if self.isEmpty():
        raise IndexError("队列为空")
```

```
        # 队列不为空，获取队首元素
        data = self.data[self.front]
        # 修改队首指针，指向下一个位置
        self.front = (self.front + 1) % self.max
        # 返回原队首元素
        return data
```

（4）循环队列的获取队首元素：判断队列是否为空，如果为空，则抛出异常；否则，返回队首元素。代码如下。

```
    def peak(self):
        '''
        获取队首元素
        :return: 返回队首元素
        '''
        # 如果队列为空，则抛出异常
        if self.isEmpty():
            raise IndexError("队列为空")
        # 返回队首元素
        return self.data[self.front]
```

（5）进行调试，代码如下。

```
    if __name__ == "__main__":
        seqQueue = SeqQueue(5)
        # 入队 10,20,30
        seqQueue.enter(10)
        seqQueue.enter(20)
        seqQueue.enter(30)
        print("输出队首元素：", seqQueue.peak())
        # 出队 10
        data = seqQueue.delete()
        print("出队的元素为：", data)
        print("出队后，输出队首元素：", seqQueue.peak())
        # 出队 20
        data = seqQueue.delete()
        print("出队的元素为：", data)
        print("出队后，输出队首元素：", seqQueue.peak())
        # 入队 40,50,60
        seqQueue.enter(40)
        seqQueue.enter(50)
        seqQueue.enter(60)
        print("输出队首元素：", seqQueue.peak())
```

3.5.3 链式队列的实现

用链表实现的队列称为链式队列，在链式队列中也用指针 front 与 rear 分别指示队首与队尾，在队首 front 处删除结点，在队尾 rear 处插入结点。与顺序队列不同，链式队列的 rear 指针指向最后一个结点，如图 3-23 所示。

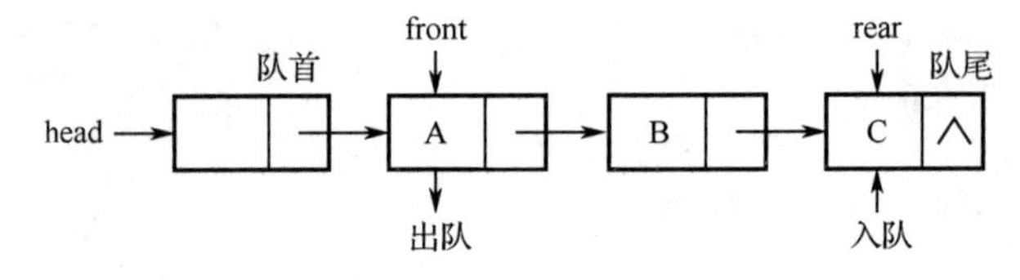

图 3-23　链式队列示意图

定义链式队列结点类型如下：

```
class Node:
    '''
    定义链式队列结点类型
    '''
    def __init__(self, data):
        # 结点的数据域
        self.data = data
        # 结点的指针域
        self.next = None
```

创建链式队列的类，用于实现链式队列的一系列运算，代码如下。

```
class LinkedQueue:
    '''
    链式队列的定义
    '''
```

（1）链式队列的初始化：初始化时，链式队列的队首结点指向 None，并且设置队尾指针指向队首结点。代码如下。

```
def __init__(self):
    '''
    链式队列初始化
    '''
    # 队首结点指向 None
    self.front = Node(None)
    # 队尾指针指向队首结点
    self.rear = self.front
```

（2）判断链式队列是否为空：判断 self.front 是否与 self.rear 相等，即队首与队尾的指针位置是否一致。代码如下。

```
def isEmpty(self):
    '''
    判断链式队列是否为空
    :return: 如果链式队列为空，则返回 True；否则返回 False
    '''
    return self.front == self.rear
```

（3）链式队列的入队：将队尾指针所指向的结点的 next 指向新结点，移动队尾指针指向新结点。代码如下。

```
def enter(self, data):
    '''
    入队
    :param data: 待入队关键字
```

```
        '''
        # 创建新结点
        newNode = Node(data)
        self.rear.next = newNode
        self.rear = newNode
```

（4）链式队列的出队：删除队首结点。代码如下。

```
    def delete(self):
        '''
        出队
        :return  返回队首元素
        '''
        # 如果队列为空，则抛出异常
        if self.isEmpty():
            raise IndexError("队列为空")
        # 如果队列不为空
        else:
            node = self.front.next
            # 将队首结点的 next 指向队首结点的后继结点
            self.front.next = node.next
            # 返回原队首结点
            return node
```

（5）获取队首元素：判断队列是否为空，为空则抛出异常；否则，返回队首元素。代码如下。

```
    def peak(self):
        '''
        获取队首元素
        :return:  返回队首元素
        '''
        # 如果队列为空，抛出异常
        if self.isEmpty():
            raise IndexError("队列为空")
        # 如果队列不为空
        else:
            # 返回队首元素
            return self.front.next.data
```

（6）进行调试，代码如下。

```
if __name__ == '__main__':
    linkedQueue = LinkedQueue()
    # 入队 A,B,C
    linkedQueue.enter('A')
    linkedQueue.enter('B')
    linkedQueue.enter('C')
    print("输出队首元素：", linkedQueue.peak())
    # 出队
    node = linkedQueue.delete()
    print("第一个出队的元素为：", node.data)
    node = linkedQueue.delete()
    print("第二个出队的元素为：", node.data)
    print("出队后，输出队首元素：", linkedQueue.peak())
```

3.6 队列的应用

例 3-8 采用队列实现杨辉三角（Pascal's triangle）。

分析杨辉三角，如图 3-24 所示，得出其特点如下：

（1）每一行的第一个数字与最后一个数字均为 1；

（2）其他位置上的数字是上一行中与之相邻的两个数字之和。

```
            1
          1   1
        1   2   1
      1   3   3   1
    1   4   6   4   1
  1   5   10  10  5   1
           ...
```

图 3-24 杨辉三角示意图

通过观察可以发现，当输出杨辉三角第 $n-1$ 行数字的同时，可以将第 n 行数字存入队列中。因此，算法步骤如下。

步骤 1：将第 n 行第 1 个数字（即数字 1）入队。

步骤 2：循环，循环次数为“行数 - 2”次，即 $n-2$ 次。并逐个输出第 $n-1$ 行数字，同时产生第 n 行除头尾数字 1 之外的共 $n-2$ 个数字。该步骤的循环分解如下。

步骤 2-1：队首数字出队，并输出，即第 $n-1$ 行数字打印。

步骤 2-2：输出的数字+当前队首数字=第 n 行的与这两个数字相邻的数字，得到的数字入队。

步骤 2-3：步骤 2-1 与步骤 2-2 循环。

步骤 3：队首数字出队，即输出第 $n-1$ 行最后一个数字（即数字 1）。

步骤 4：将第 n 行最后一个数字（即数字 1）入队。

代码如下。

```
def pascalTriangle(self):
    '''
    杨辉三角的应用
    '''
    # 第 1 行数字入队
    self.enter(1)
    line = eval(input("请输入行数："))
    # 产生第 n 行数字，并入队，同时打印第 n-1 行数字
    for n in range(2, line + 2):
        # 打印空格
        for i in range(line - n + 1):
            print(" ", end = "")
        # 步骤 1：第 n 行第一个数字入队
        self.enter(1)
        # 步骤 2：输出第 n-1 行数字，同时产生第 n 行中间的第 n-2 个数字并将其入队
        for i in range(1, n -1):
            # 步骤 2-1：打印第 n-1 行数字
            temp = self.delete().data
```

```
                print(temp, end=" ")
                # 步骤 2-2：利用队列中第 n-1 行数字产生第 n 行数字
                num = self.peak()
                num = num + temp
                self.enter(num)
            # 步骤 3：打印第 n-1 行的最后 1 个数字
            num = self.delete().data
            print(num, end = " ")
            # 步骤 4：第 n 行的最后 1 个数字入队
            self.enter(1)
            print()

if __name__ == '__main__':
    linkedQueue = LinkedQueue()
    linkedQueue.pascalTriangle()
```

3.7　讨论课：如何选择合适的线性表解决实际问题

1．讨论主题

如何更好地使用线性表解决实际问题。

2．讨论说明

了解顺序表、链表、栈、队列的概念。

3．分组形式

每 5 人为一个小组，每个小组设置组长 1 名，组长具体负责任务分配协调。

4．提交文档

在大量文献调研的基础上，撰写制作一份答辩 PPT，阐述自己的观点。文件命名为小组序号。

5．课堂答辩

每个小组派一名代表进行课堂演讲，每个人演讲 10 分钟，演讲内容需要围绕事先准备好的 PPT 进行。演讲结束后，有 5 分钟的自由提问和回答时间。

6．考核方法

本次讨论课的最终成绩由两部分构成：PPT 50%，演讲 50%。

3.8　本章实验：栈的定义与应用

一、实验目的与要求

1．理解栈的定义与存储特点。

2．掌握顺序栈的定义与应用。

二、实验准备与环境

一台安装 Python 的计算机。

三、实验内容

1．实现顺序栈的基本操作。

2．应用顺序栈实现回文（Palindromic Sequence）判断，具体如下：试写一个算法，判断依次读入的一个以@为结束符的字母序列，是否为形如“序列 1&序列 2”模式的字符序列。其中，序列 1 和序列 2 中都不含字符“&”，且序列 2 是序列 1 的逆序列。例如，“a + b&b + a”是属于该模式的字符序列，而“1 + 3&3-1”则不是。

思考：若采用链栈实现回文，有何不同？

3.9 本章习题

一、选择题

1．有六个元素(6, 5, 4, 3, 2, 1)顺序入栈，下列（　　）不是合法的出栈序列。

A．5, 4, 3, 6, 1, 2　　B．4, 5, 3, 1, 2, 6　　C．3, 4, 6, 5, 2, 1　　D．2, 3, 4, 1, 5, 6

2．在一个具有 n 个单元的顺序栈中，假定以地址低端（即 0 单元）作为栈底，以 top 作为栈顶，当进行出栈处理时，top 的变化为（　　）。

A．不变　　B．top=0　　C．top -= 1　　D．top += 1

3．与顺序栈相比，链栈有一个比较明显的优点：（　　）。

A．插入操作方便　　B．不会出现栈满的情况

C．不会出现栈空的情况　　D．删除操作方便

4．一个队列的入队顺序是 1, 2, 3, 4，则队列的输出序列是（　　）。

A．4, 3, 2, 1　　B．1, 2, 3, 4　　C．1, 4, 3, 2　　D．3, 2, 4, 1

5．循环队列的队满条件为（　　）。

A．(sq.rear+1)%maxsize==(sq.front+1)%maxsize

B．(sq.rear+1)%maxsize==sq.front+1

C．sq.(rear+1)%maxsize==sq.front

D．sq.rear==sq.front

6．若用一个大小为 6 的列表来实现循环队列，且当前 rear 和 front 的值分别为 0 和 3，当从队列中删除一个元素，再加入两个元素后，rear 和 front 的值分别为（　　）。

A．1 和 5　　B．2 和 4　　C．4 和 2　　D．5 和 1

7．栈和队列的共同特点是（　　）。

A．都是先进先出　　B．都是先进后出

C．只允许在端点处插入和删除元素　　D．以上都不正确

8．栈和队列都是（　　）。

A．顺序存储的线性结构　　B．链式存储的非线性结构

C．限制存取点的线性结构　　D．限制存取点的非线性结构

9．设计一个判别表达式中左、右括号是否配对出现的算法，采用（　　）数据结构最佳。

A．线性标的顺序存储结构　　B．栈

C．队列　　D．线性表的链式存储结构

10．一个递归算法必须包括（　　）。

A．递归调用　　B．子程序调用　　C．表达式求值　　D．以上都是

二、填空题

1．栈是________的线性表，其运算遵循________原则。

2．队列是一种限定在表的一端插入、在另一端删除的线性表，它的特点是________。

3．当两个栈共享一存储区时，栈利用列表 stack(1, n)表示，两栈顶指针为 top[1]与 top[2]，则当栈 1 空时，top[1]为________；当栈 2 空时，top[2]为________；当栈满时 top[1]与 top[2]为________。

4．区分循环队列的满与空，只有两种方法，它们是________和________。

5．设有一个顺序栈 S，元素 $s_1, s_2, s_3, s_4, s_5, s_6$ 依次入栈，如果 6 个元素的出栈顺序为 $s_2, s_3, s_4, s_6, s_5, s_1$，则顺序栈的容量至少应为________。

三、简答题

1．什么是队列的上溢现象？一般有几种解决方法，试简述之。

2．假定有四个元素 A, B, C, D 依次入栈，入栈过程中允许出栈，试写出所有可能的出栈序列。

3．试各举一例，简要说明栈和队列在程序设计中的作用。

四、编程题

判别读入的字符序列是否为“回文”。例如，abcdeedcba, abccba 都是回文。

（1）算法分析：由于回文的字符序列中分界线不明确，因此无法判定字符序列的“中间位置”，即只能按照回文的定义，从字符的两头出发进行判别。然而，按照题目的要求，这个字符序列是从外部环境输入的，为了在输入结束的同时能得到序列的“首”和“尾”，在算法中，除了需使用栈，还需使用一个队列。

（2）算法的基本思想：将依次读入的字符分别插入栈和队列，然后依次比较“栈顶”和“队首”的字符。

第 4 章

串

串是由字符组成的有限序列，在逻辑结构上串是线性表，也就是说，串是一种特殊的线性表。串的操作特点与线性表不同，主要对子串进行操作。

学习目标

- 了解串的基本概念
- 掌握串的顺序存储及实现
- 掌握串的模式匹配算法

4.1 什么是串

字符串（string）简称串，它是由 0 个或多个字符组成的有限序列，由一对双引号“" "”引起来，记作：S="$a_1a_2\cdots a_n$"。其中，S 是串的名称，由双引号括起来的字符序列 $a_1a_2\cdots a_n$ 是串的值，n 表示串的长度。例如，S="Python"，其串的长度为 6。注意，串必须使用一对（英文）双引号引起来，但是双引号不计入串的长度。因此，空串就是长度为 0 的串。

在串中，一个字符的位置称为该字符在串中的索引，用大于或等于 0 的整数表示，所以，串中首字符的索引为 0，后续字符的索引是前一个字符的索引加 1。注意，对串检索某个字符时，如果找到，则返回当前索引；如果没找到，则返回-1。

串的操作较多，例如，计算串的长度，比较两个串的大小，复制串等。

4.2 串的存储结构

4.2.1 串的顺序存储实现

在串的顺序存储结构中，常用一组地址连续的空间即列表来存储串中的字符，串中的每一个字符占据一个空间。

创建串的类，用于实现串的一系列运算，代码如下。

```
class String:
    '''
```

```
    串的定义
    '''
```

（1）串的初始化：用顺序存储结构来实现串，需要先定义一个列表来保存串的一些信息。代码如下。

```
def __init__(self):
    '''
    串初始化
    '''
    self.str = list()
    self.length = 0
```

（2）赋值：为串赋值时，需要先求出待赋值的串 string 的长度，再将要赋值的串复制到新开辟的空间中。代码如下。

```
def strAssign(self, string):
    '''
    赋值
    :param string: 待赋值的串
    '''
    # 计算待赋值的串长度
    length = len(string)
    # 赋值
    self.str = list()
    for i in range(length):
        self.str.append(string[i])
    # 设置串的长度
    self.length = length
```

（3）展示当前串的内容，代码如下。

```
def display(self):
    '''
    展示
    '''
    print("当前串的内容为：", end="")
    for i in range(self.length) :
        print(self.str[i], end="")
    print()
```

（4）求串的长度：只需获取串中的 length 变量值即可。代码如下。

```
def getLength(self):
    '''
    求串的长度
    :return: 串的长度
    '''
    return self.length
```

（5）复制串：将一个串 string 复制到当前串中，需要先将当前串初始化，再将串 string 的内容复制到当前串中。代码如下。

```
def strCopy(self, string):
    '''
```

```
        复制串
        :param string: 待复制的串
        '''
        # 将当前串初始化
        self.str = list()
        # 循环复制
        for char in string.str:
            self.str.append(char)
        # 设置当前串的长度
        self.length = string.getLength()
```

（6）判断两个串是否相等：先判断两个串的长度是否相等，在长度相等的前提下，再比较两个串的每个字符是否相同。代码如下。

```
    def strEquals(self, string):
        '''
        判断两个串是否相等
        :param string: 待判断是否相等的串
        :return: 是否相等
        '''
        # 判断两个串的长度是否相等
        if self.length == string.getLength():
            # 循环，逐一比较两个串的各个位置上的字符是否相等
            for i in range(self.length) :
                if self.str[i] != string.str[i]:
                    break
            # 判断，如果 i 等于串的长度，则相等；否则不相等
            i += 1
            if i == self.length:
                return True
            else:
                return False
        else:
            return False
```

（7）连接两个串：将串 string1 与串 string2 连接起来，先创建一个新串；再依次将串 string1 与串 string2 复制到新串中；然后设置新串的长度为串 string1 和串 string2 的长度之和；最后返回新串。

```
    def strConnect(string1, string2):
        '''
        连接两个串
        :param string: 待连接的串
        :return: 连接后的新串
        '''
        # 生成新串，并初始化
        newString = String()
        # 循环，将第 1 个串赋值给新串
        for i in range(string1.length):
            newString.str.append(string1.str[i])
        # 循环，将第 2 个串赋值给新串
        for i in range(string2.getLength()):
            newString.str.append(string2.str[i])
```

```
        # 设置串的长度
        newString.length = string1.length + string2.getLength()
        return newString
```

（8）比较两个串的大小：并非比较其长度，而是比较串中字符的大小。代码如下。

```
def strCompete(self, string):
    '''
    两个串比较大小
    :param string: 待比较大小的串
    :return: 1 为大于，0 为等于，-1 为小于
    '''
    # 循环，逐个比较两个串相应位置上的字符大小
    index = 0
    while index < self.length and index < string.getLength():
        if self.str[index] > string.str[index]:
            return 1
        elif self.str[index] < string.str[index]:
            return -1
        index += 1
    # 判断两个串是否还有字符，还存在字符的串则大
    if index < self.length:
        return 1
    elif index < string.getLength():
        return -1
    else:
        return 0
```

（9）插入：将串 string 插入当前串的 offset 位置之前。代码如下。

```
def insert(self, offset, string):
    '''
    插入
    :param offset: 插入位置
    :param string: 待插入串
    '''
    # 判断位置是否正确
    if offset < 0 or offset > self.length:
        print("插入位置不合法！")
        return
    # 备份当前串
    temp = self.str
    # 初始化串
    self.str = list()
    # 将目标串的指定位置前的字符存入当前串
    for i in range(offset):
        self.str.append(temp[i])
    # 将待插入的串存入当前串
    for i in range(string.getLength()):
        self.str.append(string.str[i])
    # 将目标串剩余的字符存入当前串
    for i in range(offset, self.length):
        self.str.append(temp[i])
```

```
        # 设置串的长度
        self.length = self.length + string.getLength()
```

（10）删除：在当前串中删除从 offset 开始、长度为 len 的子串。代码如下。

```
def delete(self, offset, len):
    '''
    删除
    :param offset: 删除开始位置
    :param len: 删除长度
    '''
    # 判断位置和长度是否正确
    if offset < 0 or offset > self.length or len > self.length - offset:
        printf("删除位置不合法！")
        return
    # 备份当前串
    temp = self.str
    # 初始化串
    self.str = list()
    # 将目标串的指定位置前的字符存入当前串
    for i in range(offset):
        self.str.append(temp[i])
    # 将目标串剩余的字符存入当前串
    for i in range(offset + len, self.length):
        self.str.append(temp[i])
    # 设置串的长度
    self.length = self.length - len
```

（11）进行调试，代码如下。

```
if __name__ == '__main__':
    # 赋值
    string1 = String()
    str = input("请输入你的第 1 个串的内容：")
    string1.strAssign(str)
    string1.display()
    print(f"当前 string1 串的长度为：{"string1.getLength()})
    # 复制
    string2 = String()
    str = input("请输入你的第 2 个串的内容：")
    string2.strAssign(str);
    string2.display()
    print(f"当前 string2 串的长度为：{" string2.getLength()})
    string1.strCopy(string2);
    string1.display()
    print(f"当前 string1 串的长度为：{" string1.getLength()})
    # 判断两个串是否相等
    result = string1.strEquals(string2)
    if result :
        print("两个串相等")
    else :
        print("两个串不相等")
```

```
# 连接两个串
string3 = string1.strConnect(string2)
string3.display()
print(f"当前 string3 的长度为：{" string3.length})
# 两个串比较大小
result = string1.strCompete(string2)
if result == 1 :
    print("string1 大于 string2")
elif result == -1 :
    print("string1 小于 string2")
else :
    print("string1 等于 string2")
# 插入
string1.insert(3, string2);
string1.display();
print(f"当前 string1 的长度为：{" string1.length})
# 删除
string1.delete(3, 2)
string1.display();
print(f"当前 string1 的长度为：{" string1.length})
```

4.2.2 串的链式存储实现

链式存储结构的串又称链串，是用链表实现的存储方式，串中的每个字符都用一个结点来存储，如图 4-1 所示。也可以在每个结点中存储多个字符。

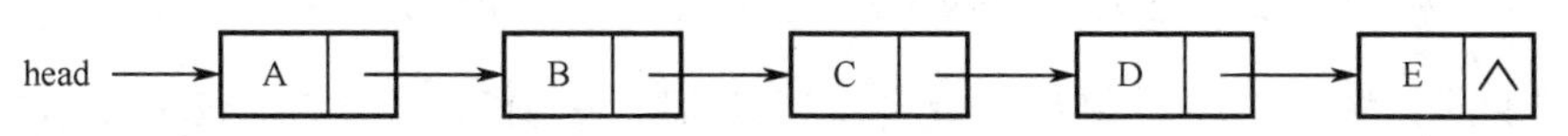

图 4-1　串的链式存储示意图

由于串的链式存储与线性表的链式存储一致，并且串的链式存储也不利于串的使用，因此，并不经常使用，此处不再详细讲解。

4.3 串的模式匹配算法

模式匹配就是，存在两个串，分别为串 S 和串 P，其中串 S 称为目标串，串 P 称为模式串。如果在目标串 S 中查找到模式串 P，则称模式匹配成功，返回模式串 P 在目标串 S 中的子串的第一个字符出现的位置；如果在目标串 S 中未查找到模式串 P，则称模式匹配失败，返回-1。

下面介绍串的模式匹配算法中最常用的两种，分别是朴素的模式匹配算法与 KMP 算法。

4.3.1 朴素的模式匹配算法

朴素的模式匹配算法，即 Brute-Force 算法，也称暴力搜索算法，是最简单的一种模式匹配算法，简称 BF 算法。

朴素的模式匹配算法的思路如下。

（1）从目标串 S 的第一个字符开始与模式串 P 的第一个字符进行匹配。

① 如果匹配，继续逐个匹配后续的字符；

② 如果不匹配，模式串 P 返回到第一个字符，与目标串 S 的第二个字符进行匹配：

③ 如果匹配，继续逐个匹配后续的字符；

④ 如果不匹配，模式串 P 又返回到第一个字符，与目标串 S 的第三个字符进行匹配。

（2）依次类推，直至目标串 S 的一个连续子串序列与模式串 P 相等，返回子串序列在目标串 S 中的位置；否则，匹配不成功，返回-1。

例 4-1 使用朴素的模式匹配算法，验证串"abc"是否匹配串"ababdabcd"。

确认目标串 S = "ababdabcd"，模式串 P = "abc"，i 为目标串 S 的当前下标索引，j 为模式串 P 的当前下标索引，默认 i 和 j 的初始值为 0。

第一次匹配：$i=0$，$j=0$，"$S_0S_1S_2$"子串与模式串 P 共比较 3 次，发现不相等，匹配失败，如图 4-2 所示。

第二次匹配：将 i 和 j 回溯到 $i=1$，$j=0$，"$S_1S_2S_3$"子串与模式串 P 共比较 1 次，发现不相等，匹配失败，如图 4-3 所示。

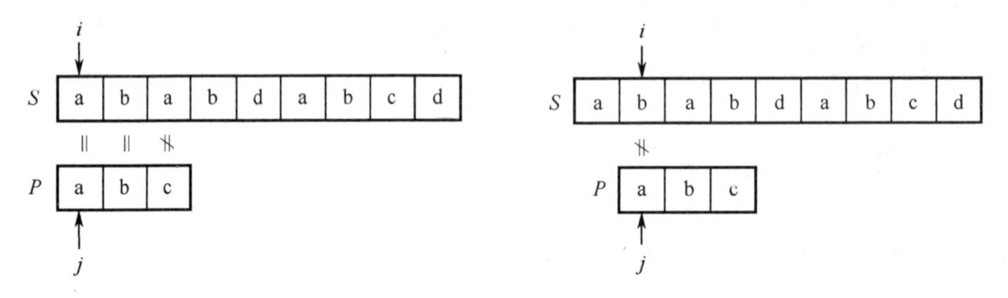

图 4-2 朴素的模式匹配算法第一次匹配　　图 4-3 朴素的模式匹配算法第二次匹配

第三次匹配：将 i 和 j 回溯到 $i=2$，$j=0$，"$S_2S_3S_4$"子串与模式串 P 共比较 3 次，发现不相等，匹配失败，如图 4-4 所示。

依次类推。

第六次匹配：将 i 和 j 回溯到 $i=5$，$j=0$，"$S_5S_6S_7$"子串与模式串 P 共比较 3 次，发现 3 次均相等，则匹配成功，返回该子串的第一个字符的索引 5，如图 4-5 所示。

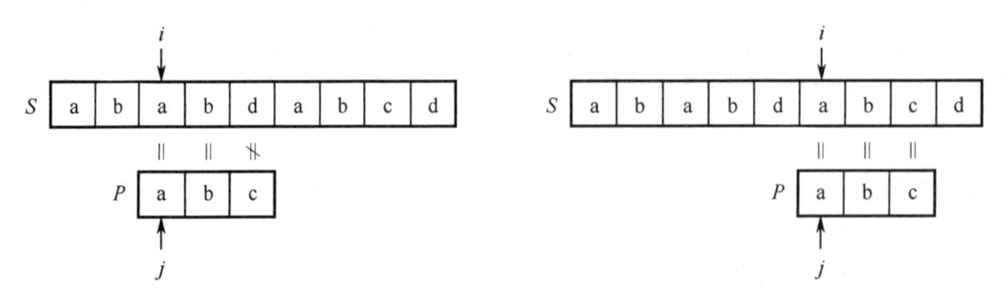

图 4-4 朴素的模式匹配算法第三次匹配　　图 4-5 朴素的模式匹配算法第六次匹配

综上所述：

（1）若某次匹配失败，$S_i \neq P_j$，则下次匹配子串是"$S_{i-j+1} \cdots S_{i+1}$"；

（2）若某次匹配成功，比较 m 次，匹配子串是"$S_{i-m+1} \cdots S_i$"。

代码如下（目标串为 string1，模式串为 string2）。

```
def bruteForce(string1, string2):
    # 串 string1 的索引从 0 开始
```

```
    i = 0
    # 串 string2 的索引从 0 开始
    j = 0
    while i < len(string1) and j < len(string2):
        if string1[i] == string2[j]:
            j += 1
            i += 1
        # string1[i]!=string2[j]，将指针回溯
        else:
            i = i-j+1
            j = 0
    # 如果在串 string1 中找到串 string2，返回 string2 首字符在 string1 中的索引
    if j == len(string2):
        index = i - len(string2)
    # 否则返回-1，表示在串 string1 中找不到串 string2
    else:
        index = -1
    return index

if __name__ == "__main__":
    string1 = "ababdabcd"
    string2 = "abc"
    print(bruteForce(string1, string2) + 1)
```

在朴素的模式匹配算法中，存在以下两种情况：

（1）最好情况："$S_0S_1\cdots S_{m-1}$" = "$P_0P_1\cdots P_{m-1}$"，比较次数为模式串长度 m，时间复杂度为 $O(m)$。

（2）最坏情况：每次匹配比较 m 次，共匹配 $n-m+1$ 次，时间复杂度为 $O(n\times m)$。

4.3.2 KMP 算法

KMP 算法，也称无回溯的模式匹配算法，它是在朴素的模式匹配算法的基础上改进而来的，其主要思想是利用已得到的部分匹配信息来进行后面的匹配过程，消除主串的回溯，从而提高匹配的效率。朴素的模式匹配算法最坏情况下的时间复杂度为 $O(n\times m)$，而 KMP 算法可以在 $O(n+m)$ 的数量级上完成串的模式匹配操作。

KMP 算法的思路如下。

（1）对于模式串 P 的每个字符 P_j（$0\leqslant j\leqslant m-1$），若存在一个整数 k（$k<j$），使得 P 中 k 所指字符之前的 k 个字符（$P_0P_1\cdots P_{k-1}$）与 P_j 的前面 k 个字符（$P_{j-k}P_{j-k+1}\cdots P_{j-1}$）相同，并与目标串 S 中 i 所指字符之前的 k 个字符相同，那么利用这种匹配信息就可以避免不必要的回溯。

（2）在匹配之前，用一个列表 next 来存储模式串 P 中字符的匹配信息，通过分析 P 中的字符，得出匹配完当前字符后下一次要匹配哪一个字符，将该字符信息存入 next 列表。存入 next 列表的这个值也称模式值（next 值）。

next 值的推导规则如下。

（1）next[0] = -1：规定任何串中第一个字符的模式值为-1。

（2）next[j] = -1：模式串 P 中的 P_j 与首字符相同，且 P_j 之前的 $1-k$ 个字符与开头的 $1-k$ 个字符不等（或者相等但 $P_k=P_j$）（$1\leqslant k<j$）。

（3）next[j] = k：如果模式串 P 中 P_j 之前的 k 个字符与模式串 P 开头的 k 个字符相等，且 $P_j\neq P_k$

（$1 \leqslant k < j$），则 next[j] = k。

（4）next[j] = 0：除上面外的其他情况下，next[j]都为 0。

还可以用前后缀列表的方式去获得 next 值：

（1）前缀列表表示除去最后一个字符后的前面所有子串组成的集合；

（2）后缀列表表示除去第一个字符后的后面所有子串组成的集合。

例 4-2 求串"abcabd"的 next 列表。

步骤 1：串"a"的前缀和后缀都为空集，最长共有元素长度为 0，如图 4-6 所示。

步骤 2：串"ab"的前缀为{"a"}，后缀为{"b"}，没有相同的前后缀的子串，最长共有元素长度为 0，如图 4-7 所示。

P	a	b	c	a	b	d
next	−1	0				

图 4-6 求字符串"abcabd"的 next 列表的步骤 1

P	a	b	c	a	b	d
next	−1	0	0			

图 4-7 求字符串"abcabd"的 next 列表的步骤 2

步骤 3：字符串"abc"的前缀为{"a", "ab"}，后缀为{"c", "bc"}，没有相同的前后缀的子串，最长共有元素长度为 0，如图 4-8 所示。

步骤 4：字符串"abca"的前缀为{"a", "ab", "abc"}，后缀为{"a", "ca", "bca"}，相同的前后缀子串为"a"，最长共有元素长度为 1，如图 4-9 所示。

P	a	b	c	a	b	d
next	−1	0	0	0		

图 4-8 求字符串"abcabd"的 next 列表的步骤 3

P	a	b	c	a	b	d
next	−1	0	0	0	1	

图 4-9 求字符串"abcabd"的 next 列表的步骤 4

步骤 5：字符串"abcab"的前缀为{"a", "ab", "abc", "abca"}，后缀为{"b", "ab", "cab", "bcab"}，相同的前后缀子串为"ab"，最长共有元素长度为 2，如图 4-10 所示。

P	a	b	c	a	b	d
next	−1	0	0	0	1	2

图 4-10 求字符串"abcabd"的 next 列表的步骤 5

步骤 6：字符串"abcabd"的前缀为{"a", "ab", "abc", "abca", "abcab"}，后缀为{"d", "bd", "abd", "cabd", "bcabd"}，没有相同的前后缀的子串，最长共有元素长度为 0;

最终，得出字符串"abcabd"的 next 列表为[−1, 0 ,0 ,0, 1, 2]。

例 4-3 使用 KMP 算法，验证串"abcabd"是否匹配串"ababdabcabcabd"。

确认目标串为 S = "ababdabcabcabd"，模式串为 P = "abcabd"，i 为目标串 S 的当前下标索引，j 为模式串 P 的当前下标索引，默认 i 和 j 的初始值为 0。

第一次匹配：i = 0，j = 0，从 S_0 和 P_0 开始逐个字符进行匹配，发现 S_2 和 P_2 不匹配，匹配失败，如图 4-11 和图 4-12 所示。

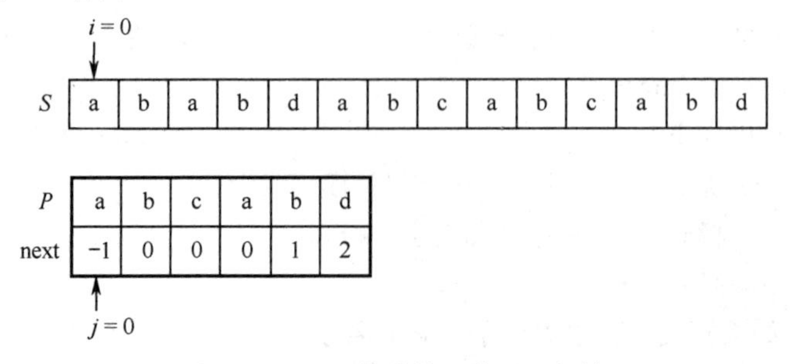

图 4-11 KMP 算法第一次匹配起始

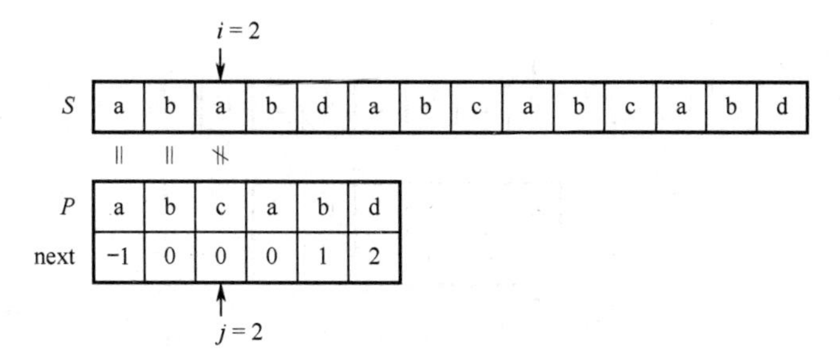

图 4-12 KMP 算法第一次匹配失败

第二次匹配：$i=2$，$j=\text{next}[2]=0$，从 S_2 和 P_0 开始逐个字符进行匹配，发现 S_4 和 P_2 不匹配，匹配失败，如图 4-13 和图 4-14 所示。

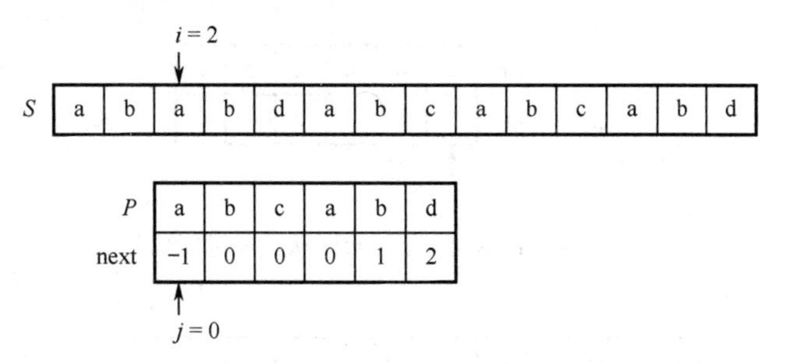

图 4-13 KMP 算法第二次匹配起始

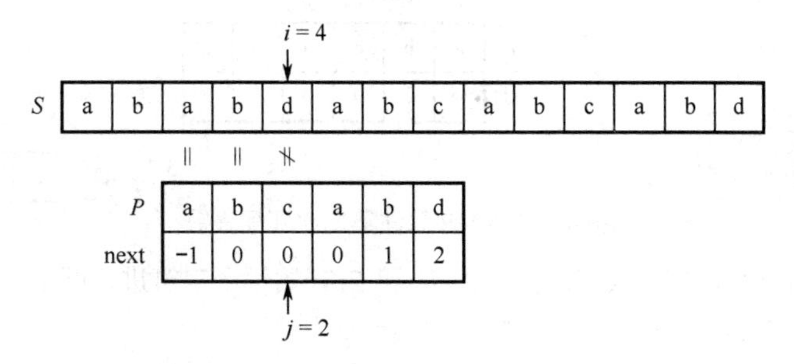

图 4-14 KMP 算法第二次匹配失败

第三次匹配：$i=4$，$j=\text{next}[2]=0$，从 S_4 和 P_0 开始逐个字符进行匹配，发现 S_4 和 P_0 不匹配，匹配失败，如图 4-15 和图 4-16 所示。

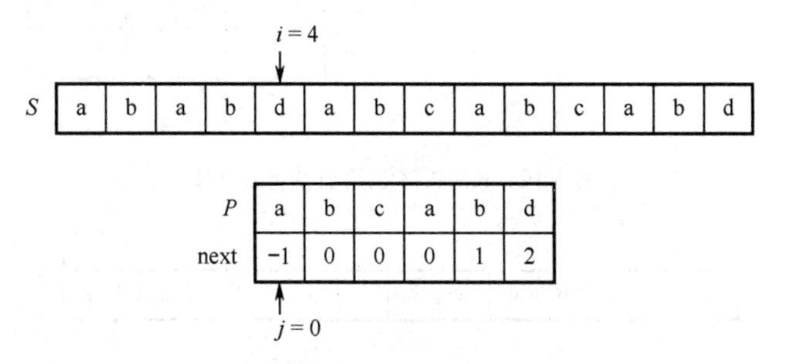

图 4-15 KMP 算法第三次匹配起始

第四次匹配：$i=4$，$j=\text{next}[0]=-1$，由于下标溢出，因此 $i=i+1$，$j=0$，从 S_5 和 P_0 开始逐个字符进行匹配，发现 S_{10} 和 P_5 不匹配，匹配失败，如图 4-17 和图 4-18 所示。

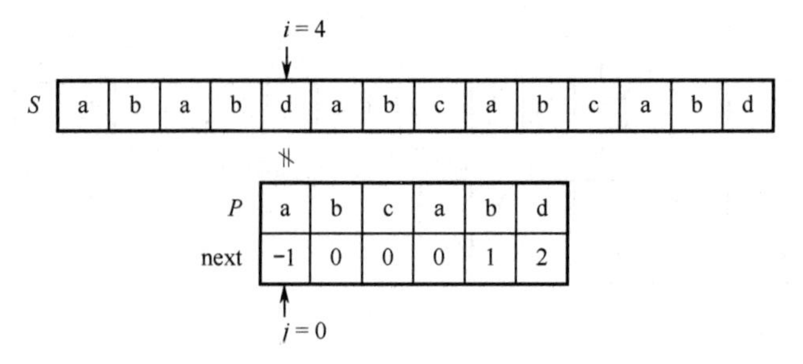

图 4-16　KMP 算法第三次匹配失败

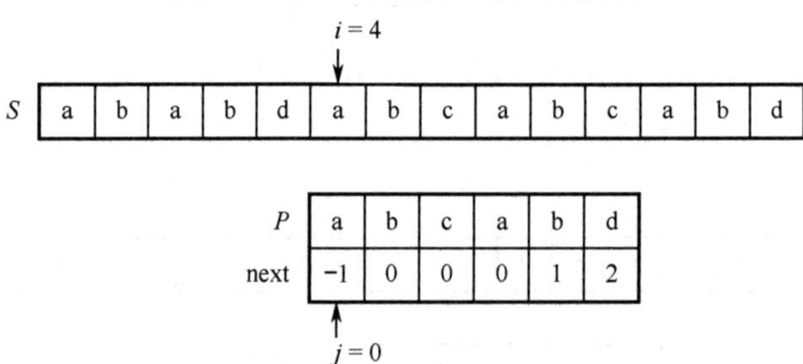

图 4-17　KMP 算法第四次匹配起始

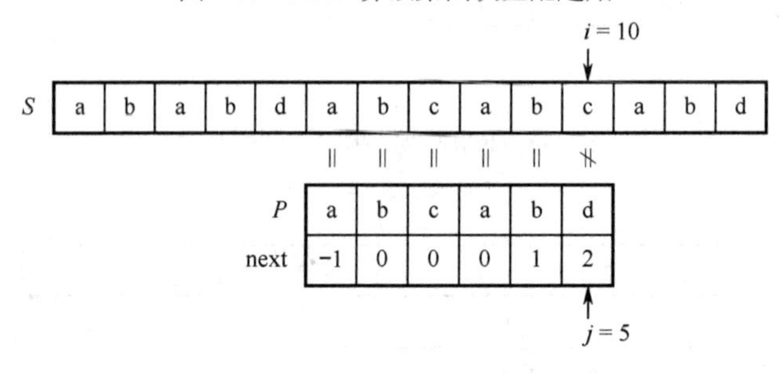

图 4-18　KMP 算法第四次匹配失败

第五次匹配：$i = 10$，$j = \text{next}[5] = 2$，从 S_{10} 和 P_2 开始逐个字符进行匹配，发现匹配，匹配成功，如图 4-19 和图 4-20 所示。

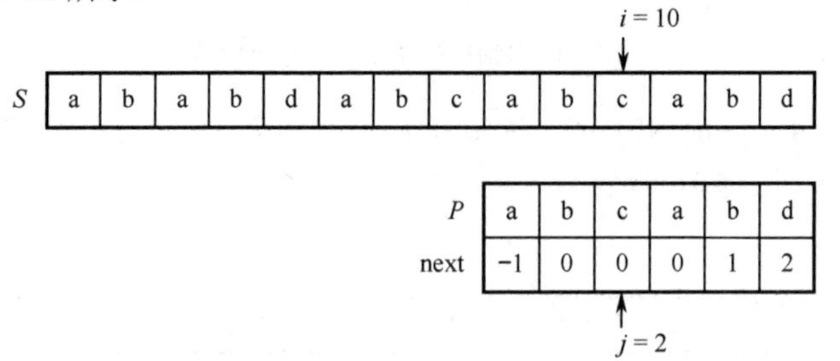

图 4-19　KMP 算法第五次匹配起始

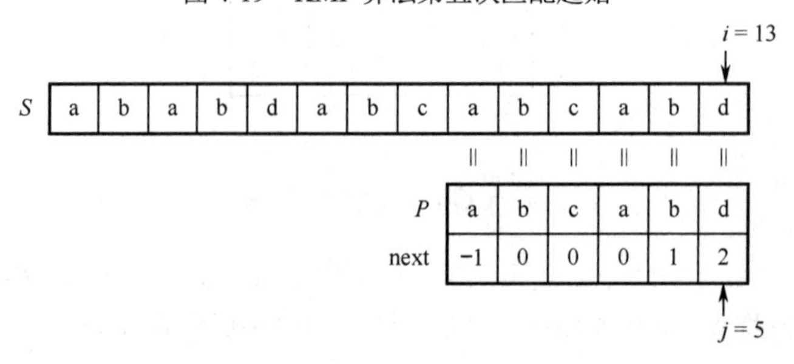

图 4-20　KMP 算法第五次匹配成功

代码如下。

```
def createNext(pattern):
    length = len(pattern)
    # 定义 next 列表
    next = [0 for _ in range(len(pattern))]
    next[0] = -1
    next[1] = 0
    # 计算 next 列表
    k = -1
    j = 0
    while j < length-1:
        if pattern[k] == pattern[j] or k == -1:
            j += 1
            k += 1
            next[j] = k
        else:
            k = next[k]
    print(next)
    return next

def kmpSearch(text, pattern):
    # 得到 next 列表
    next = createNext(pattern)
    # 匹配字符串
    i = 0
    j = 0
    while i < len(text) and j < len(pattern):
        if text[i] == pattern[j] or j == -1:
            i += 1
            j += 1
        else:
            j = next[j]
    if j >= len(pattern):
        return True
    else:
        return False

if __name__ == '__main__':
    text = "ababdabcabcabd"
    pattern = "abcabd"
    print(kmpSearch(text, pattern))
```

4.4 综合实验：校友通讯录——线性表的应用

一、实验目的与要求

1．复习顺序表和单链表。

2．理解顺序表和单链表的优缺点及其应用。

二、实验准备与环境

一台安装 Python 的计算机。

三、实验内容

1．功能需求

某学校要开发一个校友管理系统，其部分功能如下。

（1）院系信息列表如下表所示。通过输入编号、院系名称、地址等信息，新增院系信息，并可以根据输入的院系编号进行频繁的查找等操作。

院系信息列表

编　号	院 系 名 称	地　址
1	计算与信息科学学院	1 号楼
2	应用科学与工程学院	3 号楼
3	商学院	2 号楼
…	…	…

（2）校友信息列表如下表所示，通过输入院系名称、姓名、毕业年份、联系方式，新增校友信息，并可以根据输入的编号进行频繁的删除等操作。

校友信息列表

编　号	院 系 名 称	姓　名	毕 业 年 份	联 系 方 式
1	计算与信息科学学院	张三	2010	18899997777
2	应用科学与工程学院	李四	2014	19988886666
3	计算与信息科学学院	王五	2005	13366663333
4	商学院	赵六	2018	17733332222
5	商学院	钱七	2013	16688889999
…	…	…	…	…

2．案例要求

（1）根据以上需求，选择合适的线性表，对院系信息和校友信息进行存储。

（2）完成院系信息的展示。

（3）完成院系信息的查找操作：输入编号，返回院系详细信息。

（4）完成校友信息的展示，院系以名称方式展示。

（5）完成校友信息的新增操作：输入院系名称、姓名、毕业年份与联系方式，将其存储成校友信息，院系以编号方式存储。

（6）完成校友信息的删除操作：输入编号，删除对应的校友信息。

4.5　本章习题

一、选择题

1．空串与由空格字符组成的串的区别是（　　）。

A．没有区别　　B．两串的长度不相等

C．两串的长度相等　　D．两串包含的字符不相同

2. 一个子串在包含它的主串中的位置是指（　　）。
A. 子串的最后那个字符在主串中的位置
B. 子串的最后那个字符在主串中首次出现的位置
C. 子串的第一个字符在主串中的位置
D. 子串的第一个字符在主串中首次出现的位置
3. 下面的说法中，只有（　　）是正确的。
A. 字符串的长度是指串中包含的字母的个数
B. 字符串的长度是指串中包含的不同字符的个数
C. 若 T 包含在 S 中，则 T 一定是 S 的一个子串
D. 一个字符串不能说是其自身的一个子串
4. 下面关于串的叙述中，（　　）是不正确的。
A. 串是字符的有限序列
B. 空串是由空格构成的串
C. 模式匹配是串的一种重要运算
D. 串既可以采用顺序存储结构，也可以采用链式存储结构
5. 设有两个串 p 和 q，且 q 是 p 的子串，求 q 在 p 中首次出现的位置的算法称为（　　）。
A. 求子串　　B. 联接　　C. 匹配　　D. 求串长
6. 两个字符串相等的条件是（　　）。
A. 两串的长度相等
B. 两串包含的字符相同
C. 两串的长度相等，并且两串包含的字符相同
D. 两串的长度相等，并且对应位置上的字符相同
7. 在长度为 n 的字符串 S 的第 i 个位置插入另一个字符串，i 的合法值应该是（　　）。
A. $i>0$　　B. $i \leqslant n$　　C. $1 \leqslant i \leqslant n$　　D. $1 \leqslant i \leqslant n+1$
8. 字符串采用结点大小为 1 的链表作为其存储结构，是指（　　）。
A. 链表的长度为 1
B. 链表只存放 1 个字符
C. 链表的每个链结点的数据域中不只存储了一个字符
D. 链表的每个链结点的数据域中只存储了一个字符
9. 串是一种特殊的线性表，其特殊性体现在（　　）。
A. 可以顺序存储　　B. 数据元素是一个字符
C. 可以链接存储　　D. 数据元素可以是多个字符
10. 串的长度是指（　　）。
A. 串中所含不同字母的个数　　B. 串中所含字符的个数
C. 串中所含不同字符的个数　　D. 串中所含非空格字符的个数

二、填空题

1. 计算机软件系统中，有两种处理字符串长度的方法：第一种是________，第二种是________。
2. 两个字符串相等的充要条件是________和________。
3. 组成串的数据元素只能是________。
4. 设目标串长度为 n，模式串长度为 m，则串匹配的 KMP 算法时间复杂度为________。
5. 设 T 和 P 是两个给定的串，在 T 中寻找等于 P 的子串的过程称为______，又称 P 为_____。

第 5 章

数组与广义表

广义表是线性表的拓展，是一种复杂的数据结构。广义表在计算机图形学、文本处理、人工智能等领域有广泛的应用。

- 了解广义表的基本概念
- 掌握矩阵与广义表的存储原理
- 熟悉广义表的递归运算

5.1 数组

数组是具有相同类型数据元素的有序集合，与线性表相似，数组中元素的个数就是数组的长度。一个二维数组的逻辑结构如下：

Array = (Ele, Row_Col)

（1）Ele 代表数组中的一个数据；

（2）Row_Col 代表数组元素的行列关系，其中，Row 代表数组元素的行间关系，Col 代表数组元素的列间关系。

二维数组中有 $i \times j$ 个元素。数组中的元素分别受行列关系的约束，在行关系中，$a[i][j+1]$ 是 $a[i][j]$的直接后继元素，$a[i][j-1]$是 $a[i][j]$的直接前驱元素；在列关系中，$a[i+1][j]$是 $a[i][j]$的直接后继元素，$a[i-1][j]$是 $a[i][j]$的直接前驱元素，如图 5-1 所示。

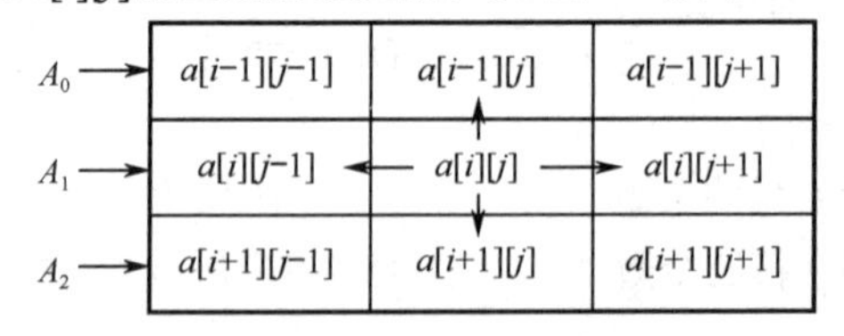

图 5-1 二维数组示意图

二维数组也可以看成一个一维数组，只不过这个一维数组的元素也是一维数组，如图 5-2 所示。

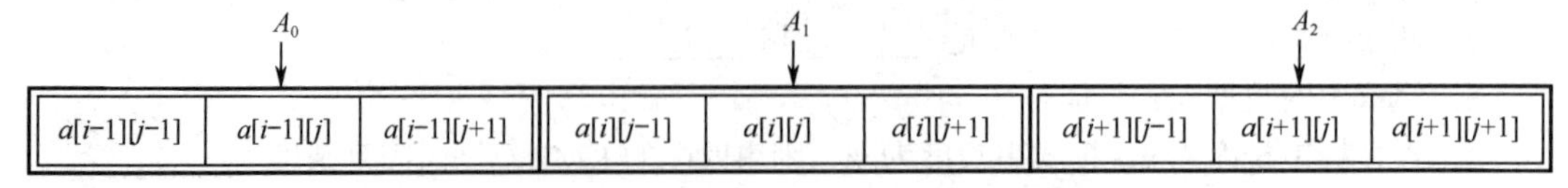

图 5-2 用一维数组表示二维数组示意图

同样地，三维数组可以看成元素为二维数组的一维数组，或者元素为一维数组的二维数组。依次类推，N 维数组可以看成元素为 m 维数组的 $N-m$ 维数组（$m>0$，$N>0$，$m,N\in \mathbb{N}^+$）。

对于数组，通常只有以下两种操作。

（1）查询：将一组类型相同的元素放入一个数组，根据下标进行访问。

（2）修改：给定一个数组，根据下标对相应位置的元素进行修改。

数组的存储结构有两种：行序优先存储和列序优先存储，如图 5-3 所示。

（1）行序优先存储：按行号递增的顺序一行一行地存取数据。

（2）列序优先存储：按列号递增的顺序一列一列地存取数据。

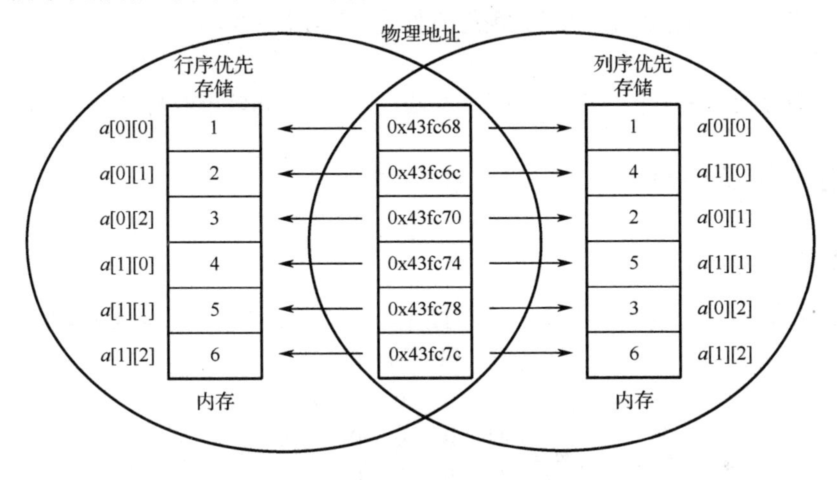

图 5-3　行序优先存储与列序优先存储

5.2　矩阵存储

5.2.1　特殊矩阵

特殊矩阵的元素分布有一定规律，常见的特殊矩阵有对称矩阵、三角矩阵和对角矩阵等。

（1）例如，对称矩阵 $\boldsymbol{A}=\begin{bmatrix} a & p & b & c \\ p & x & e & q \\ b & e & d & g \\ c & q & g & y \end{bmatrix}$

① 若 n 阶方阵中的元素满足：$a_{ij}=a_{ji}$，$i\geqslant 1$，$j\leqslant n$，则称其为对称矩阵。

② 如果按照行序优先存储方式，将 n 阶对称矩阵 $\boldsymbol{M}$ 下三角中的元素（$i>j$）或者上三角中的元素（$i<j$）存储到一维数组 $A[0]\sim A[n(n+1)/2]$ 中（$A[0]$不存储数据），那么 $A[k]$与矩阵元素 a_{ij} 之间存在着如下的一一对应关系：

$$k=\begin{cases} \dfrac{i(i-1)}{2}+j, & i\geqslant j \\ \dfrac{j(j-1)}{2}+i, & i<j \end{cases}$$

（2）例如，三角矩阵 $\boldsymbol{B}=\begin{bmatrix} a & & & \\ p & x & & \\ b & e & d & \\ c & q & g & y \end{bmatrix}$

（3）例如，对角矩阵 $\boldsymbol{C}=\begin{bmatrix} a & p & b & \\ p & x & e & q \\ b & e & d & g \\ & q & g & y \end{bmatrix}$

① 若 n 阶方阵的元素满足：方阵中所有的非零元素都集中在以主对角线为中心的带状区域，则称之为 n 阶对角矩阵。

② 若方阵主对角线上下方各有 b 条次对角线，则称 b 为矩阵半带宽，$(2b+1)$为矩阵带宽。

5.2.2 稀疏矩阵

1．稀疏矩阵的定义

矩阵的非零元素比零元素少，且分布没有规律，通常称这样的矩阵为稀疏矩阵。例如：

$$\boldsymbol{M}=\begin{bmatrix} 0 & 11 & 21 & 0 & 0 & 0 \\ 0 & 0 & 0 & 2 & 0 & 0 \\ 92 & 0 & 0 & 0 & 5 & 0 \\ 0 & 0 & 23 & 0 & 0 & 0 \\ 0 & 26 & 0 & 0 & 0 & 0 \\ 0 & 0 & 0 & 0 & 0 & 0 \end{bmatrix}$$

稀疏矩阵的压缩存储与特殊矩阵的压缩存储不同，如下所述。

（1）其中的数据元素分布没有规律，无法根据下标直接获得数组中对应某个位置的元素，所以无法实现随机存储。

（2）它只存储非零元素，因此，除存储非零元素的数值（data）外，还要存储元素在矩阵中的行列数据(row, col)，所以可以唯一确定矩阵中一个非零元素的三元组(row, col, data)。

2．稀疏矩阵的初始化

代码如下。

```
class Triples:
    '''
    三元组初始化
    '''
    def __init__(self) :
        self.row = 0          # 行号
        self.col = 0          # 列号
        self.data = None      # 非零元素值
class Matrix:
    '''
    稀疏矩阵初始化
    '''
    def __init__(self, row, col) :
        # 矩阵的行数
```

```
        self.row = row
        # 矩阵的列数
        self.col = col
        # 稀疏矩阵的最大容量
        self.maxSize = row * col
        # 非零元素的个数
        self.nums = 0
        # 存储稀疏矩阵的三元组
        self.matrix = [Triples() for i in range(self.maxSize)]
```

3．稀疏矩阵的创建

稀疏矩阵的创建思路如下。

（1）上述代码创建的只是一个空矩阵，需要向其中插入非零元素。

（2）为了判断插入元素的位置，根据行序优先的原则，将当前元素的行值与三元组的 row 进行比较，找到合适的插入位置。

（3）对列值进行比较，找到合适的插入位置。

（4）不同的比较结果流向不同的分支。

代码如下。

```
    def insert(self, row, col, data) :
        '''
        将数据插入三元组表示的稀疏矩阵中，成功返回 0；否则返回-1
        :param row:行数
        :param col:列数
        :param data:数据元素
        :return:是否插入成功
        '''
        # 判断当前稀疏矩阵是否已满
        if (self.nums >= self.maxSize) :
            print("当前稀疏矩阵已满！")
            return -1
        # 判断列表是否溢出
        if row > self.row or col > self.col or row < 1 or col < 1 :
            print("你输入的行或者列的位置有误！")
            return -1
        # 标志新元素应该插入的位置
        p = 1
        # 判断插入前稀疏矩阵没有非零元素
        if (self.nums == 0) :
            self.matrix[p].row = row
            self.matrix[p].col = col
            self.matrix[p].data = data
            self.nums += 1
            return 0
        # 循环，寻找合适的插入位置
        for t in range(1, self.nums + 1) :
            # 判断插入行是否比当前行大
            if row > self.matrix[t].row :
                p += 1
            # 判断，如果行相等，插入列是否比当前列大
            if (row == self.matrix[t].row) and (col > self.matrix[t].col) :
```

```
                p += 1
        # 判断该位置是否已有数据，有则更新数据
        if (row == self.matrix[p].row) and (col == self.matrix[p].col) :
            self.matrix[p].data = data
            return 0
        # 移动 p 之后的元素
        for i in range (self.nums, p-1, -1):
            self.matrix[i + 1] = self.matrix[i]
        # 插入新元素
        self.matrix[p].row = row
        self.matrix[p].col = col
        self.matrix[p].data = data
        # 元素个数要加 1
        self.nums += 1
        return 0

    def display(self) :
        '''
        稀疏矩阵展示
        '''
        if self.nums == 0 :
            print("当前稀疏矩阵为空！")
            return
        print(f"稀疏矩阵的大小：{self.row} × {self.col}")
        # 标志稀疏矩阵中元素的位置
        p = 1
        # 双重循环
        for i in range(1, self.row + 1) :
            for j in range(1, self.col + 1) :
                if i == self.matrix[p].row and j == self.matrix[p].col :
                    print("%d"%self.matrix[p].data, end = "\t")
                    p += 1
                else :
                    print(0, end = "\t")
            print()
```

4. 稀疏矩阵的转置

设 $\boldsymbol{M}$ 为 $m \times n$ 阶矩阵（即 m 行 n 列矩阵），第 i 行第 j 列的元素是 a_{ij}，即 $\boldsymbol{M} = (a_{ij})_{m \times n}$。定义 $\boldsymbol{M}$ 的转置为这样一个 $n \times m$ 阶的矩阵 $\boldsymbol{N}$，满足 $\boldsymbol{N} = (a_{ij})$（$\boldsymbol{N}$ 的第 i 行第 j 列元素是 $\boldsymbol{M}$ 的第 j 行第 i 列元素），记作 $\boldsymbol{M}^{\mathrm{T}} = \boldsymbol{N}$，如图 5-4 所示。

	row	col	data
0	1	2	11
1	1	3	21
2	2	4	2
3	3	1	92
4	3	6	85
5	4	3	12
6	5	2	26
7	6	5	10

（a）矩阵$\boldsymbol{M}$

	row	col	data
0	1	3	92
1	2	1	11
2	2	5	26
3	3	1	21
4	3	4	12
5	4	2	2
6	5	6	10
7	6	3	85

（b）矩阵$\boldsymbol{N}$

图 5-4　稀疏矩阵的转置

方案1：根据矩阵 M 中的列序进行转置。每查找 M 中的一列，都要完整地扫描其三元组数组 A。因为 A 中存储的数据行列是有序的，所以得到的 B 也是有序的，如图5-5所示。

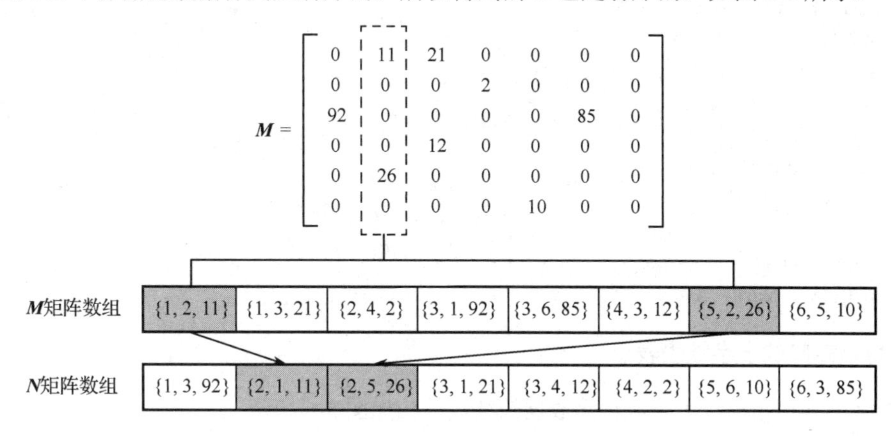

图5-5　稀疏矩阵的转置

方案2：此方案需要事先知道 M 中每列非零元素的个数，进而求得每列的第一个元素在数组 B 中的位置，然后按照数组 A 中数据元素的顺序进行转置，将数据放到 B 中合适的位置。

代码如下。

```
def transpose(self) :
    '''
    稀疏矩阵转置
    :return:返回转置后的稀疏矩阵
    '''
    # 创建目标稀疏矩阵
    matrix = Matrix(self.col, self.row)
    matrix.nums = self.nums
    # 判断矩阵是否为空
    if self.nums > 0 :
        # 标志目标稀疏矩阵中元素的位置
        q = 1;
        # 双重循环，行列颠倒
        for col in range(1, self.row + 1) :
            # p 标志源矩阵中元素的位置
            for p in range(1, self.nums + 1) :
                # 如果列相同，则行列颠倒
                if self.matrix[p].col == col :
                    matrix.matrix[q].row = self.matrix[p].col
                    matrix.matrix[q].col = self.matrix[p].row
                    matrix.matrix[q].data = self.matrix[p].data
                    q += 1
    return matrix
```

最终调试代码如下。

```
if __name__ == "__main__" :
    # 创建矩阵
    matrix1 = Matrix(6, 7)
    matrix1.display()
    # 向矩阵中插入数据
```

```
matrix1.insert(1, 2, 11)
matrix1.insert(1, 3, 21)
matrix1.insert(2, 4, 2)
matrix1.insert(3, 1, 92)
matrix1.insert(3, 6, 85)
matrix1.insert(4, 3, 12)
matrix1.insert(5, 2, 26)
matrix1.insert(6, 5, 10)
matrix1.display()
# 矩阵转置
matrix2 = matrix1.transpose()
matrix2.display()
```

5．稀疏矩阵的十字链表表示

用十字链表存储稀疏矩阵，存储数据的结点结构如图 5-6 所示。

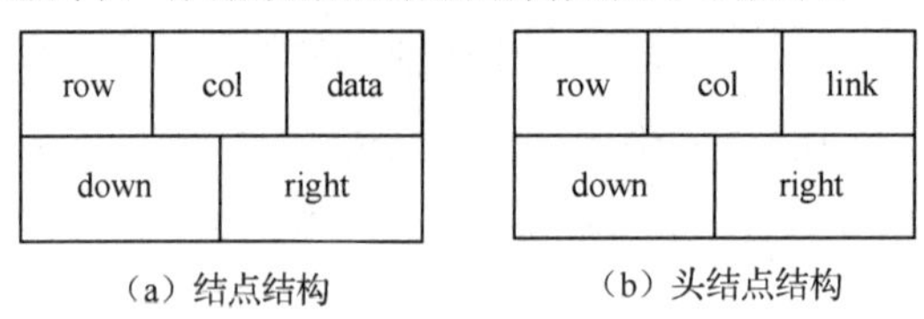

图 5-6　稀疏矩阵的存储数据的结点结构

例 5-1　稀疏矩阵结构用十字链表表示，如图 5-7 所示。

$$\boldsymbol{M}=\begin{bmatrix}1 & 0 & 0 & 2\\ 0 & 0 & 1 & 0\\ 0 & 0 & 0 & 1\end{bmatrix}$$

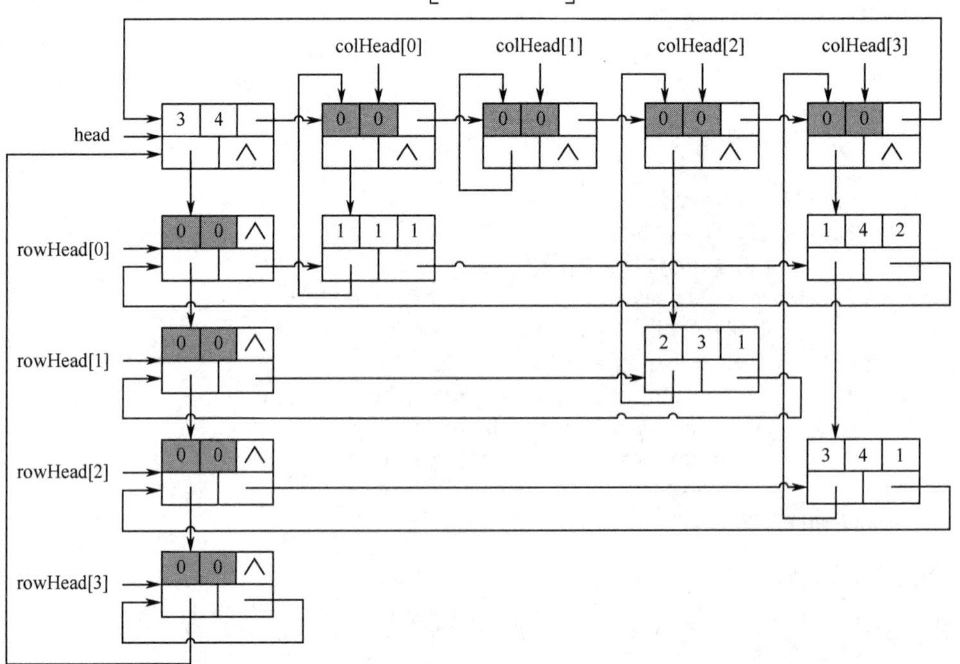

图 5-7　稀疏矩阵的十字链表表示

代码如下。

```
class Tag:
    def __init__(self):
        '''
        十字链表数据标签初始化
        '''
        self.data = None
        self.link = None

class Node:
    def __init__(self):
        '''
        十字链表结点初始化
        '''
        self.row = 0
        self.col = 0
        self.right = None
        self.down = None
        self.tag = Tag()

class Mat(object):
    def __init__(self, row, col):
        '''
        十字链表初始化
        '''
        self.row = row
        self.col = col
        self.maxSize = row if row > col else col
        self.head = Node()
        self.head.row = row
        self.head.col = col

    def create(self, datas):
        '''
        创建十字链表，使用列表进行初始化
        :param datas:二维列表数据
        '''
        # 定义头结点的指针列表
        head = [Node() for i in range(self.maxSize)]
        # 初始化头结点的指针列表
        tail = self.head
        for i in range(0, self.maxSize):
            # 构建循环链表
            head[i].right = head[i]
            head[i].down = head[i]
            tail.tag.link = head[i]
            tail = head[i]
        # 将指针重新指向矩阵头结点
        tail.tag.link = self.head
        # 循环，添加元素
        for i in range(0, self.row):
            for j in range(0, self.col):
                # 判断列表中的元素是否为0
                if (datas[i][j] != 0):
                    # 初始化新结点
                    newNode = Node()
```

```
                newNode.row = i
                newNode.col = j
                newNode.tag.data = datas[i][j]
                # 插入行链表
                node = head[i]   # 将结点指针指向该行的头结点
                while node.right != head[i] and node.right.col < j :
                    node = node.right
                newNode.right = node.right
                node.right = newNode
                # 插入列链表
                node = head[j]
                while node.down != head[j] and node.down.row < i :
                    node = node.down
                newNode.down = node.down
                node.down = newNode

    def display(self) :
        print(f"行 = { self.row，列 = {self.col} ")
        # 将列链的结点指向列中的第一个结点
        colNode = self.head.tag.link
        # 循环列链
        while colNode != self.head :
            # 将行链的结点指向行中第一个结点
            rowNode = colNode.right
            # 循环行链
            while colNode != rowNode :
                print(f"({rowNode.row + 1}, {rowNode.col + 1}, {rowNode.tag.data})")
                rowNode = rowNode.right
            colNode = colNode.tag.link

if __name__ == "__main__" :
    datas = [[1, 0 ,0 ,2], [0, 0, 1, 0], [0, 0, 0, 1]]
    mat = Mat(3, 4)
    mat.create(datas)
    mat.display()
```

5.3 广义表

5.3.1 广义表的定义

广义表（Lists），简称表，它是一种非线性的数据结构，是线性表的推广。广义表放宽了表中对原子级元素的限制，可以存储线性表中的数据，也可以存储广义表自身结构。广义表的表示与线性表相似，也是 n 个元素的有限序列。

（1）广义表中的元素有相对次序。

（2）广义表的长度为表中的元素个数，即最外层圆括号包含的元素个数。

（3）广义表的深度为表中所含圆括号的重数。其中，单元素的深度为 0，空表的深度为 1。

（4）一个广义表可以被其他广义表共享，这种共享广义表称为再入表。

（5）广义表可以是一个递归的表，即一个广义表的子表可以是它自身。递归广义表的深度无穷，但长度有限。

5.3.2 广义表的存储结构

通常使用链式存储结构来存储广义表，其存储结点结构如图 5-8 所示。

图 5-8　广义表链式存储结点结构

（1）标志位（tag）：表结点的标志位 tag = 1，原子结点的标志位 tag = 0。

（2）存储单元（atom/lists）：用于存储元素或者指向子表结点。

（3）指针域（link）：用于指向下一个表结点。

代码如下。

```
class Node:
    def __init__(self, tag, atom, lists, link) :
        '''
        广义表结点的初始化
        '''
        # 标志域 tag
        self.tag = tag
        # 指向子表结点
        self.lists = lists
        # 元素
        self.atom = atom
        # 指向下一个表结点
        self.link = link
```

例 5-2　定义下面 5 个广义表，其链式表示如图 5-9 所示。

A = ( )

B = (p)

C = ((x, y, z), p)

D = (A, B, C)

E = (q, E)

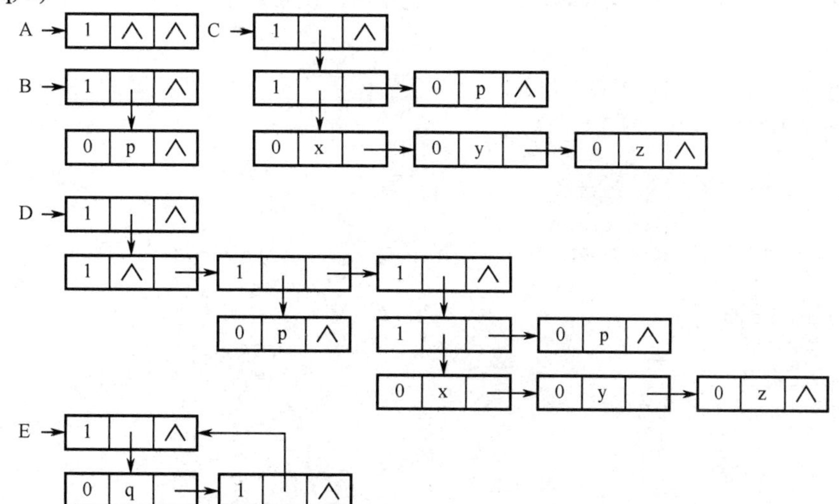

图 5-9　广义表的链式表示

5.3.3 广义表的递归运算

递归是指一个过程或函数在其定义或说明中直接或间接调用自身的一种方法。

递归必须满足以下两个条件：

（1）子问题与原问题性质相同，且更为简单。

（2）存在一种可以使递归退出的简单情境，即递归必须有终止条件。

递归一般用于解决以下三类问题：

（1）数据本身是按递归定义的，如斐波那契（Fibonacci）数列；

（2）问题求解过程是使用递归算法实现的，如汉诺塔问题；

（3）数据的结构形式是按递归定义的，如二叉树、广义表等。

1. 广义表的创建

创建广义表也是一个递归的过程：在创建广义表时，需要逐个地创建其中的单元素和子表；在创建子表时，重复前面的步骤，只是将要创建的表的参数变为子表。

创建广义表需要进行逐个扫描的字符分为以下 4 种。

（1）“(”。当遇到左圆括号时，表示遇到了一个表，需要申请一个结点空间存储数据，并将结点中的 tag 置为 1，然后进行递归调用，将结点的 lists 指针地址作为参数传入函数。

（2）“)”。当遇到右圆括号时，表示前面的字符已经处理完毕，应将当前传入的参数指针置空。这个传入的参数指针为 lists 指针地址或 link 指针地址。

（3）“，”。当遇到逗号时，表示当前的结点处理完毕，应该处理后继结点，此时进行递归调用，传入 link 指针地址。

（4）其他字符。遇到其他字符，其表示的是结点中存储的数据，将 tag 置为 0，将当前字符赋值给 atom。

2. 广义表的分类

广义表大致可分为三类：单元素表、空表、非空多元素广义表。其中，单元素表和空表是递归的边界条件。在创建非空广义表时，应递归创建子表，使其条件归纳。

代码如下。

```
class GList:
def __init__(self) :
    '''
    广义表的初始化
    '''
    self.root = Node(1, None, None, None)

def create(self, datas) :
    '''
    创建广义表
    :param datas: 广义表数据
    '''
    #  获取串长度
    strlen = len(datas)
    # 保存双亲结点
```

```
        nodeStack = Stack()
        self.root = Node(1, None, None, None)
        tableNode = self.root
        for i in range(strlen):
            # 判断是否为子表的开始
            if datas[i] == '(' :
                # 新子表结点
                tmpNode = Node(1, None, None, None)
                # 将双亲结点入栈，用于子表结束时获取
                nodeStack.push(tableNode)
                tableNode.lists = tmpNode
                tableNode = tableNode.lists
             # 判断是否为子表的结束
            elif datas[i] == ')' :
                # 子表结束，指针指向子表双亲结点
                if tableNode == nodeStack.peek() :
                    tableNode = Node(1, None, None, None)
                tableNode = nodeStack.pop()
            # 表结点
            elif datas[i] == ',' :
                tableNode.link = Node(1, None, None, None)
                tableNode = tableNode.link
            # 原子结点
            else :
                tableNode.tag = 0
                tableNode.atom = datas[i]
```

3. 输出广义表

输出广义表 List 的步骤如下。

（1）若 tag 为 0，表示该表为单元素表，直接输出元素。

（2）若 tag 为 1，表示这是一个表，输出左圆括号“(”，然后根据 lists 判断：

① 若 lists 为 None，说明这是一个空表，输出右圆括号“)”；

② 若 lists 不为空，进行递归调用，将 lists 作为变量传入函数。

（3）在子表的结点输出完成之后，函数会回到递归调用处，然后根据 link 判断当前结点在本层之中是否有后继结点：

① 若 link 为 None，说明本层遍历结束，返回函数调用处；

② 若 link 不为空，说明本层当前元素还有后继结点，输出一个“,”，之后进行递归调用，将 link 作为变量传入函数。

代码如下。

```
def display(self, node) :
    if node.tag == 0 :
        print(node.atom, end = "")
    else :
        print("(", end = "")
        if node.lists == None:
            print("", end = "")
        else :
            self.display(node.lists)
```

```
            print(")", end = "")
        if node.link != None :
            print(",", end = "")
            self.display(node.link)
        if node == self.root :
            print()
```

4. 广义表的深度

递归求广义表深度的两个重要因素如下。

（1）递归公式：depth(List) = max{depth(a_i)} + 1，$1 \leqslant i \leqslant n, n \geqslant 1$。

（2）边界条件：depth(List) = 1，当广义表为空表时；

depth(List) = 0，当广义表为单元素表时。

求深度的基本思路：当 tag 为 0 时，该表只有一个元素，函数返回其深度 0。当 tag 为 1 时，表明这是一个表，根据 lists 判断它是否是一个空表：如果是空表，则返回其深度 1；如果不是空表，遍历表中的每个元素，递归遍历子表元素。

代码如下。

```
def depth(self, node):
    # 递归返回，判断为原子结点时返回 0
    if node.tag == 0 :
        return 0
    maxSize = 0
    depth = -1
    # 指向第一个子表
    tableNode = node.lists
    # 如果子表为空，则返回 1
    if tableNode == None :
        return 1
    # 循环
    while tableNode != None :
        if tableNode.tag == 1 :
            depth = self.depth(tableNode)
            # maxSize 为同一层所求过的子表中深度的最大值
            if depth > maxSize :
                maxSize = depth
        tableNode = tableNode.link
    return maxSize + 1

def length(self):
    length = 0
    # 指向广义表的第一个元素
    node = self.root.lists
    while node != None :
        # 累加元素个数
        length += 1
        node = node.link
    return length

if __name__=='__main__':
    datas = "(a,b,(c,d),((e,f),g))"
    gList = GList()
    gList.create(datas)
```

```
    gList.display(gList.root)
    print(f"广义表的长度："{gList.length()})
    print(f"广义表的深度："{gList.depth(gList.root)})
```

5.4　本章习题

一、选择题

1．若数组 $A[0..m][0..n]$按列优先顺序存储，则 a_{ij} 地址为（　　）。

A．$LOC(a_{00}) + [j \times m + i]$　　B．$LOC(a_{00}) + [j \times n + i]$

C．$LOC(a_{00}) + [(j - 1) \times n + i - 1]$　　D．$LOC(a_{00}) + [(j - 1) \times m + i - 1]$

2．已知一个 10 × 10 的二维数组 A 中，元素 a_{20} 的地址为 560，每个元素占 4 个字节，则元素 a_{10} 的地址为（　　）。

A．520　　B．522　　C．524　　D．518

3．设有广义表 $D = (a, b, D)$，其长度为 3，深度为（　　）。

A．无穷大　　B．3　　C．2　　D．5

4．下列广义表用图来表示时，分支结点最多的是（　　）。

A．$L = ((x,(a,B)),(x,(a,B),y))$　　B．$A = (s,(a,b))$

C．$B = ((x,(a,B),y))$　　D．$D = ((a,B),(c,(a,B),D)$

5．稀疏矩阵一般的压缩存储方法是（　　）。

A．二维数组和三维数组　　B．三元组和散列

C．三元组和十字链表　　D．散列和十字链表

6．有一个 100 × 90 的稀疏矩阵，非 0 元素有 10 个，设每个整型数占 2 字节，则用三元组数组表示该矩阵时，所需的字节数是（　　）。

A．60　　B．66　　C．18000　　D．33

7．对稀疏矩阵进行压缩存储的目的是（　　）。

A．便于进行矩阵运算　　B．便于输入和输出

C．节省存储空间　　D．降低运算的时间复杂度

8．数组就是矩阵，矩阵就是数组，这种说法（　　）。

A．正确　　B．错误

C．前句对，后句错　　D．后句对

9．将一个 $A[1..100,1..100]$的三角矩阵，按行序优先存入一维数组 $B[1..298]$中，A 中元素 $A_{66,65}$，在 B 数组中的位置为（　　）。

A．198　　B．195　　C．197　　D．196

10．二维数组 A 的每个元素是由 6 个字符组成的串，其行下标 $i = 0, 1, \cdots, 8$，列下标 $j = 1, 2, \cdots, 10$。若 A 按行优先存储，元素 $A[8, 5]$的起始地址与当 A 按行优先存储时的元素（　　）的起始地址相同。（设每个字符占 1 字节）

A．$A[8, 5]$　　B．$A[3, 10]$　　C．$A[5, 8]$　　D．$A[0, 9]$

二、填空题

1．数组采用________存储。

2．稀疏矩阵的压缩存储与特殊矩阵的压缩存储不同，稀疏矩阵的数据元素分布________，其只存储________元素。

3．________是一种编程技巧，具体指一个过程或函数在其定义或说明中有直接或间接调用自身的一种方法，作为一种算法思想在程序设计语言中应用广泛。

4．当广义表中的每个元素都是原子时，广义表便成了________。

5．广义表$(a, (a, b), d, e, ((i, j), k))$的长度是________，深度是________。

第 6 章

基于线性表的查找算法

查找是数据结构的一种基本操作。查找算法依赖数据结构，不同的数据结构需要采用不同的查找算法。如何高效地在基于线性表的存储结构中获得查找结果，是本章要解决的核心问题。

学习目标

- 理解查找的基本概念、查找长度的计算
- 掌握顺序表的查找法
- 掌握有序表的查找法
- 熟悉索引顺序查找法

6.1　查找概述

查找主要涉及以下几个概念。

（1）列表：由同一类型的元素（或记录）构成的集合，可利用任意数据结构实现。

（2）关键字：元素的某个数据项的值，用于标识列表中的一个或一组元素。当元素仅有一个数据项时，元素的值就是关键字。

① 主关键字：唯一标识列表中的一个元素；

② 次关键字：不是主关键字的就为次关键字。

（3）查找：根据给定的关键字，在特定的列表中确定一个其关键字与给定关键字相同的元素，并返回该元素在列表中的位置。

① 静态查找：在查找过程中只对元素进行查找；

② 动态查找：在实际查找的同时插入找不到的元素，或从查找表中删除已查到的某个元素。

因此，在查找算法中要用到三类参量：查找对象（找什么）、查找范围（在哪找）、查找的结果（查找对象在查找范围中的位置）。前两个为输入参量，在函数中不可缺少；第三个为输出参量，可用函数返回值表示。

另外，查找的一个重要数据指标是平均查找长度（ASL）。为确定元素在列表中的位置，需和给定值进行比较的关键字个数的期望值，称之为查找算法在查找成功时的平均查找长度。

对于长度为 n 的列表，查找成功时的平均查找长度为

$$\mathrm{ASL}=P_1C_1+P_2C_2+\cdots+P_nC_n=\sum_{i=1}^{n}P_iC_i$$

其中，P_i 为查找列表中第 i 个元素的概率；C_i 为找到列表中第 i 个元素时，已经进行过的关键字比较次数。

6.2 顺序表查找法

顺序表查找法的基本思想：从表的一端开始，顺序扫描线性表，依次将扫描到的元素的关键字与给定的关键字 key 相比较。若当前扫描到的结点关键字与 key 相等，则查找成功；若扫描结束后，仍未找到关键字与 key 相等的元素，则查找失败。

以顺序表结构为例，代码如下。

```
class SeqList:
    def __init__(self, items):
        self.items = items

    def seqSearch(self, key):
        # 顺序表查找法
        index=-1
        for i in range(len(self.items)):
            if self.items[i] == key:
                index=i+1
        return index

if __name__ == '__main__':
    nums = [15,22,83,54,6,65,96,72,38,46]
    sqlist = SeqList(nums)
    print(sqlist.seqSearch(38))
```

顺序表查找法的平均查找长度的计算方法如下。

（1）假设列表长度为 n，从最后一个元素开始查找：

① 查找第 1 个元素，需进行 n 次比较；

② 查找第 2 个元素，需进行 n-1 次比较；

③ 依次类推；

④ 查找第 n 个元素，需进行 1 次比较。

（2）又假设查找每个元素的概率相等，即 $P_i=1/n$。

（3）顺序表查找法的平均查找长度为

$$\text{ASL}=1\times\frac{1}{n}+2\times\frac{1}{n}+\cdots+n\times\frac{1}{n}=(1+2+\cdots+n)\times\frac{1}{n}=\frac{n+1}{2}$$

6.3 折半查找法

折半查找法的前提条件是，必须采用顺序存储结构；必须按关键字大小有序排列。

折半查找法的基本思想：将表中间位置元素的关键字与查找关键字比较，如果两者相等，则查找成功，否则利用中间位置元素将表分成前、后两个子表；如果中间位置元素的关键字大于查找关键字，则进一步查找前一子表，否则进一步查找后一子表。重复以上过程，直到找到满足条件的元素为止，此时查找成功；或直到子表不存在为止，此时查找不成功。

例 6-1　用折半查找法查找元素 12 的过程如图 6-1 所示。

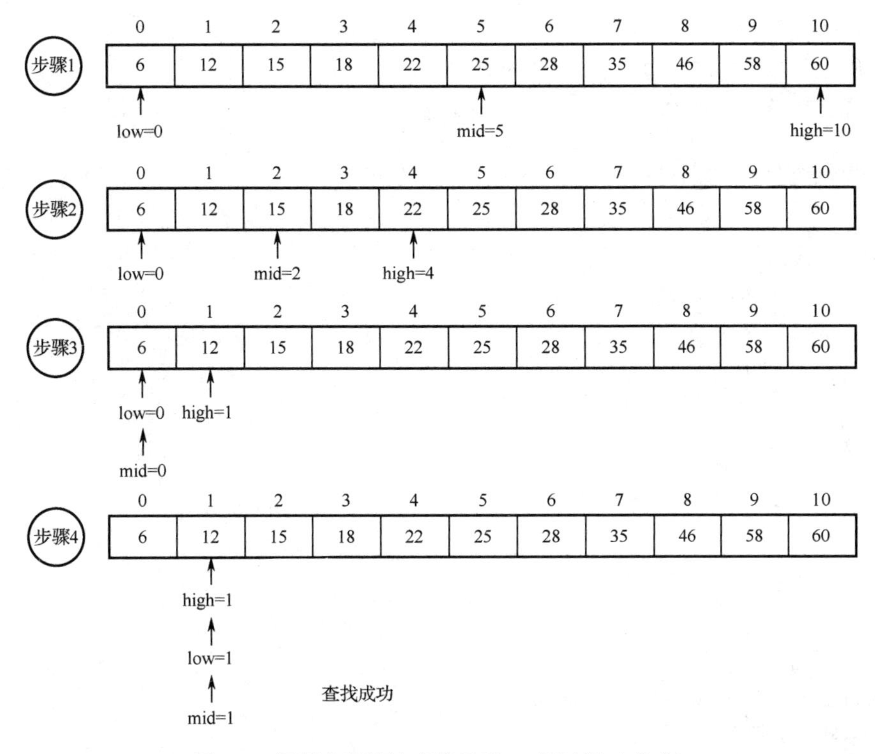

图 6-1　用折半查找法查找元素 12 的过程（成功）

例 6-2　用折半查找法查找元素 50 的过程如图 6-2 所示。

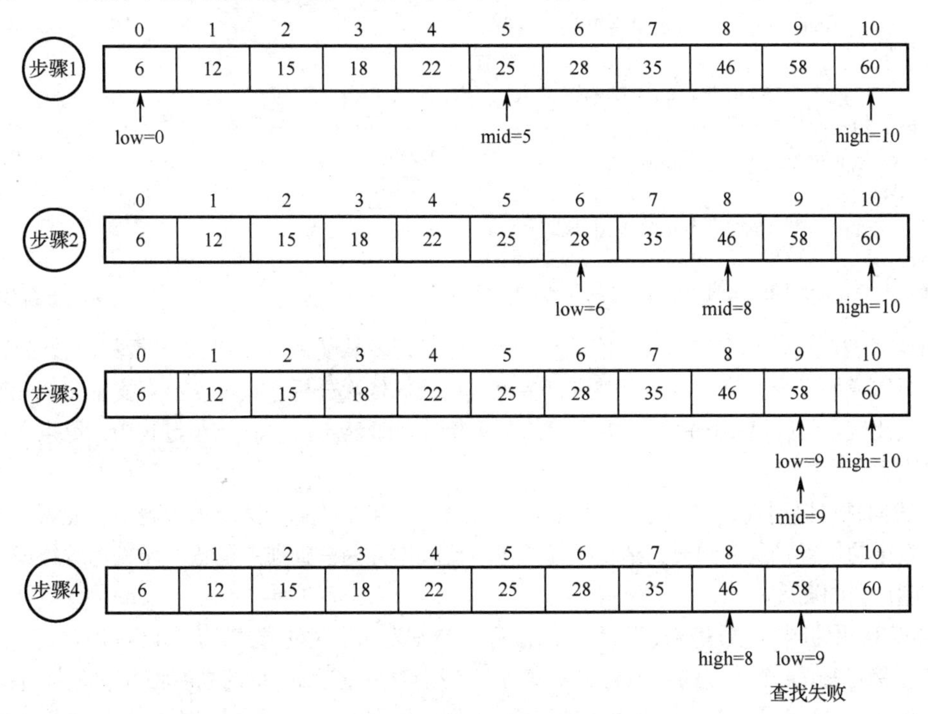

图 6-2　用折半查找法查找元素 50 的过程（失败）

由此可以发现，当 $high < low$ 时，表示不存在这样的子表空间，因此，查找失败。

代码如下。

```
class SeqList:
    def __init__(self, items):
        self.items = items

    def binarySearch(self, key):
        # 折半查找法
        index = -1
        low = 0
        high = len(self.items) - 1
        while low <= high:
            mid = (low + high) // 2
            if self.items[mid] == key:
                index = mid + 1
                break
            elif self.items[mid] > key:
                high = mid - 1
            else:
                low = mid + 1
        return index
if __name__ == '__main__':
    nums = [6,12,15,18,22,25,28,35,46,58,60]
    sqlist = SeqList(nums)
num = 12
index = sqlist.binarySearch(num)
if index == -1:
        print(f"{num}在{nums}中未找到")
else:
        print(f"{num}在{nums}中的位置为{index}")
num = 50
index = sqlist.binarySearch(num)
if index == -1:
        print(f"{num}在{nums}中未找到")
else:
        print(f"{num}在{nums}中的位置为{index}")
```

折半查找法的计算平均查找长度的步骤为：假设列表长度为 n，对查找元素的次数进行分析。我们需要知道如果查找第 1 个元素需进行多少次比较。依次分析，直至得出查找第 n 个元素需进行多少次比较。再假设查找每个数据元素的概率相等，即 $P_i = 1/n$。在这个过程中，重点是如何得出比较次数。

上述问题可以用判定树的方式来验证。首先，判定树中的每一结点表示表中一元素，结点值记录在表中的位置。从根到被查结点路径关键字比较次数为被查结点层数，而成功进行最多比较次数不超过树的高度。

例 6-3　用折半查找法查找元素 12 的过程，转变为判定树的方式，如图 6-3 所示。

从上例可知，n 个结点的判定树的高度与 n 个结点的完全二叉树的高度相等，均为 $\log_2 n + 1$。因此，假定表的长度 $n = 2h-1$，则相应判定树必为高度是 h 的满二叉树，则有 $h = \log_2(n + 1)$。

最终，折半查找法的平均查找长度可按下式计算：

$$\text{ASL}=\sum_{i=1}^{n}P_iC_i=\frac{1}{n}\sum_{j=1}^{n}j\times 2^{j-1}=\frac{n+1}{n}\log_2(n+1)-1\approx\log_2(n+1)-1$$

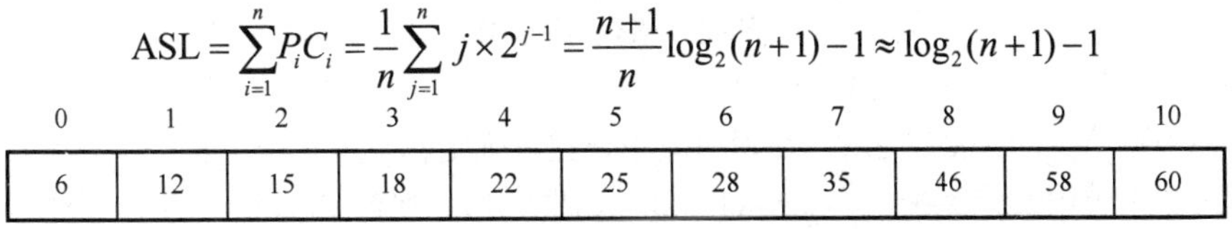

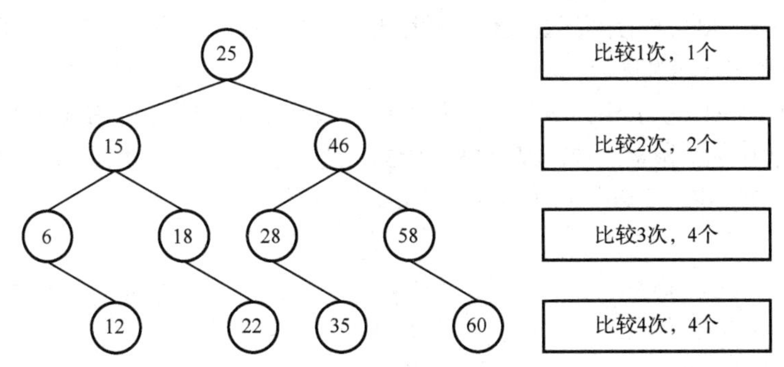

图 6-3　判定树

综上所述，折半查找法具有比较次数少、查找速度快、平均性能好的优点；同时也存在要求待查表为有序表且插入/删除困难的缺点。

6.4　索引顺序查找法

索引顺序查找法又称分块查找法，是介于顺序查找法和折半查找法之间的一种查找方法。

在索引顺序查找法中，除查找表外还需要为查找表建立一个“索引表”，索引表是分段有序的。将查找表分为若干子表，为每个子表建立一个索引项并将其存储在索引表中，索引项包括两项内容：关键字项和指针项，如图 6-4 所示。

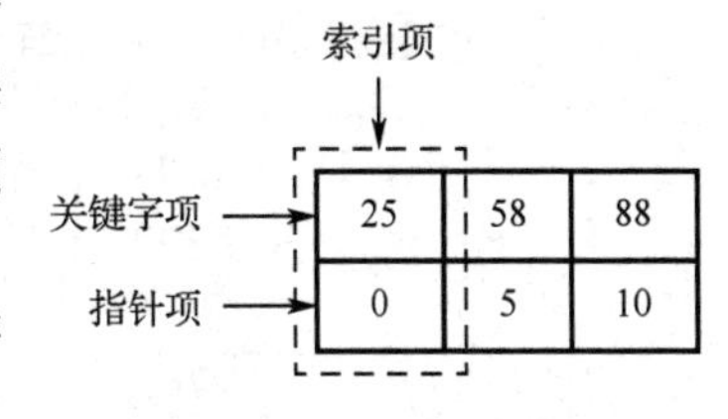

图 6-4　索引项示意图

索引顺序查找法的前提条件是要求将列表组织成索引顺序结构，方法如下。

（1）先将列表分成若干块（子表）。一般情况下，块的长度均匀，但最后一块可以不满。每块中元素任意排列，即块内无序，但块与块之间有序。

（2）再构造一个索引表。其中每个索引项对应一个块并记录每块的起始位置和每块内的最大关键字（或最小关键字），索引表按关键字有序排列。

图 6-5 所示的表包括以下三个块：

● 第一个块的起始地址为 0，块内最大关键字为 25；

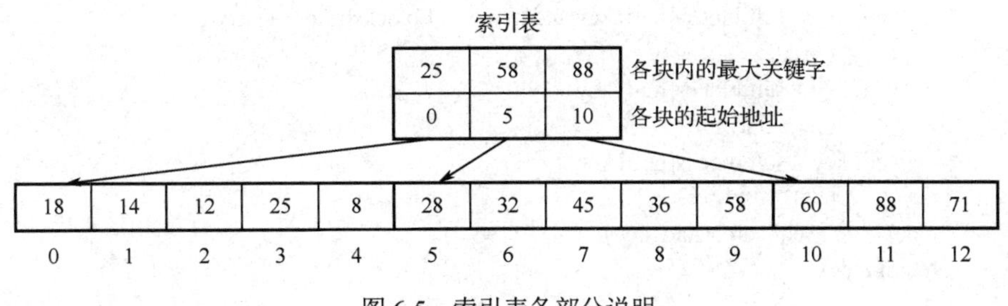

图 6-5　索引表各部分说明

● 第二个块的起始地址为 5，块内最大关键字为 58；
● 第三个块的起始地址为 10，块内最大关键字为 88。

索引顺序查找法的基本思想如下。

（1）先根据给定的关键字 key，在索引表中查找以确定 key 所在的子表；

（2）再在子表中查找关键字为 key 的元素，如果找到，则查找成功；否则，查找失败。

索引表是有序表，既可进行顺序查找也可进行折半查找，以确定待查元素所在子表；而子表可能是无序的，因此只能用顺序查找。

例 6-4 在图 6-5 的索引表中，用分块查找法（一种索引顺序查找法）查找元素 36。

将 36 与索引表中的关键字比较，因为 25<36<58，所以 36 在第二块中；

在第二块中顺序查找，最后在 8 单元中找到 36。

代码如下。

```
class Block:
    def __init__(self,key,low,high):
        self.key = key
        self.low = low
        self.high = high+1

class SeqList(object):
    def __init__(self, blocks, items):
        self.blocks = blocks
        self.items = items

    def seqSearch(self,cur,key):
        # 索引顺序查找法
        index= -1
        low = self.blocks[cur].low
        high = self.blocks[cur].high
        for i in range(low, high) :
            if self.items[i] == key:
                index=i+1
        return index

    def blockSearch(self,key):
        low = 0
        high = len(self.blocks) - 1
        mid = 0
        while low <= high:
            mid = (low+high)//2
            if mid == 0 or mid == len(self.blocks) - 1 :
                break
            elif key < self.blocks[mid].key and key > self.blocks[mid - 1].key :
                break
            elif key > self.blocks[mid].key :
                low = mid + 1
            elif key < self.blocks[mid].key :
                high = mid - 1
        index = self.seqSearch(mid, key)
        return index
```

```
if __name__ == '__main__':
    nums = [18,14,12,25,8,28,32,45,36,58,60,88,71]
    blocks = [Block(25,0,4),Block(58,5,9),Block(88,10,12)]
    sqlist = SeqList(blocks, nums)
    print(sqlist.blockSearch(36))
```

分块查找法的平均查找长度包括查找索引表时的平均查找长度为 L_B 和在相应块内进行顺序查找的平均查找长度 L_W 两个部分，即 $\text{ASL} = L_B + L_W$。假定将长度为 n 的表分成 b 块，且每块含 s 个元素，则 $b=n/s$。又假定表中每个元素的查找概率相等，则每个索引项的查找概率为 $1/b$，块中每个元素的查找概率为 $1/s$。

若用顺序查找法确定待查元素所在的块，则有

$$L_B = \frac{1}{b}\sum_{i=1}^{b} i = \frac{b+1}{2}$$

$$L_W = \frac{1}{s}\sum_{j=1}^{s} j = \frac{s+1}{2}$$

$$\text{ASL} = L_B + L_W = \frac{b+s}{2} + 1$$

将 $b = \frac{n}{s}$ 代入，得

$$\text{ASL} = \frac{1}{2}\left(\frac{n}{s} + s\right) + 1$$

6.5　本章实验：折半查找

一、实验目的与要求

1．理解查找的概念。

2．理解折半查找的思想与实现。

二、实验准备与环境

一台安装 Python 的计算机。

三、实验内容

编写一个函数，利用折半查找法在一个有序表中插入一个元素，并保持表的有序性。

例如，在一个有序表(1,3,5,7,9)中，查找元素 5，因为元素存在，则有序表不变；若查找元素 6，因无该元素，则该有序表变为(1,3,5,6,7,9)。

6.6　本章习题

一、选择题

1．采用顺序查找法查找长度为 n 的线性表时，每个元素的平均查找长度为（　　）。

A．n　　B．$n/2$　　C．$(n+1)/2$　　D．$(n-1)/2$

2．对线性表进行折半查找时，要求线性表必须（　　）。

A．以链式方式存储

B．以顺序方式存储

C．以链式方式存储且结点按关键字排序

D．以顺序方式存储且结点必须按关键字排序

3．已知一个有序顺序表(11, 15, 23, 35, 45, 56, 66, 85, 89, 106, 127)，当折半查找法查找值为 89 的元素时，需要（　　）次比较即可查找成功。

A．1　　B．2　　C．3　　D．4

4．采用折半查找法查找长度为 n 的线性表时，时间复杂度为（　　）。

A．$O(n^2)$　　B．$O(n\log_2 n)$　　C．$O(n)$　　D．$O(\log_2 n)$

5．对于长度为 18 的顺序存储结构的有序表，若采用折半查找法，则查找第 15 个元素的比较次数为（　　）。

A．3　　B．4　　C．5　　D．6

6．下面关于折半查找的叙述正确的是（　　）。

A．表必须有序，表可以顺序方式存储，也可以链式方式存储

B．表必须有序，而且表中数据必须是整型、实型或字符型

C．表必须有序，而且表中元素只能从小到大排序

D．表必须有序，且表只能以顺序方式存储

7．用折半查找法的速度比用顺序查找法（　　）。

A．必然快　　B．必然慢　　C．相等　　D．不能确定

8．具有 12 个关键字的有序表，折半查找的平均查找长度为（　　）。

A．3.1　　B．4　　C．2.5　　D．5

9．在索引查找中，假定查找表（即主表）的长度为 96，被等分为 8 个子表，进行索引查找，并且都使用顺序查找，则平均查找长度为（　　）。

A．9　　B．10　　C．11　　D．12

10．在查找算法中要用到三类参量：查找对象（找什么）、查找范围（在哪找）、查找的结果（查找对象在查找范围中的位置），其中，输出参量是（　　）。

A．查找对象　　B．查找范围　　C．查找结果　　D．以上都是

二、填空题

1．假定一个顺序表的长度为 40，并假定查找每个元素的概率相同，则查找成功的平均查找长度为________，查找不成功的平均查找长度为________。

2．以折半查找法在一个表上进行查找时，该表必须________存储的________表。

3．若有序顺序表中有 1000 个元素，用折半查找法查找时，最大的比较次数是________。

4．对关键字序列(7, 12, 15, 18, 27, 32, 41, 92, 117, 132, 148, 156)中用折半查找法查找和给定值 92 相等的关键字，在查找过程中依次需要与________关键字比较。

5．长度为 225 的表，采用分块查找法，每块的最佳长度是________。

第 7 章

基于线性表的排序算法

把一个无序序列按照元素的关键字递增或递减排列成有序的序列，称为排列。其中，按照元素的关键字递增排序的序列称为升序序列，按照元素的关键字递减排序的序列称为降序序列。

- 理解排序的概念
- 掌握插入排序法
- 掌握交换排序法
- 熟悉归并排序法

7.1　排序的概念及分类

对于计算机中存储的数据来说，排序就是将一组“无序”的数据，通过一定的方式，按照某种关键字顺序排列调整为“有序”的数据，从而提高数据查找的效率。

排序中的关键字，可以是元素的关键字，也可以是元素的次关键字，或者是关键字的组合序列。根据排序前后元素的顺序不同，排序可分为稳定排序和不稳定排序，如图 7-1 所示。

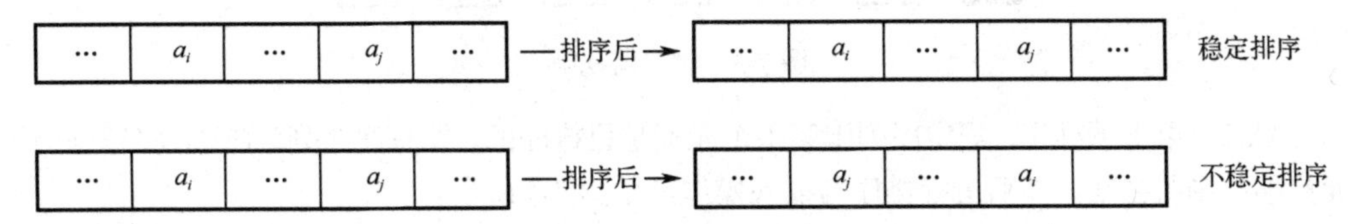

图 7-1　稳定排序和不稳定排序示意图

假设 K_i 是 a_i 的主关键字，K_j 是 a_j 的主关键字。

（1）稳定排序：若 $K_i = K_j$（$1 \leqslant i \leqslant n$，$1 \leqslant j \leqslant n$，$i \neq j$），在排序前的序列中 a_i 领先于 a_j（$i < j$），经过排序后得到的序列中 a_i 仍领先于 a_j，则称所用的排序方法是稳定的。

（2）不稳定排序：若相同关键字的领先关系在排序过程中发生变化，则称所用的排序方法是不稳定的。

根据元素存储位置的不同，排序又可分为内部排序和外部排序。

（1）若所有需要排序的元素都存储在内存中，且在内存中调整元素的存储顺序，这样的排序称为内部排序。

（2）若待排序的元素数量较大，排序时只有部分元素被调入内存，排序过程中存在多次内存、外存之间的交换，这样的排序称为外部排序。

在排序过程中，有两种基本操作：比较两个关键字的大小；根据比较结果将元素从一个位置移动到另一个位置。对于第二种操作，需要采用适当的存储方式（如顺序存储结构、链表存储结构），根据元素顺序与地址顺序结合的表示方法进行存储。下面重点讨论在顺序存储结构上实现的几种排序方法。

7.2 插入排序

插入排序（insertion sort）操作包含两步：第一步是插入，第二步是排序。插入排序的基本思想是将一个元素插入一个已经有序的序列中，继而得到一个有序的、元素个数加一的新序列。插入排序主要包括直接插入排序、折半插入排序、希尔排序。

7.2.1 直接插入排序

基本操作：将第 i 个元素插入前面 i−1 个已排好序的元素的序列中。

具体过程：将第 i 个元素的关键字 K_i 顺次与其前面元素的关键字 $K_{i-1}, K_{i-2}, \cdots, K_1$ 进行比较，将所有关键字大于 K_i 的元素依次向后移动一个位置，直至遇见一个关键字小于或等于 K_i 的元素 K_j，此时 K_j 后面必为空位置，将第 i 个元素插入空位置即可。

例 7-1 使用直接插入排序法将图 7-2 所示的无序数字序列按升序排序。

21	25	49	<u>25</u>	16	8

图 7-2 直接插入排序示例

步骤 1 设置监视哨，如图 7-3 所示。

监视哨	21	25	49	<u>25</u>	16	8

图 7-3 设置监视哨

步骤 2 第 1 趟排序，规定序列中第 1 个元素是已排序的，即有序序列为(21)，将序列的第 2 个元素移动到监视哨，然后进行排序与插入操作，如图 7-4 所示。

	监视哨						
	25	21		49	<u>25</u>	16	8
21<25，不移动	25	21		49	<u>25</u>	16	8
25插入空位		21	25	49	<u>25</u>	16	8

图 7-4 第 1 趟排序

步骤 3 第 2 趟排序，有序序列为(21, 25)，将序列的第 3 个元素移动到监视哨，然后进行排序与插入操作，如图 7-5 所示。

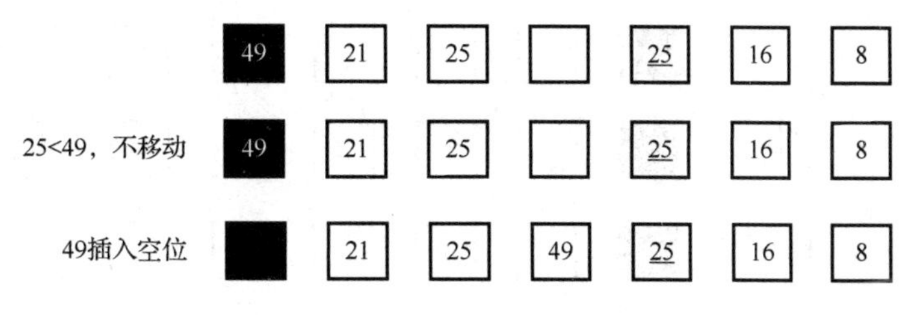

图 7-5　第 2 趟排序

步骤 4　第 3 趟排序，有序序列为(21, 25, 49)，将序列的第 4 个元素移动到监视哨，然后进行排序与插入操作，如图 7-6 所示。

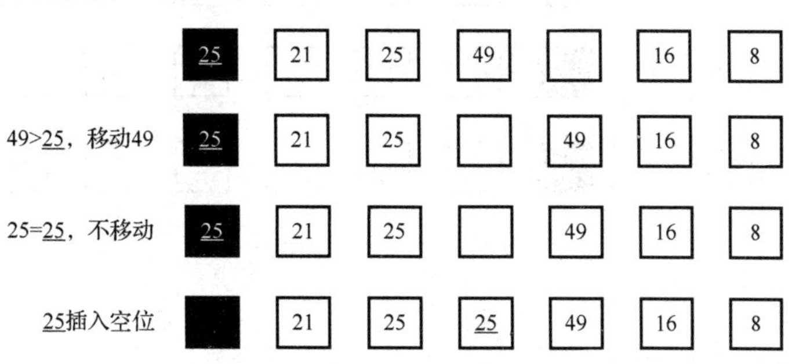

图 7-6　第 3 趟排序

步骤 5　第 4 趟排序，有序序列为(21, 25, 25, 49)，将序列的第 5 个元素移动到监视哨，然后进行排序与插入操作，如图 7-7 所示。

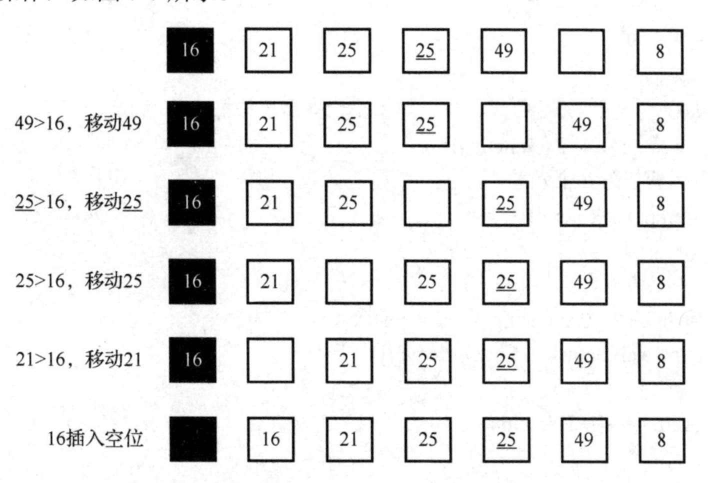

图 7-7　第 4 趟排序

步骤 6　第 5 趟排序，有序序列为(16, 21, 25, 25, 49)，将序列的第 6 个元素移动到监视哨，然后进行排序与插入操作，排序结束，如图 7-8 所示。

从上述过程可以发现，直接插入排序是稳定的排序方法。

为了提高效率，上例附设一个监视哨，使得监视哨始终存储待插入的元素。因此，我们总结出该算法的要点如下：

- 使用监视哨临时保存待插入的元素；
- 从待插入的元素的位置往前查找应插入的位置；
- 查找与移动用同一循环完成。

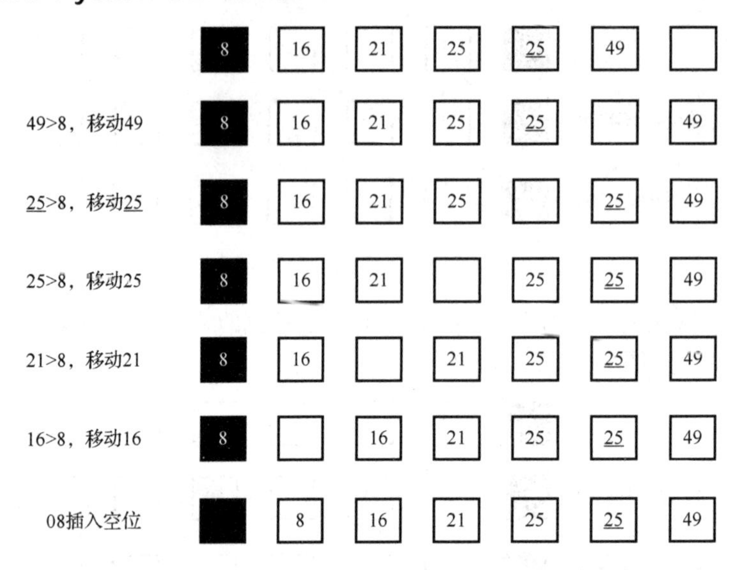

图 7-8　第 5 趟排序

代码如下。

```
class InsertSort:
    def __init__(self, items):
        # 待排序的序列
        self.items = items

    def insertSort(self):
        # 直接插入排序
        # 从第 2 个元素开始排序，规定第 1 个元素是已排好序的
        for i in range(1, len(self.items)):
            # 获取第 n 个元素
            temp = self.items[i]
            j = i - 1
            # 插入前面已排好序的序列中合适的位置
            while j >= 0 and temp < self.items[j]:
                self.items[j+1] = self.items[j]
                j - = 1
            self.items[j+1] = temp

if __name__=='__main__':
    nums = [21, 25, 49, 25, 16, 8]
    select = InsertSort(nums)
    select.insertSort()
    print(nums)
```

对直接插入排序法进行分析可以发现，从空间角度来看，它只需要一个辅助空间；从时间角度来看，主要时间耗费在关键字比较和移动元素上。直接插入排序法最好的情况是顺序排列，得出总的比较次数为 $n-1$ 次，总的移动次数为 $2(n-1)$次；最坏的情况是逆序排列，得出总的比较次数为$(n+2)(n-1)/2$ 次，总的移动次数为$(n+4)(n-1)/2$ 次。

7.2.2 折半插入排序

折半插入排序（binary insertion sort）是对直接插入排序的一种改进。在直接插入排序中，可以在前半部分的有序序列中采用折半查找的方法来提高查找速度。

算法分析：

- 采用折半插入排序法，可以减少关键字的比较次数；
- 每插入一个元素，需要比较的次数最大为折半判定树的高度，如插入第 i 个元素时，设 i=2j，则约需进行 $\log_2 i$ 次比较（取上整数）；
- 因此插入 n -1 个元素的关键字的平均比较次数为 $O(n\log_2 n)$；
- 虽然折半插入排序法与直接插入排序法相比，改善了算法中比较次数的数量级，但其并未改变移动元素的时间耗费，所以折半插入排序的总的时间复杂度仍然是 $O(n^2)$。

7.2.3 希尔排序

希尔排序也是对直接插入排序的优化，又称缩小增量排序法。

可以利用直接插入排序的最佳性质，将待排序的序列分成若干较小的子序列，对子序列进行直接插入排序，使整个待排序序列排好序。经过多次调整，序列已基本有序，最后对序列进行直接插入排序。

希尔排序的基本思想是，先取定一个小于 n 的整数 d_1 作为第一个增量，把序列的全部元素分成 d_1 个组，所有距离为 d_1 整数倍的元素放在同一个组中，在各组内进行直接插入排序；再取第二个增量 d_2（$d_2 < d_1$），重复上述的分组和排序过程，直至所取的增量 d_t=1（$d_t < d_{t-1} < \cdots < d_2 < d_1$），即所有元素放在同一组中进行直接插入排序。

例 7-2　使用希尔排序法将图 7-9 所示的无序数字序列按升序排序。

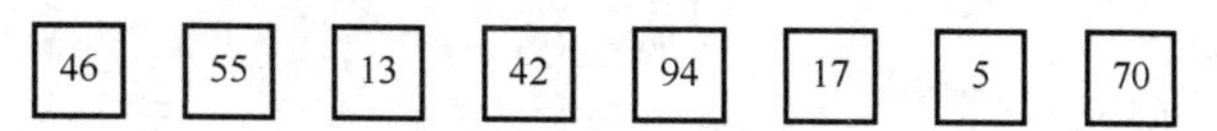

图 7-9　希尔排序示例

步骤 1　第 1 趟排序，将序列分成 4 组子序列，分别为(46, 94)、(55, 17)、(13, 5)和(42, 70)，对这 4 个子序列进行直接插入排序，如图 7-10 所示。

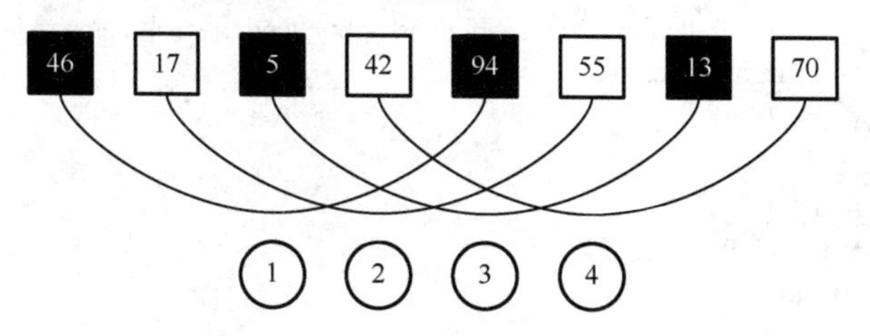

图 7-10　第 1 趟排序

步骤 2　第 1 趟排序后，各个子序列内部已经排序完毕。第 2 趟排序，将序列分成 2 个子序列，分别为(46, 5, 94, 13)和(17, 42, 55, 70)，对这 2 个子序列进行直接插入排序，如图 7-11 所示。

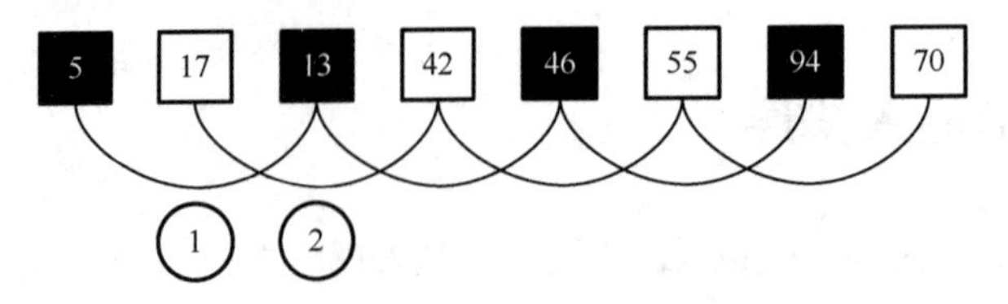

图 7-11　第 2 趟排序

步骤 3　第 2 趟排序后，各个子序列内部已经排序完毕。第 3 趟排序，整个序列只有一个子序列，为(5, 17, 13, 42, 46, 55, 94, 70)，对这个子序列进行直接插入排序，如图 7-12 所示。

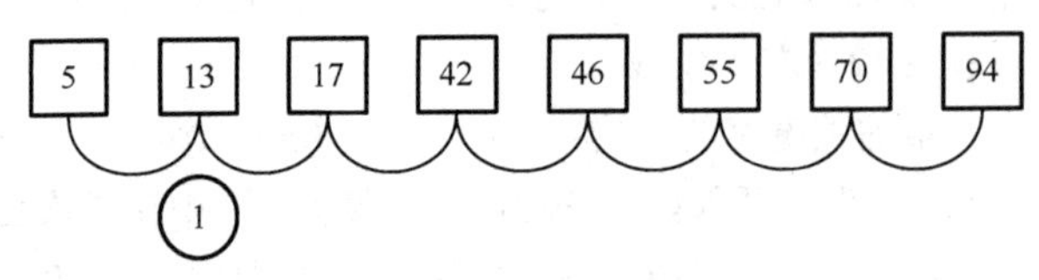

图 7-12　第 3 趟排序

步骤 4　第 3 趟排序后，排序完成，如图 7-13 所示。

5	13	17	42	46	55	70	94

图 7-13　排序完成

代码如下。

```
class ShellSort:
    def __init__(self, items):
        # 待排序的序列
        self.items = items

    def shellSort(self):
        if self.items is None or len(self.items) <= 1:
            return
        length = len(self.items)
        while length > 0:
            for left in range(len(self.items)):
                right = left - length
                while right >= 0:
                    if self.items[right] > self.items[right + length]:
                        self.items[right], self.items[right + length] = self.items[right +length], self.items[right]
                    right -= length
            length //= 2

if __name__=='__main__':
    nums = [46, 55, 13, 42, 94, 17, 5, 70]
    shell = ShellSort(nums)
    shell.shellSort()
    print(nums)
```

7.3　交换排序

交换排序（swap sorting）的核心思想是根据序列中两个元素关键字的比较结果，判断是否需

要交换元素在序列中的位置。其特点是将关键字较大（或较小）的元素向序列的前端移动，将关键字较小（或较大）的元素向序列的后端移动。交换排序主要包括冒泡排序和快速排序两种算法。

7.3.1 冒泡排序

基本思想：反复扫描待排序序列，在扫描的过程中顺次比较相邻的两个元素的大小，若为逆序则交换位置。将待排序的元素看成竖着排列的“气泡”，值大的元素比较“重”，从而会往下“沉”；反之，值小的元素比较“轻”，从而会往上“冒”。

例 7-3　使用冒泡排序算法将图 7-14 所示的无序数字序列按升序排序。

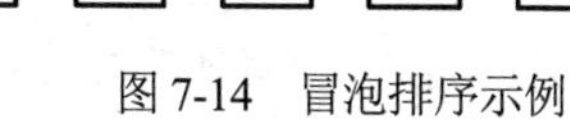

图 7-14　冒泡排序示例

步骤 1　第 1 趟排序，两两元素进行比较，如果前者大于后者，则两者交换位置，共比较 5 次。当第 1 趟排序结束时关键字最大的元素沉到最下面（n 的位置），如图 7-15 所示。

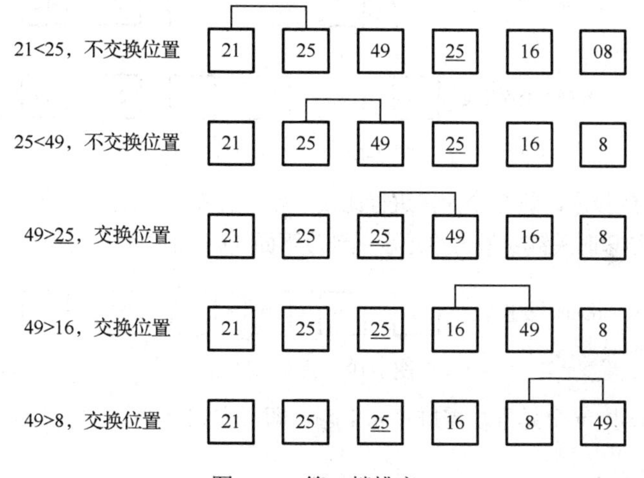

图 7-15　第 1 趟排序

步骤 2　第 2 趟排序，除最后一个元素外，两两元素进行比较，如果前者大于后者，则两者交换位置，共比较 4 次。当第 2 趟排序结束时关键字最大的元素沉到最下面（$n-1$ 的位置），如图 7-16 所示。

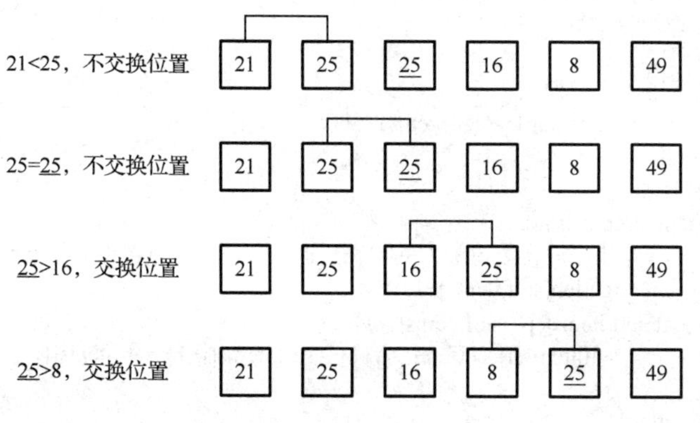

图 7-16　第 2 趟排序

步骤 3　第 3 趟排序，除最后 2 个元素外，两两元素进行比较，如果前者大于后者，则两者交换位置，共比较 3 次。当第 3 趟排序结束时关键字最大的元素沉到最下面（$n-2$ 的位置），如

图 7-17 所示。

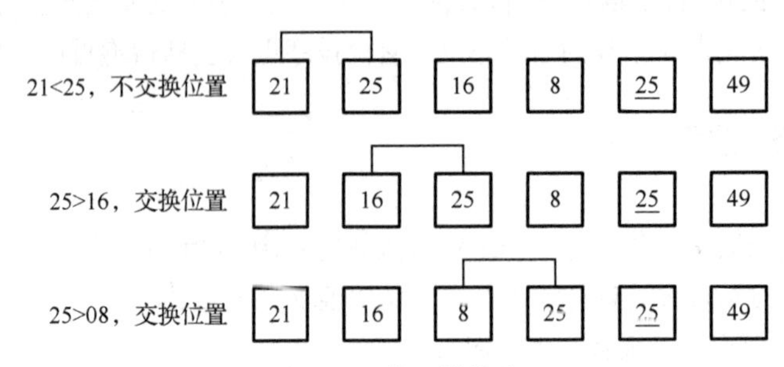

图 7-17　第 3 趟排序

步骤 4　第 4 趟排序，前 3 个元素中两两元素进行比较，如果前者大于后者，则两者交换位置，共比较 2 次。当第 4 趟排序结束时关键字最大的元素沉到最下面（$n-3$ 的位置），如图 7-18 所示。

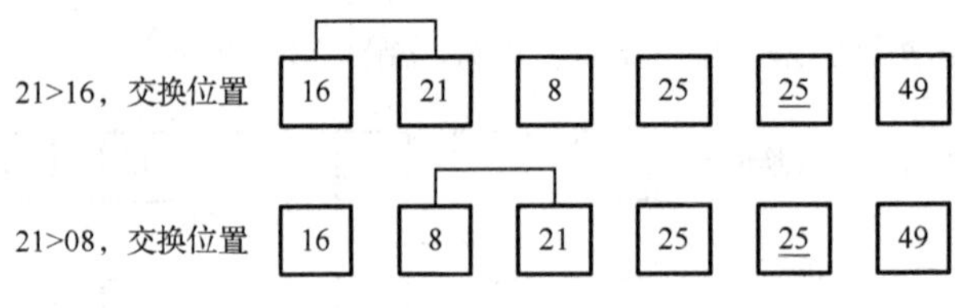

图 7-18　第 4 趟排序

步骤 5　第 5 趟排序，前 2 个元素进行比较，如果前者大于后者，则两者交换位置，共比较 1 次。当第 5 趟排序结束时关键字最大的元素沉到最下面（$n-4$ 的位置），排序结束，如图 7-19 所示。

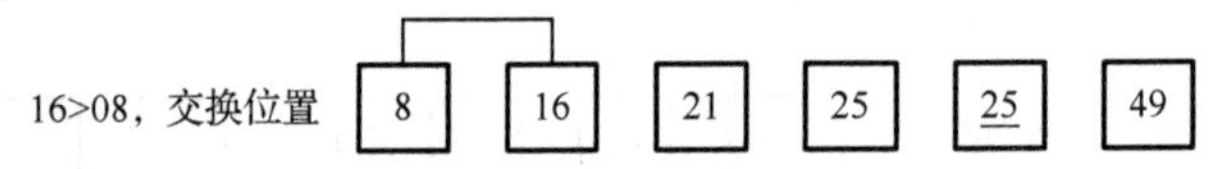

图 7-19　第 5 趟排序

由上例可以发现，n 个元素，需排序 $n-1$ 趟，即可完成排序。

代码如下。

```
class BubbleSort:
    def __init__(self, items):
        # 待排序的序列
        self.items = items

    def bubbleSort(self):
        # 冒泡排序
        # 如果待排序序列为空
        if self.items == None or len(self.items) == 0:
            return
        # n 轮排序
        for i in range(len(self.items)):
            # 每一轮排序后将数值最大的放在后面，排序后的元素不参与下一轮的排序
            for j in range(len(self.items)-1-i):
                if self.items[j] > self.items[j+1]:
                    self.items[j], self.items[j+1] = self.items[j+1], self.items[j]


if __name__ =='__main__':
    nums = [21, 25, 49, 25, 16, 8]
    bubble = BubbleSort(nums)
    bubble.bubbleSort()
    print(nums)
```

对冒泡排序法进行分析可以得出，冒泡排序法的最好情况是顺序排列，得出总的比较次数为 $n-1$ 次，总的移动次数为 $O(n)$次；最坏情况是逆序排列，得出总的比较次数为 $n(n-1)/2$ 次，总的移动次数为 $O(n^2)$次。

7.3.2 快速排序

快速排序是对冒泡排序的一种改进，其算法思想是以某一元素 v 作为基准，先将待排序序列分成前后两段（前段元素均小于 v，后段元素均大于或等于 v），再分别对前段、后段元素进行快速排序。

例 7-4　使用快速排序算法将图 7-20 所示的无序数字序列按升序排序，选取基准值为第 1 个元素关键字。

21	25	49	$\underline{25}$	16	8

图 7-20　快速排序示例

步骤 1　第 1 趟排序，将第 1 个元素移动到监视哨。从高位开始进行比较，如果高位小，则将高位的元素移动到当前的空位；否则，继续从高位向低位比较。如果高位移动到低位，则继续从当前空位的低位进行比较，如果低位大，则将低位的元素移动到当前的空位。如此循环，完成第 1 趟排序，形成的序列为(8, 16), 21, ($\underline{25}$, 49, 25)，可以发现 21 左边都小于 21，右边都大于 21，如图 7-21 所示。

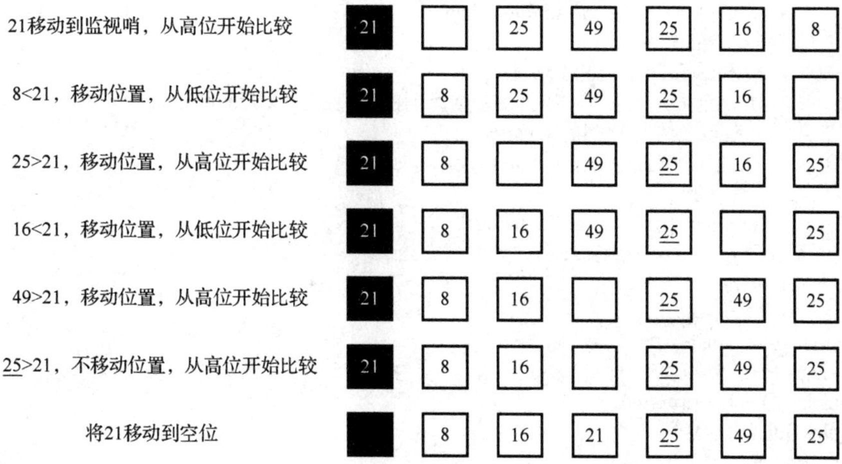

	监视哨						
21移动到监视哨，从高位开始比较	21		25	49	$\underline{25}$	16	8
8<21，移动位置，从低位开始比较	21	8	25	49	$\underline{25}$	16	
25>21，移动位置，从高位开始比较	21	8		49	$\underline{25}$	16	25
16<21，移动位置，从低位开始比较	21	8	16	49	$\underline{25}$		25
49>21，移动位置，从高位开始比较	21	8	16		$\underline{25}$	49	25
$\underline{25}$>21，不移动位置，从高位开始比较	21	8	16		$\underline{25}$	49	25
将21移动到空位		8	16	21	$\underline{25}$	49	25

图 7-21　第 1 趟排序

步骤 2　第 2 趟排序，分别为序列(8, 16)和($\underline{25}$, 49, 25)进行快速排序。完成第 2 趟排序，形成的序列为(8), 16, 21, 25,($\underline{25}$), 49，排序结束，如图 7-22 和图 7-23 所示。

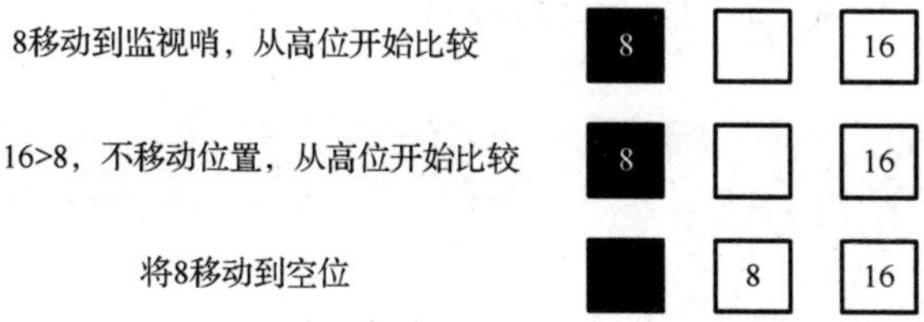

	监视哨		
8移动到监视哨，从高位开始比较	8		16
16>8，不移动位置，从高位开始比较	8		16
将8移动到空位		8	16

图 7-22　第 2 趟排序中序列(8, 16)的排序

25移动到监视哨，从高位开始比较	25		49	25
25<25，移动位置，从低位开始比较	25	25	49	
49>25，移动位置，从高位开始比较	25	25		49
将25移动到空位		25	25	49

图 7-23　第 2 趟排序中序列(25, 49, 25)的排序

代码如下。

```
class QuickSort:
    def __init__(self, items):
        # 待排序序列
        self.items = items

    def quickSort(self):
        # 快速排序
        left=0
        right=len(self.items)-1
        # 基准元素，基准元素前的元素均小于基准元素，基准元素后面的元素均大于基准元素
        key = self.items[left]
        while left < right:
            # 从后面往前扫描，将小于基准元素的数值赋给 self.item[left]
            # left 是左边序列的下标值
            while left < right and self.items[right] > key :
                right -= 1
            self.items[left] = self.items[right]
            # 从前面往后扫描，将大于基准元素的数值赋给 self.item[right]
            # right 是右边序列的下标值
            while left < right and self.items[left] < key:
                left += 1
            self.items[right] = self.items[left]
        # 把基准元素交换到前后两部分的交界处
        self.items[left] = key

if __name__=='__main__':
    nums = [21, 25, 49, 25, 16, 8]
    quick = QuickSort(nums)
    quick.quickSort()
    print(nums)
```

对快速排序算法进行分析，若序列长度为 n，划分 1 次，元素比较 $n-1$ 次，则进行一次划分，时间复杂度为 $O(n)$。因此，可以得出最坏情况是划分产生的两个序列分别包含 $n-1$ 个元素和 1 个元素的时候，时间复杂度为 $O(n^2)$；最好情况是每次划分所取的基准值都恰好为中值，即每次划分都产生 2 个大小为 $n/2$ 的区域，时间复杂度为 $O(n\log_2 n)$。

7.4　归并排序

归并排序是建立在合并有序序列操作上的一种排序算法。“归”表示递归，即通过递归把无

序序列分为若干有序序列；“并”表示合并，即将多个有序序列合并起来。

归并排序的基本思想是将两个或两个以上有序序列合并成一个新的有序序列。假设初始序列含有 *n* 个元素，首先将这 *n* 个元素看成 *n* 个有序的子序列，每个子序列的长度为 1；然后两两归并，得到 *n*/2 个长度为 2（*n* 为奇数时，最后一个序列的长度为 1）的有序子序列；在此基础上，进行两两归并，如此重复，直至得到一个长度为 *n* 的有序序列。这种方法称作 2-路归并排序。

例 7-5　使用归并排序算法将图 7-24 中第一行的无序数字序列按升序排序。

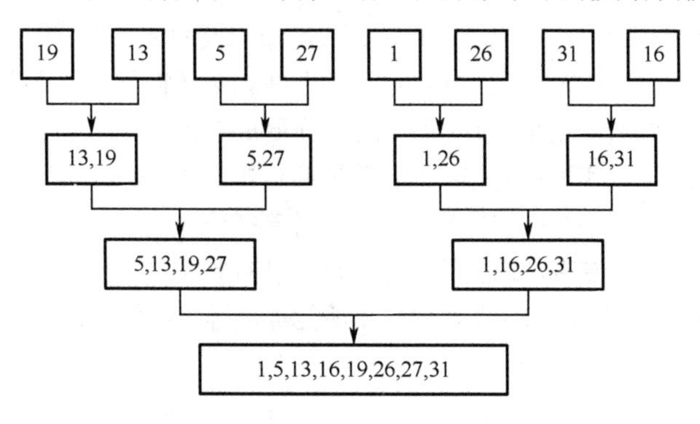

图 7-24　归并排序示例

代码如下。

```
class mergeSort:
def merge(self, left, right):
    # 把多个有序序列合并成一个有序序列
    result = []
    left_index = 0
    right_index = 0
    while left_index < len(left) and right_index < len(right):
        if left[left_index] <= right[right_index]:
            result.append(left[left_index])
            left_index += 1
        else:
            result.append(right[right_index])
            right_index += 1
    # while 循环结束后，把剩下的数据添加进来
    result += right[right_index:]
    result += left[left_index:]
    return result

def mergeSort(self, items):
    # 归并排序
    n = len(items)
    # 递归返回
    if n == 1:
        return items
    # 将数据分成左右两部分
    mid = n // 2
    left = items[:mid]
    right = items[mid:]
    # 递归拆分
    left_sort = self.mergeSort(left)
```

```
        right_sort = self.mergeSort(right)
        return self.merge(left_sort, right_sort)

if __name__ == '__main__':
        nums = [19, 13, 5, 27, 1, 26, 31, 16]
        merge = mergeSort()
        nums = merge.mergeSort(nums)
        print(nums)
```

对归并排序算法进行分析，假设左右相邻的有序段长度为 h，进行两两归并后，得到长度为 $2h$ 的有序段。那么，一趟归并排序将调用 $n/2h$ 次合并算法，将左右相邻的有序段进行合并，因此时间复杂度为 $O(n)$。并且，整个归并排序需进行 $\log_2 n$ 趟 2-路归并排序，所以归并排序总的时间复杂度为 $O(n\log_2 n)$。而在实现归并排序时，需要和待排序序列等数量的辅助空间，所以归并排序的空间复杂度为 $O(n)$。归并排序的思想主要用于外部排序。

外部排序可使用光盘、磁带、磁盘等外存储器，最初形成有序子文件长度取决于内存所能提供排序区空间和最初排序策略，归并路数取决于所能提供排序的外部设备数。外部排序可分以下两步：

（1）待排序元素分批读入内存，用某种方法在内存排序，组成有序的子文件，再按某种策略存入外存储器。

（2）子文件多路归并，成为较长有序子文件，再存入外存储器，如此反复，直至整个待排序文件有序。

7.5 本章实验：冒泡排序改动算法

一、实验目的与要求

1. 理解冒泡排序算法。
2. 锻炼独立思考能力。

二、实验准备与环境

一台安装 Python 的计算机。

三、实验内容

冒泡可以从后向前“冒”，即每次交换都是从列表的最后开始，将最小元素“冒”到最前面。编写一个函数，假定待排序元素的关键字均为整数，均从列表中下标为 1 的位置开始存储，下标为 ss0 的位置存储监视哨或空闲不用。

（1）待排序元素的输入：

① 待排序元素（整数）可直接在主函数（main 函数）中定义；

② 若待排序元素（整数）通过控制台输入的方式进行输入，则要求输入待排序元素的个数 N 与待排元素 arry[]。

（2）改动算法，要求以独立函数的形式定义，通过在主函数（main）中调用，实现对待排序元素 arry[]的排序（从小到大顺序）。

（3）排序后元素的输出：将排序后的元素按从小到大顺序在控制台上输出。

7.6　本章习题

一、选择题

1．某种排序方法的稳定性是指（　　）。

A．该排序算法不允许有相同关键字的元素

B．该排序算法允许有相同关键字的元素

C．平均时间复杂度为 $O(n\log n)$的排序方法

D．以上都不对

2．若对 n 个元素进行直接插入排序，在进行第 i 趟排序时，假定元素 $r[i+1]$的插入位置为 j，则需要移动元素的次数为（　　）。

A．$j-i$　　B．$i-j-1$　　C．$i-j$　　D．$i-j+1$

3．冒泡排序最坏情况的时间复杂度为（　　）。

A．$O(1)$　　B．$O(n)$　　C．$O(n^2)$　　D．$O(n\log_2 n)$

4．在对 n 个元素进行冒泡排序的过程中，第 1 趟排序至多需要进行（　　）次相邻元素之间的交换。

A．n　　B．$n-1$　　C．$n+1$　　D．$n/2$

5．在对 n 个元素进行快速排序的过程中，若每次划分得到的左、右两个子序列中元素的个数相等或只差一个，则整个排序过程得到的含两个元素的序列个数大致为（　　）。

A．n　　B．$n/2$　　C．$\log_2 n$　　D．$2n$

6．在对 n 个元素进行快速排序的过程中，最好情况下需要进行（　　）趟。

A．n　　B．$n/2$　　C．$\log_2 n$　　D．$2n$

7．对下列 4 个序列进行快速排序，都以第一个元素为基准进行第一趟划分，则在该趟划分过程中需要移动元素次数最多的序列为（　　）。

A．(1,3,5,7,9)　　B．(9,7,5,3,1)　　C．(5,3,1,7,9)　　D．(5,7,9,1,3)

8．假定对序列(7, 3, 5, 9, 1, 12, 8, 15)进行快速排序，进行第一趟划分后，得到的左区间中元素的个数为（　　）。

A．2　　B．3　　C．4　　D．5

9．一个序列的关键字为(46, 79, 56, 38, 40, 84)，利用快速排序的方法，以第一个元素为基准得到的一趟划分结果为（　　）。

A．(38, 40, 46, 56, 79, 84)　　B．(40, 38, 46, 79, 56, 84)

C．(40, 38, 46, 56, 79, 84)　　D．(40, 38, 46, 84, 56, 79)

10．对下列 4 个序列用快速排序方法进行排序，以序列的第 1 个元素为基准进行划分。在第 1 趟划分过程中，元素移动次数最多的是序列（　　）。

A．(71,75,82,90, 24,18,10,68)　　B．(71,75,68,23,10,18,90,82)

C．(82,75,71,18,10,90,68,24)　　D．(24,10,18,71,82,75,68,90)

二、填空题

1．对 n 个元素进行冒泡排序时，最少的比较次数为________，最少的趟数为________。

2．假定一个序列为(46, 79, 56, 64, 38, 40, 84, 43)，在冒泡排序的过程中进行第 1 趟排序时，元素 79 将最终下沉到其后第________个元素的位置。

3．假定一个序列为(46, 79, 56, 38, 40, 84, 43)，对其进行快速排序的过程中，共需要________趟排序。

4．假定一个序列为(46, 79, 56, 38, 40, 80)，对其进行快速排序的第 1 趟划分后的结果为________。（以第一个元素作为基准）

5．假定一个序列为(46, 79, 56, 38, 40, 80)，对其进行归并排序的过程中，第 2 趟归并后的结果为________。

第 8 章

树

树（Tree）是数据结构中具有层次关系的非线性结构。在树的结构中，除了根结点没有前驱结点，其余结点都有唯一的前驱结点与零或多个后继结点。

学习目标

- 了解树与二叉树的基本概念
- 熟悉二叉树的性质
- 掌握二叉树的存储结构
- 掌握二叉树的遍历方法
- 掌握二叉树的基本操作
- 理解树、二叉树和森林的转换原理及过程
- 了解线索化二叉树与哈夫曼树

8.1 树

8.1.1 什么是树

生活中常见各种树的状态，如图 8-1 所示。

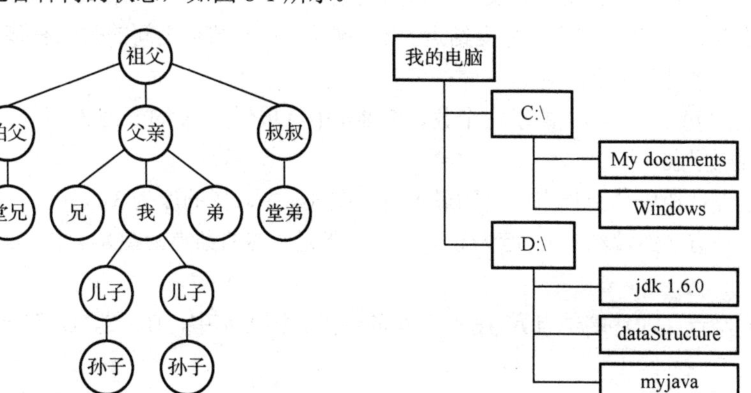

（a）家谱树　　（b）Windows的文件系统

图 8-1　生活中的树状态

树是 n（$n \geqslant 0$）个结点的有限集合 T，如图 8-2 所示。

● 当 $n=0$ 时（没有结点），称为空树。

● 当 $n>0$ 时，必有一根。

  ■ 根（root）结点，没有前驱结点。

  ■ 其余 $n-1$ 个结点可以划分成 m 棵根的子树。

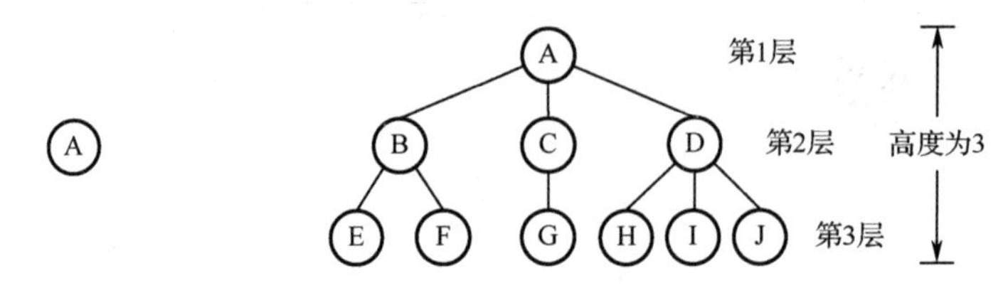

（a）n=0，空树　　（b）n=1，只有根结点的树　　（c）n=10，高度为3的树

图 8-2　树的定义

如图 8-3 所示，A 为根结点，且根结点 A 有三棵子树，分别是以 B、C、D 为根结点的子树。由此可以发现，在树中，子树又由子树构成，因此树的定义具有递归性。

● 树的固有特性：一棵树是由若干子树构成的。

● 每棵子树除根结点外，其余每个结点有且仅有一个直接前驱，但可以有 0 个或多个直接后继。

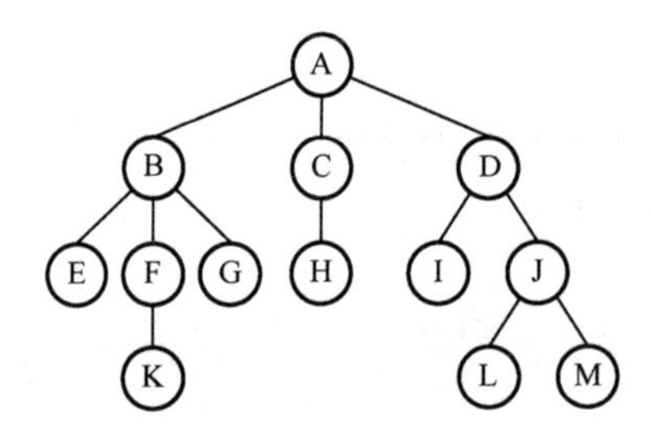

图 8-3　树示例

8.1.2 树的基本概念及常用术语

（1）结点：包含一个数据元素及若干指向其他结点的分支信息。结点可以分为根结点、叶子结点（终端结点）、非叶子结点（分支结点、非终端结点）。结点之间的关系有孩子结点、双亲结点、兄弟结点、堂兄弟结点。

（2）结点的度：一个结点的子树个数。图 8-4 中，根结点 A 的度为 3，结点 E 的度为 2，结点 K、L、F 的度为 0。

（3）树的度：树中所有结点的度的最大值。图 8-4 中，树的度为 3。

（4）叶子结点（终端结点）：度为 0 的结点，即无后继的结点。图 8-4 中，L、M 等均为叶子结点。

（5）分支结点（非终端结点）：度不为 0 的结点。图 8-4 中，B、C、D 等均为分支结点。

（6）结点的层次：从根结点开始定义，根结点的层次为 1，根的直接后继的层次为 2，依次类推。

（7）结点的层序编号：将树中的结点按从上到下，同层按从左到右的次序排成一个线性序列，

依次给它们编以连续的自然数，如图 8-4 所示。

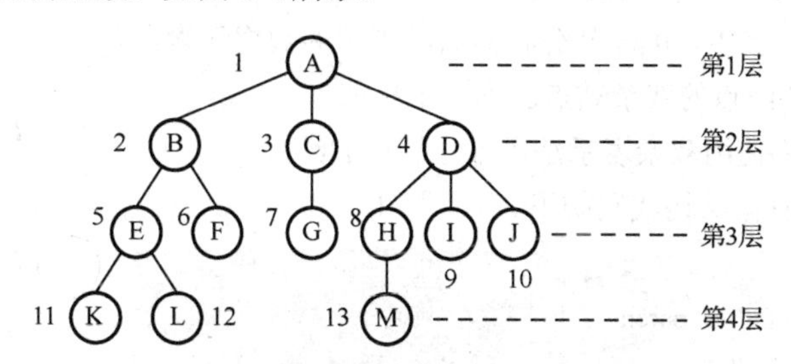

图 8-4 结点的层次及层序编号示意图

（8）森林：m（$m \geqslant 0$）棵互不相交的树的集合，也就是说，将一棵非空树的根结点删去，树就变成一个森林。

也可借助人类家族树的术语，直观理解结点间的层次关系，如图 8-5 所示。

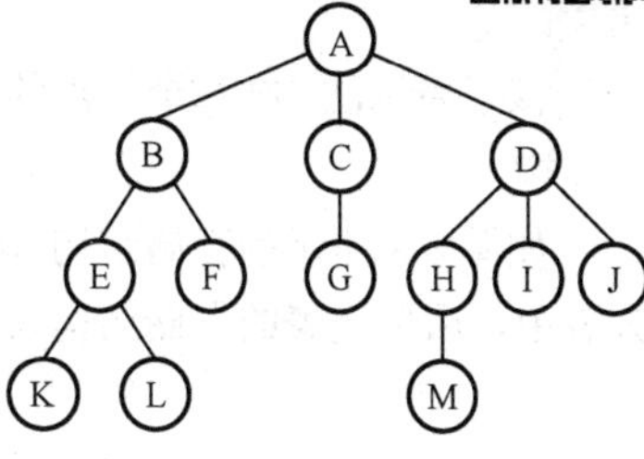

图 8-5 结点间层次关系

- 孩子结点：结点 E、F 是结点 B 的孩子结点。
- 双亲结点：结点 B 是结点 E、F 的双亲结点。
- 兄弟结点：结点 B、C、D 互为兄弟结点。
- 堂兄弟结点：结点 E、G、H 互为堂兄弟结点。
- 祖先结点：结点 K 的祖先结点有 A、B、E。
- 子孙结点：结点 D 的子孙结点有 H、I、J、M。
- 前辈结点：结点 G 的前辈结点有 A、B、C、D（层号小）。
- 后辈结点：结点 G 的后辈结点有 K、L、M（层号大）。

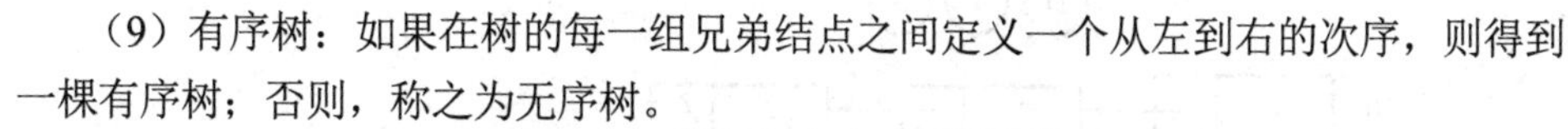

（9）有序树：如果在树的每一组兄弟结点之间定义一个从左到右的次序，则得到一棵有序树；否则，称之为无序树。

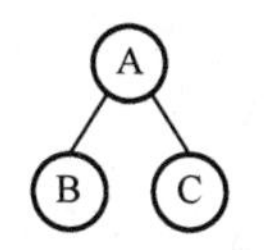

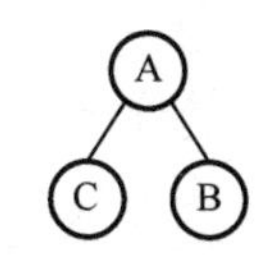

图 8-6 不同的两棵有序树

如图 8-6 中的两棵树作为无序树是相同的，但作为有序树是不同的，因为结点 A 的两个孩子在两棵树中的左右次序是不同的。

设结点 n 的所有孩子按其从左到右的次序排列为 $n_1, n_2, \cdots, n_k$，则称 n_1 是 n 的最左孩子，简称左孩子；并称 n_i（$i = 2, 3, \cdots, k$）是 $n_i - 1$ 的右邻兄弟，简称右兄弟。

兄弟结点之间的左右次序关系的延拓：如果 A 与 B 是兄弟，并且 A 在 B 的左边，则规定 A 的任一子孙都在 B 的任一子孙的左边。

8.2 树的存储结构

8.2.1 双亲表示法

双亲表示法：用一组连续的存储单元存储树的每个结点，每个结点设置指针域 parent 指向双亲。由于根结点没有双亲结点，因此根结点的指针域 parent 设置为 - 1。

- 按层序将每个结点编号。

- 按结点的层序编号，依次在列表中对应单元存储一个结点（data, parent）。其中，data 部分存储树结点中的数据元素；parent 部分存储该结点的双亲结点的列表下标值。

图 8-7 所示的树为使用双亲表示法进行存储后的结果。

双亲表示法结点存储结构代码如下。

```
class Node(object) :
    def __init__(self, data, parent) :
        self.data = data
        self.parent = parent
```

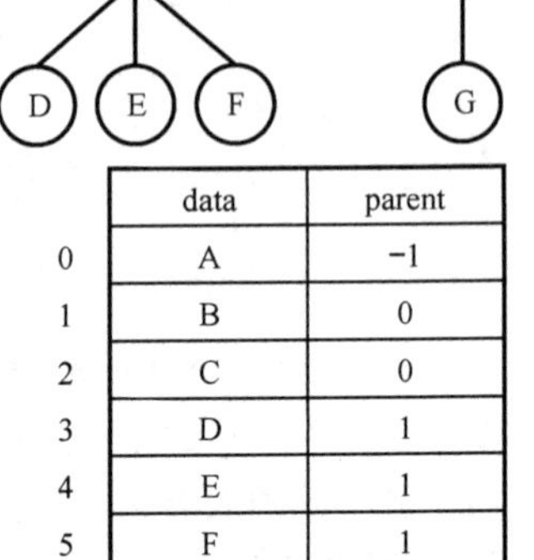

	data	parent
0	A	-1
1	B	0
2	C	0
3	D	1
4	E	1
5	F	1
6	G	2

图 8-7　双亲表示法存储结构

8.2.2 孩子表示法

孩子表示法：把每个结点的孩子结点排列起来，以单链表为存储结构。

如图 8-8 所示的存储结构，将所有结点按层序编号顺序存储在列表中，用单链表的存储结构表示该结点的孩子结点。

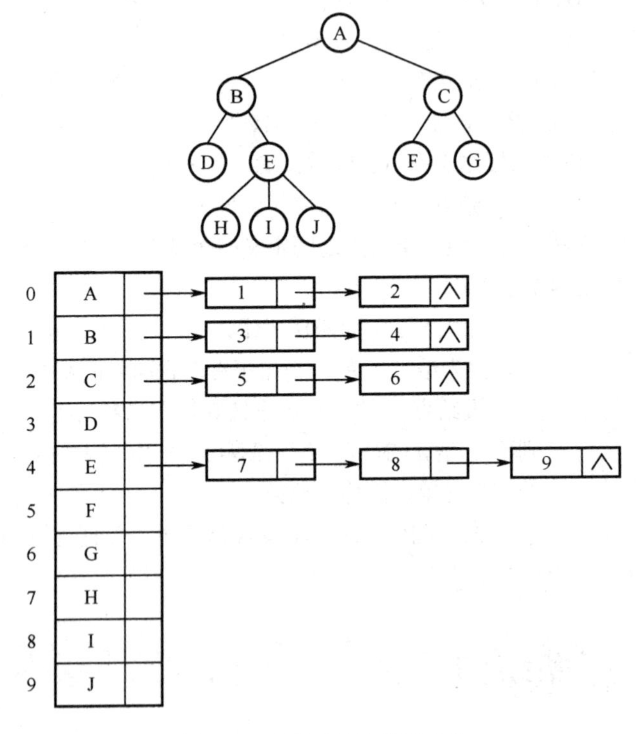

图 8-8　孩子表示法存储结构

8.2.3 孩子兄弟表示法

孩子兄弟表示法，也称左孩子右兄弟表示法。树的左孩子右兄弟表示法，思想类似于长兄如父，指的是由左边的孩子结点接管右边的孩子结点，好像年长的孩子照管年幼的孩子。链表中每个结点的两个链域分别指向该结点的左孩子和右兄弟。

例 8-1　将图 8-9 中的树采用孩子兄弟表示法进行转换。

步骤 1　根结点 A 有三个孩子，则将右边的孩子结点托管给左边的孩子结点，如图 8-10 所示。

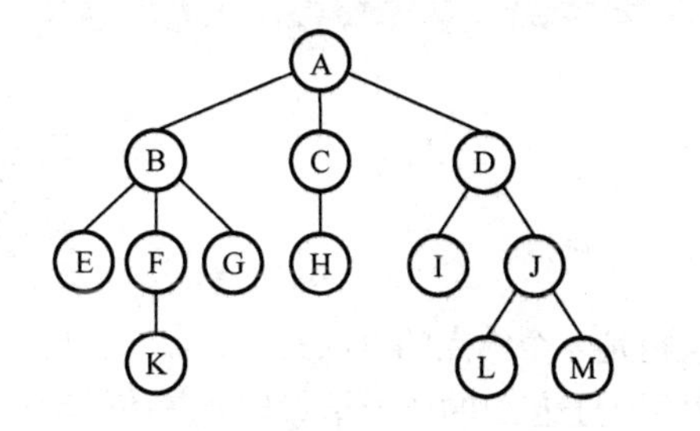

图 8-9　孩子兄弟表示法示例

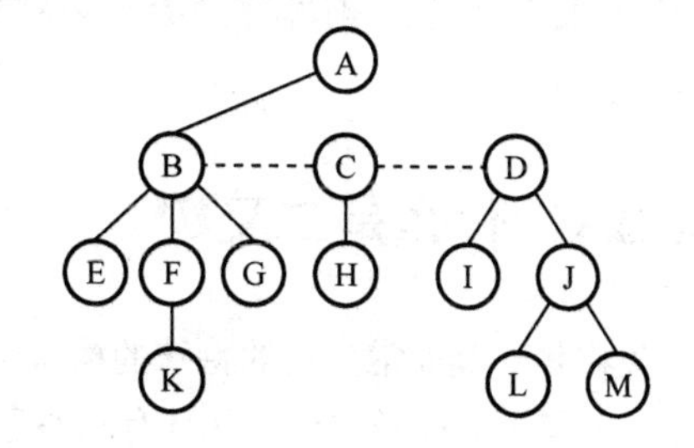

图 8-10　步骤 1（加线，删线）

步骤 2　继续调整。结点 B 有三个孩子结点 E、F 和 G；结点 C 有一个孩子结点 H；结点 D 有两个孩子结点 I 和 J，则分别将右边的孩子结点托管给左边的孩子结点，如图 8-11 所示。

步骤 3　调整更深层次，结点 F 有一个孩子结点 K；结点 J 有两个孩子结点 L 和 M，将 M 托管给 L，如图 8-12 所示。

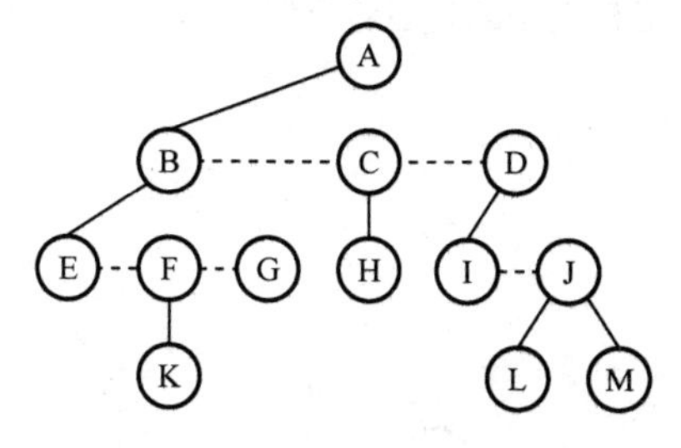

图 8-11　步骤 2（加线，删线）

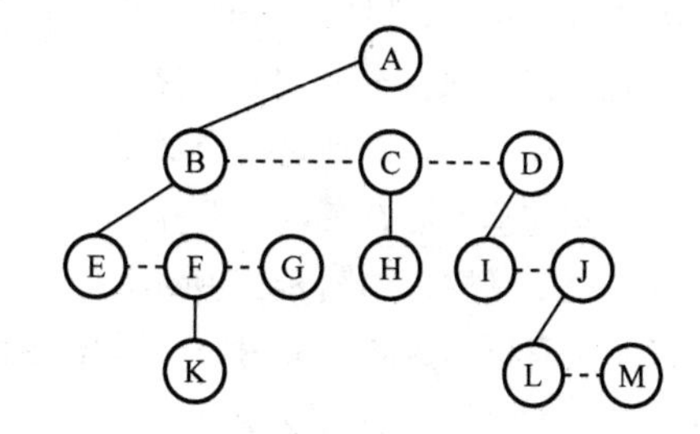

图 8-12　步骤 3（加线，删线）

步骤 4　最终转换之后的结果是图 8-13 所示的这样一棵树，由此可见，左孩子右兄弟表示法可以将一棵多叉树转化为一棵二叉树。

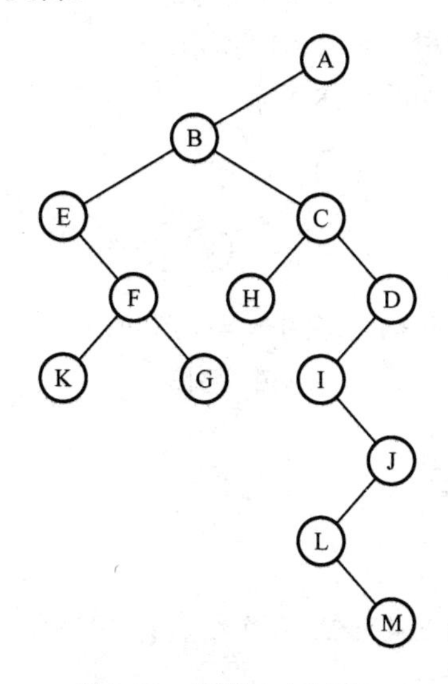

图 8-13　步骤 4（旋转）

8.3 二叉树

8.3.1 什么是二叉树

二叉树是一类非常重要的特殊的树状结构。二叉树是 n 个结点的有限集合。在二叉树中，每个结点至多有 2 个孩子结点，并且有左右之分。其中，位于左边的孩子结点称为左孩子结点；位于右边的孩子结点称为右孩子结点。

二叉树与度不超过 2 的普通树不同，与度不超过 2 的有序树也不同，如下所述。

- 在普通树中，若结点只有一个孩子结点，无左右之说。
- 二叉树是有序树，左子树和右子树的次序不能颠倒，即使树中某个结点只有一棵子树，也要区别是左子树还是右子树。
- 在有序树中，虽然一个结点的孩子结点之间是有左右次序的，但若该结点只有一个孩子结点，则无须区分其左右次序。
- 在二叉树中，即使是一个孩子结点也有左右之分。

二叉树的基本形态有以下五种。

（1）空二叉树，如图 8-14 所示。

（2）仅有根结点的二叉树，如图 8-15 所示。

图 8-14　空二叉树示意图

图 8-15　仅有根结点的二叉树示意图

（3）仅有一棵左子树的二叉树，如图 8-16 所示。

（4）仅有一棵右子树的二叉树，如图 8-17 所示。

（5）有两棵子树的二叉树，如图 8-18 所示。

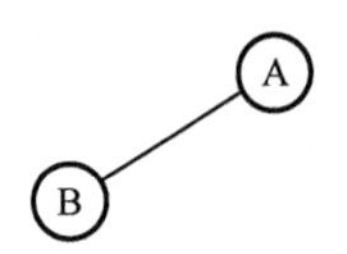

图 8-16　仅有一棵左子树的二叉树示意图

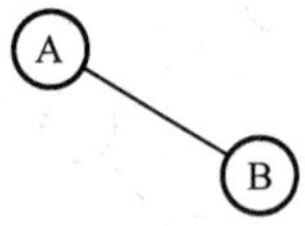

图 8-17　仅有一棵右子树的二叉树示意图

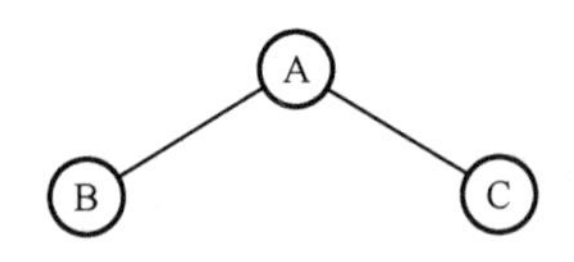

图 8-18　有两棵子树的二叉树示意图

8.3.2 二叉树的分类

二叉树可分为以下两种。

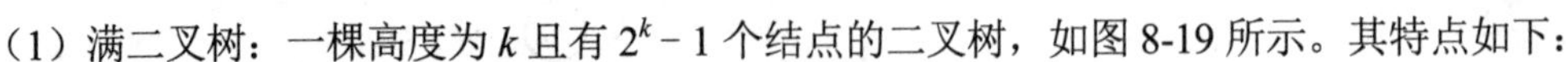

（1）满二叉树：一棵高度为 k 且有 2^k-1 个结点的二叉树，如图 8-19 所示。其特点如下：

- 叶子结点只能出现在最后一层；
- 非叶子结点都在左、右子树；
- 在同样高度的二叉树中，满二叉树的结点数最多，叶子数最多。

（2）完全二叉树（也称近似满二叉树）：若满二叉树最后一层的结点，从右向左连续缺若干结点，就是完全二叉树，如图 8-20 所示。其特点如下：

- 叶子结点只能出现在最下两层；
- 最下层的叶子结点一定集中在左边连续位置；
- 如果结点的度为 1，那么该结点只有左孩子结点，不存在只有右孩子结点的情况；
- 有同样结点数的二叉树，完全二叉树的高度最小。

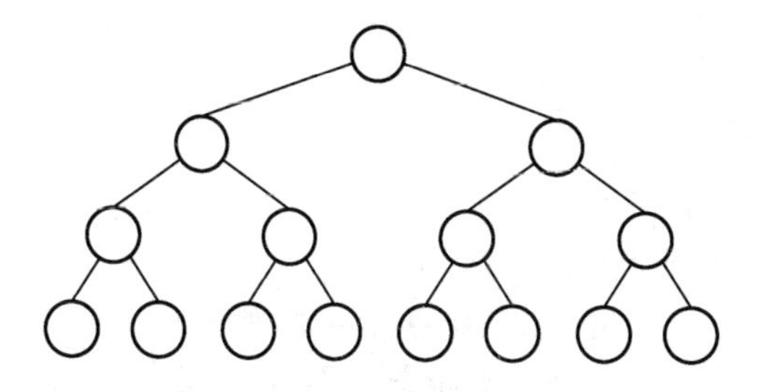

图 8-19　满二叉树示意图

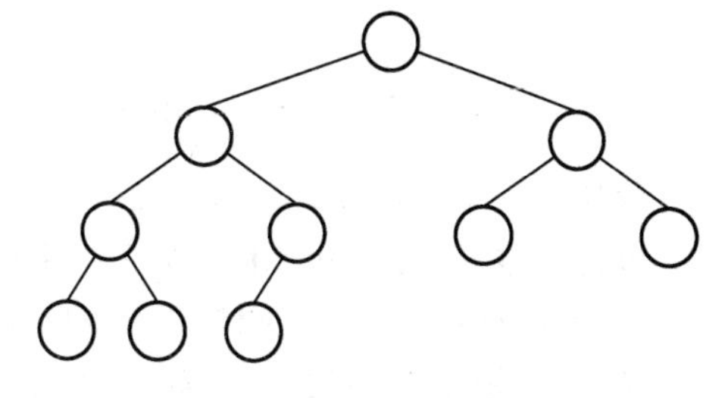

图 8-20　完全二叉树示意图

完全二叉树与满二叉树的联系及区别如下：

- 在完全二叉树和满二叉树中，若某个结点没有左孩子结点，则它一定没有右孩子结点，即该结点是一个叶子结点。
- 满二叉树中除叶子结点外，树中的每个结点都有两个孩子结点，每层的结点数都达到最大。
- 满二叉树中每层结点数都达到最大，没有出现“缺胳膊少腿”的现象，在有同样高度的二叉树中，满二叉树的结点数最多。如果一棵高度为 k 的二叉树有 2^k-1 个结点，它就是一棵满二叉树。
- 满二叉树是完全二叉树的特殊情况：可以说满二叉树也是一棵完全二叉树，但不能说完全二叉树是满二叉树。

8.3.3 二叉树的性质

性质 1：若二叉树的层次从 1 开始计数，则在二叉树的第 i（$i \geqslant 1$）层最多有 2^{i-1} 个结点，如图 8-21 所示。

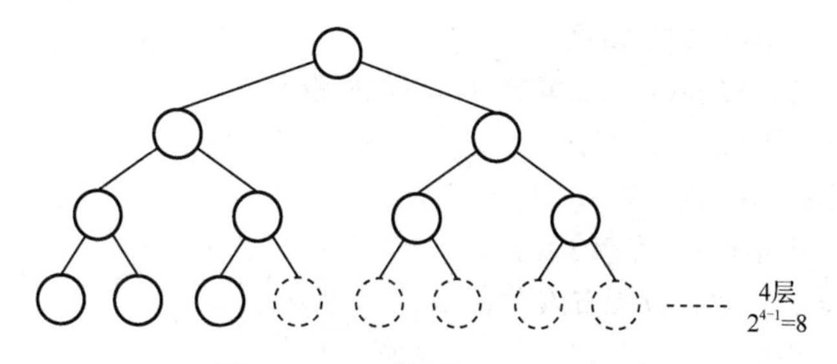

图 8-21　二叉树的性质 1 示意图

性质 2：高度为 k 的二叉树最多有 2^k-1 个结点，如图 8-22 所示。根据性质 1 可知，每层的结点数最多为 2^{i-1} 个，因此，利用等比数列求和公式 $2^0+2^1+2^2+\cdots+2^{k-1}=2^k-1$，最终得出结论。

性质 2 推论：高度为 k 的二叉树最少有 k 个结点。可以理解成，该树是单分支树，所有子树都只有 1 个结点，因此，最终结论为有 k 个结点。

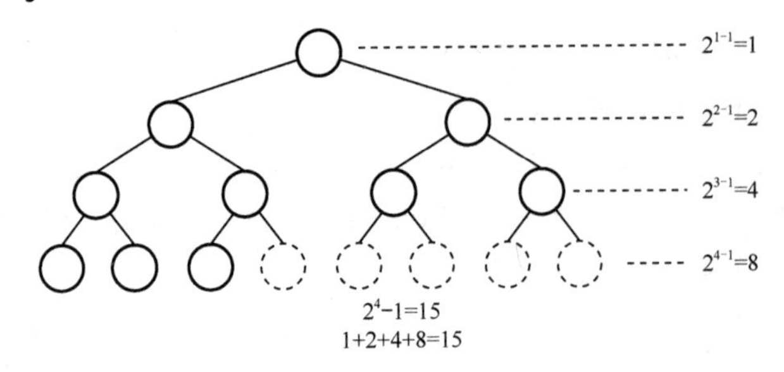

图 8-22　二叉树的性质 2 示意图

性质 3：具有 n（$n \geqslant 1$）个结点的二叉树的高度最多为 n。

性质 3 推论：具有 n（$n \geqslant 1$）个结点的二叉树的高度最少为 $\log_2 n+1$。

性质 4：对任何一棵二叉树，如果其叶子结点有 n_0 个，度为 2 的结点有 n_2 个，则有 $n_0=n_2+1$。

例 8-2　设度为 1 的结点有 n_1 个，总结点数为 n，总边数为 e，则根据二叉树的定义有 $n=n_0+n_1+n_2$，$e=2n_2+n_1=n-1$。因此，有 $2n_2+n_1=n_0+n_1+n_2-1$，$n_2=n_0-1$，$n_0=n_2+1$。

性质 5：n 个结点可以组成 $\frac{1}{n+1}\cdot\frac{(2n)!}{n!\cdot n!}$ 种不同构的二叉树。

例 8-3　求具有 3 个结点的不同二叉树的棵数，如图 8-23 所示。

$$b_3=\frac{1}{3+1}\cdot C_6^3=\frac{1}{4}\times\frac{6!}{3!\cdot 3!}=5$$

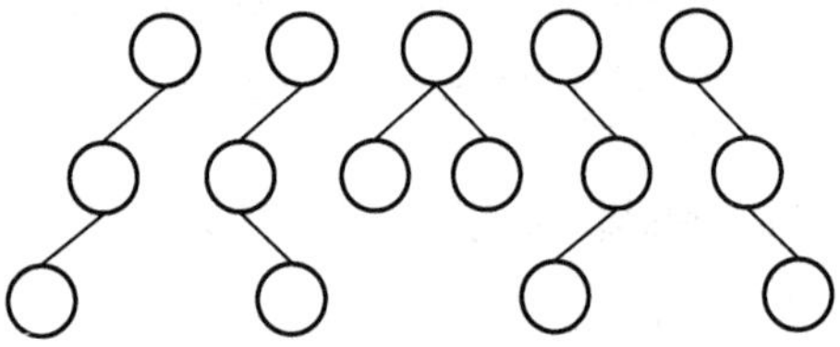

图 8-23　具有 3 个结点的不同二叉树的棵数

性质 6：具有 n（$n \geqslant 1$）个结点的完全二叉树的高度为 $\log_2 n+1$。

性质 7：如果完全二叉树各层次结点从 1 开始编号，即 1, 2, 3, …, n，如图 8-24 所示，则有以下关系：

- 仅当 $i=1$ 时，结点 i 为根结点；
- 当 $i>1$ 时，结点 i 的双亲结点编号为 $i/2$（取整数）；
- 结点 i 的左孩子结点编号为 $2i$；
- 结点 i 的右孩子结点编号为 $2i+1$；
- 若 $2\times i>n$，则结点 i 无左孩子结点；
- 若 $2\times i+1>n$，则结点 i 无右孩子结点。

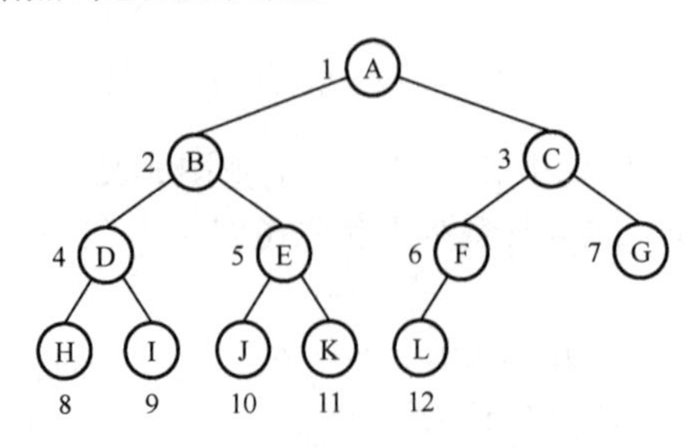

图 8-24　二叉树的性质 7 示意图

8.4 二叉树的存储结构

8.4.1 二叉树的顺序存储

将二叉树的所有结点，按照一定的次序，顺序存储到一片连续的存储单元中。因此，可先将结点层序编号与列表下标值进行对应（层序编号 = 列表下标值 + 1），再将二叉树中结点存储的数据元素存储在列表对应的位置中，如图 8-25 所示。而顺序存储中如何体现树中结点间的父子关系，可以联系性质 7。

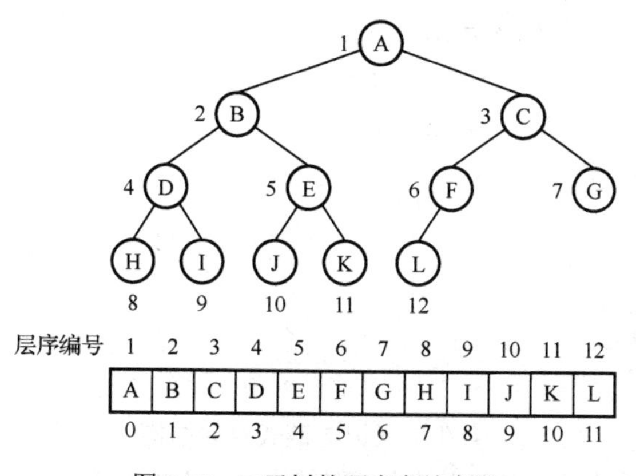

图 8-25 二叉树的顺序存储实现

因此，一棵树只有是完全二叉树，才比较适合顺序存储。图 8-26（a）中的二叉树不是完全二叉树，为了能够正确反映二叉树中结点的逻辑关系，需要将二叉树补全为完全二叉树，将不存在的结点都用 None 来填充，最终，形成图 8-26（b）所示的存储结构。

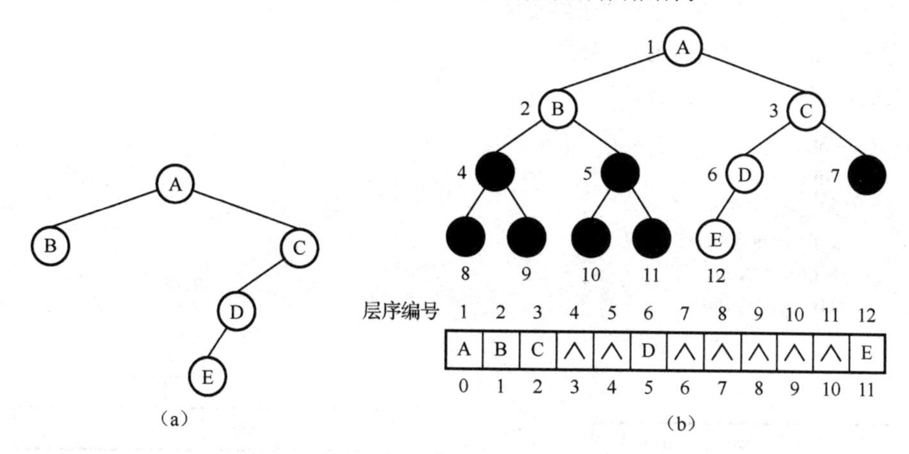

图 8-26 二叉树的顺序存储结构示例

二叉树顺序存储结构的缺点如下。

- 由于必须按完全二叉树的形式来存储树中的结点，因此将造成存储空间的浪费，如图 8-27 所示。

- 在最坏情况下，一个只有 k 个结点的仅有右孩子结点的二叉树却需要 2^{k-1} 个结点的存储空间。

综上所述，顺序存储对于完全二叉树和满二叉树来说是比较合适的，因为采用顺序存储既能节省存储空间，又能够通过访问列表下标值得到每个结点的存储结构。

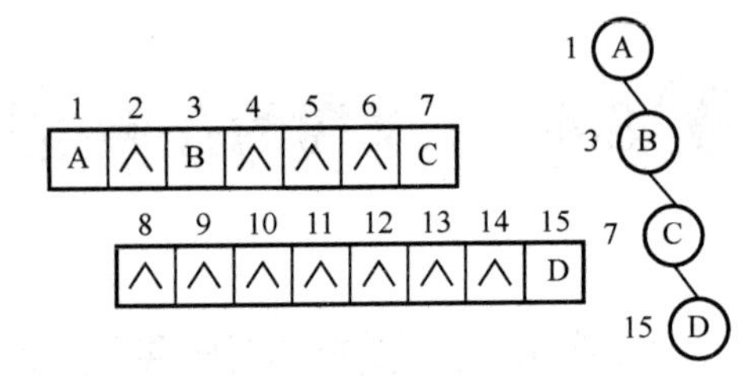

图 8-27　二叉树顺序存储结构的缺点

8.4.2 二叉树的链式存储

二叉树的链式存储的结点结构如图 8-28 所示。其中包括两个指针域和一个数据域。

- 指针域 left：存储指向左孩子结点的指针。
- 指针域 right：存储指向右孩子结点的指针。
- 数据域 data：存储该结点的数据元素。

二叉树链式存储结构代码如下。

```
class Node(object) :
    def __init__(self, data) :
        self.data = data
        self.left = None
        self.right = None
```

有时为了方便找到双亲结点，会在二叉树的链式存储结构中再添加一个指向双亲结点的指针域 parent，这种存储结构称为三叉链表结点存储结构，如图 8-29 所示。其中包括三个指针域和一个数据域。

- 指针域 parent：存储指向双亲结点的指针。
- 指针域 left：存储指向左孩子结点的指针。
- 指针域 right：存储指向右孩子结点的指针。
- 数据域 data：存储该结点的数据元素。

三叉链表链式存储结构代码如下。

```
class Node(object) :
    def __init__(self, data) :
        self.data = data
        self.parent = None
        self.left = None
        self.right = None
```

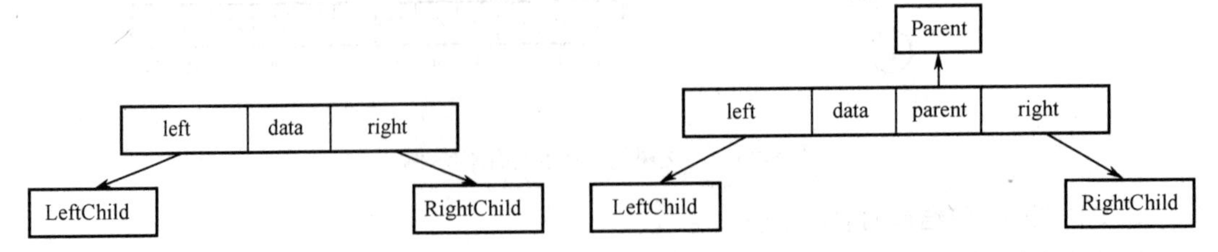

图 8-28　二叉树的链式存储的结点结构

图 8-29　三叉链表结点存储结构

8.5　树的遍历与应用

树的遍历是按某种次序访问树中的结点，要求树中每个结点被访问一次且仅被访问一次。树的编历方式及区别如表 8-1 所示。

表 8-1　树的遍历方式及区别

遍 历 方 式	按访问结点的先后次序将结点排列起来得到的结点列表	遍 历 区 别
先序遍历	先序列表	最先访问根
中序遍历	中序列表	中间访问根
后序遍历	后序列表	最后访问根

8.5.1　二叉树的遍历

例 8-4　根据图 8-30 所示的二叉树，分别进行先序、中序、后序遍历。

先序遍历：在遍历二叉树时首先访问根结点，然后访问左子树，最后访问右子树。

步骤 1　访问根结点，输出 A，如图 8-31 所示。

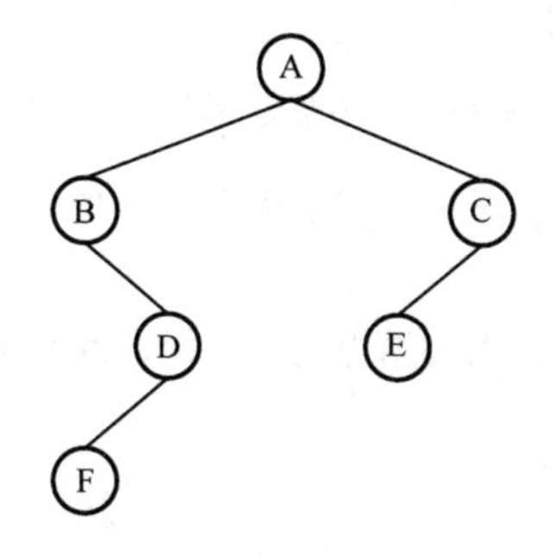

图 8-30　二叉树的遍历

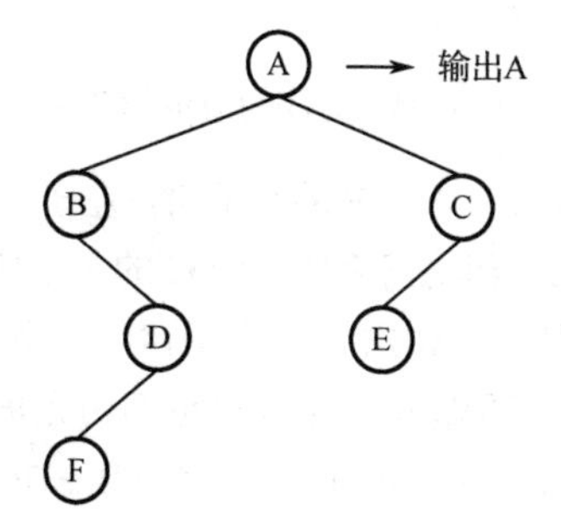

图 8-31　先序遍历步骤 1 输出 A

步骤 2　访问左子树，左子树是以 B 为根结点的二叉树，遍历这棵左子树的根结点，输出 B，如图 8-32 所示。

步骤 3　访问 B 的左子树，发现没有左子树，则访问 B 的右子树，右子树是以 D 为根结点的二叉树，遍历这棵树的根结点，输出 D，如图 8-33 所示。

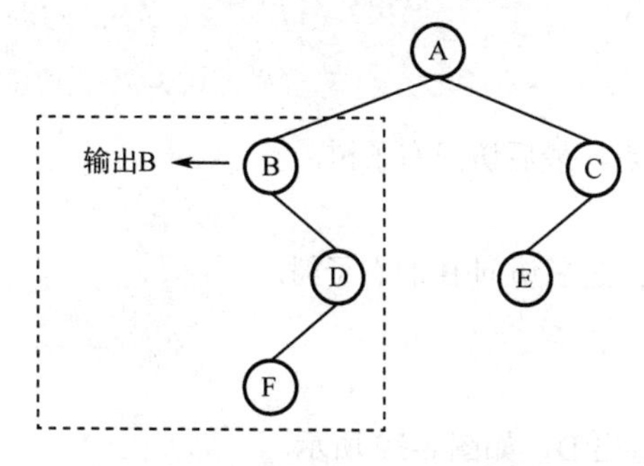

图 8-32　先序遍历步骤 2 输出 B

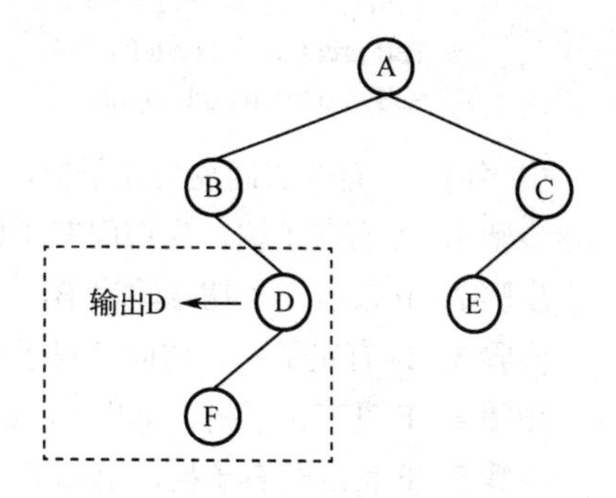

图 8-33　先序遍历步骤 3 输出 D

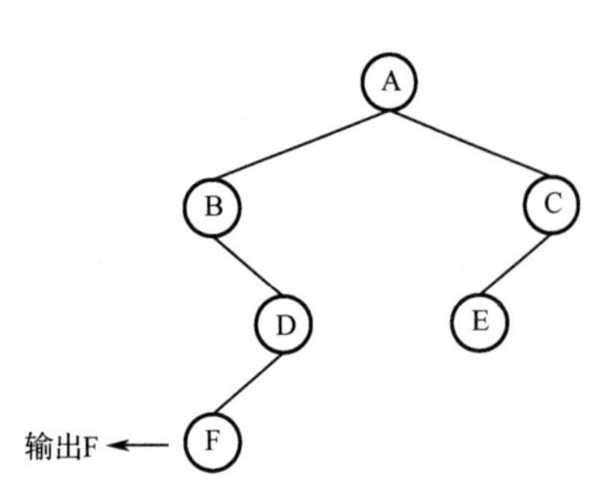

图 8-34　先序遍历步骤 4 输出 F

步骤 4　访问 D 的左子树，左子树是以 F 为根结点的二叉树，遍历这棵树的根结点，输出 F，如图 8-34 所示。

步骤 5　访问 F 的左子树，F 没有左子树，则访问 F 的右子树，F 也没有右子树；以 F 为根结点的二叉树访问完毕，即 D 的左子树访问完毕。

步骤 6　访问 D 的右子树，发现 D 没有右子树，则以 D 为根结点的二叉树访问完毕，即 B 的右子树访问完毕，那么以 B 为根结点的二叉树就访问完毕，即 A 的左子树访问完毕。

步骤 7　访问 A 的右子树，右子树是以 C 为根结点的二叉树，遍历根结点，输出 C，如图 8-35 所示。

步骤 8　遍历 C 的左子树，左子树是以 E 为根结点的二叉树，遍历根结点，则输出 E，如图 8-36 所示。

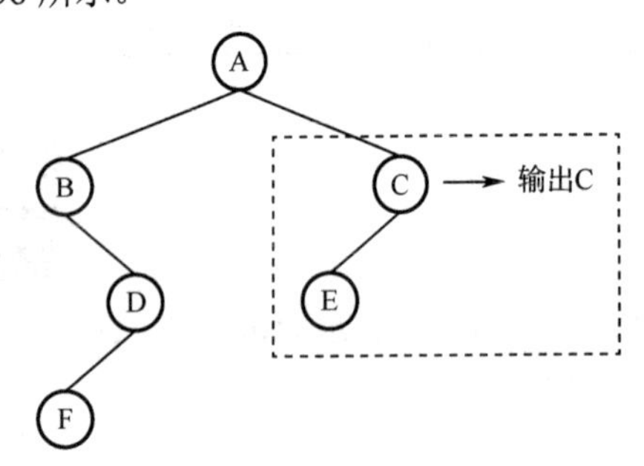

图 8-35　先序遍历步骤 7 输出 C

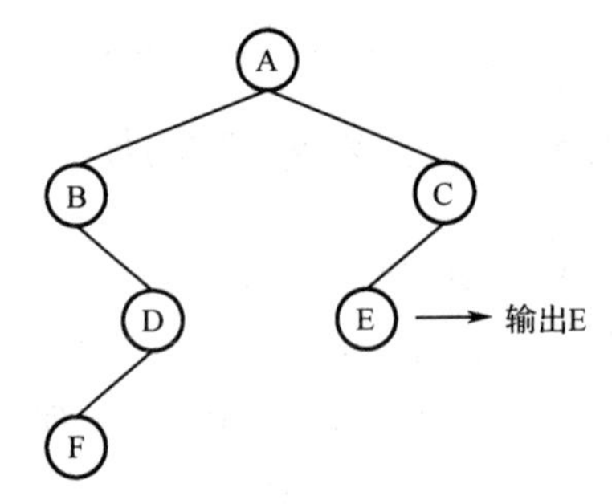

图 8-36　先序遍历步骤 8 输出 E

步骤 9　访问 E 的左子树，左子树不存在，则访问 E 的右子树，右子树也不存在；以 E 为根结点的二叉树访问完毕，即 C 的左子树遍历完毕。

步骤 10　访问 C 的右子树，发现 C 没有右子树，则以 C 为根结点的二叉树访问完毕，即 A 的右子树遍历完毕，整棵树也遍历完毕。

因此，先序遍历结果：A→B→D→F→C→E。

代码如下。

```
'''
先序遍历
'''
def preOrder(self, node) :
    if node != None :
        print(node.data, end = "")
        self.preOrder(node.left)
        self.preOrder(node.right)
```

中序遍历：首先访问树的左子树，然后访问根结点，最后访问右子树。

步骤 1　A 有左子树，先访问左子树。

步骤 2　B 没有左子树，输出 B，如图 8-37 所示；之后访问 B 的右子树。

步骤 3　D 有左子树，访问其左子树。

步骤 4　F 没有左子树，输出 F，如图 8-38 所示。

步骤 5　F 也没有右子树，返回 F 的根结点 D，输出 D，如图 8-39 所示。

步骤 6　输出 D 后，A 的整个左子树遍历完毕，返回根结点 A，输出 A，如图 8-40 所示。

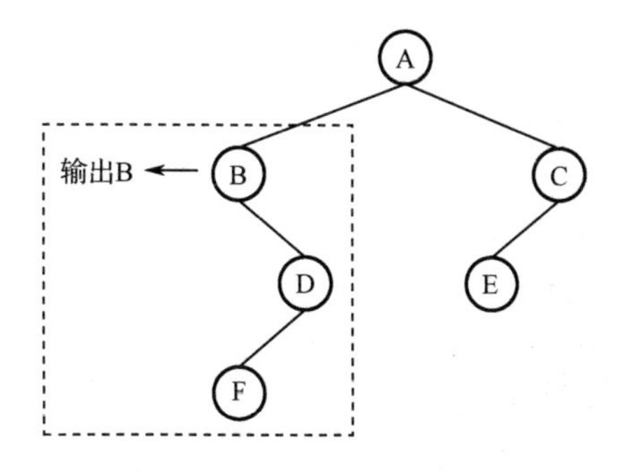

图 8-37　中序遍历步骤 2 输出 B

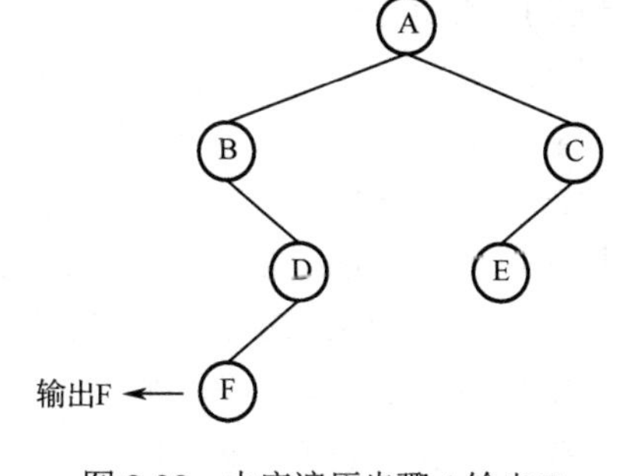

图 8-38　中序遍历步骤 4 输出 F

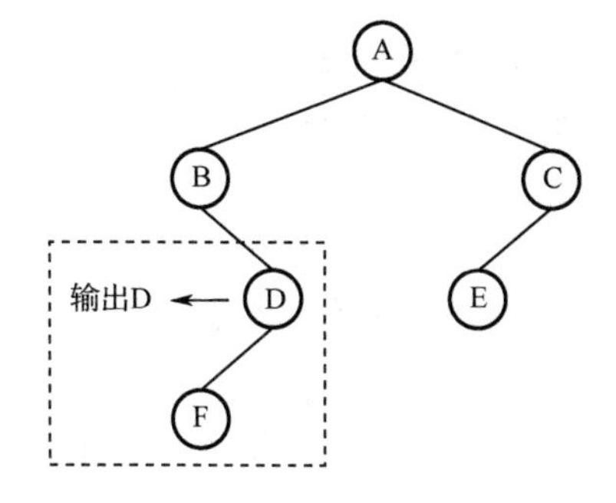

图 8-39　中序遍历步骤 5 输出 D

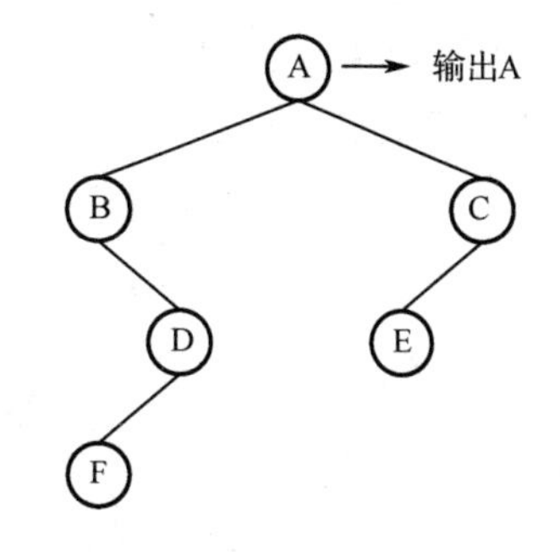

图 8-40　中序遍历步骤 6 输出 A

步骤 7　C 有左子树，先访问左子树。

步骤 8　E 无左子树，输出 E，如图 8-41 所示。

步骤 9　E 无左右子树，返回根结点 C，输出 C，如图 8-42 所示。

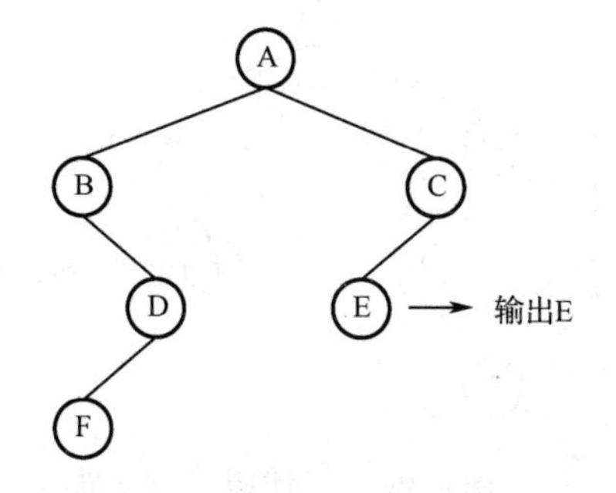

图 8-41　中序遍历步骤 8 输出 E

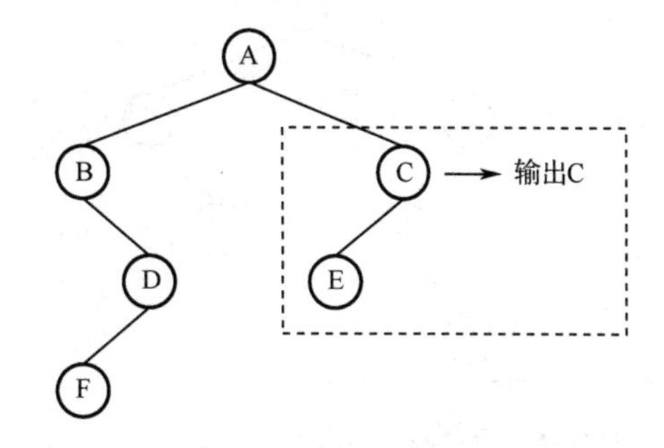

图 8-42　中序遍历步骤 9 输出 C

步骤 10　C 无右子树，则 A 的右子树遍历完毕。

因此，中序遍历结果：B→F→D→A→E→C。

代码如下。

```
'''
中序遍历
'''
def midOrder(self, node) :
    if node != None :
        self.midOrder(node.left)
        print(node.data, end = "")
        self.midOrder(node.right)
```

后序遍历：首先访问树的左子树，然后访问树的右子树，最后访问根结点。

步骤 1　A 有左子树，先访问左子树。

步骤 2　B 没有左子树，访问 B 的右子树。

步骤 3　D 有左子树，访问其左子树。

步骤 4　F 没有左子树和右子树，输出 F，如图 8-43 所示。

步骤 5　返回 F 的根结点 D；D 没有右子树，输出 D，如图 8-44 所示。

步骤 6　输出 D 后，B 的整个右子树遍历完毕，输出 B，如图 8-45 所示。

步骤 7　输出 B 后，A 的整个左子树遍历完毕，返回根结点 A。

步骤 8　访问 A 的右子树，C 有左子树，先访问左子树。

步骤 9　E 没有左子树和右子树，输出 E，如图 8-46 所示。

步骤 10　返回根结点 C，C 没有右子树，输出 C，如图 8-47 所示。

步骤 11　C 无右子树，则 A 的右子树遍历完毕，输出 A，如图 8-48 所示。

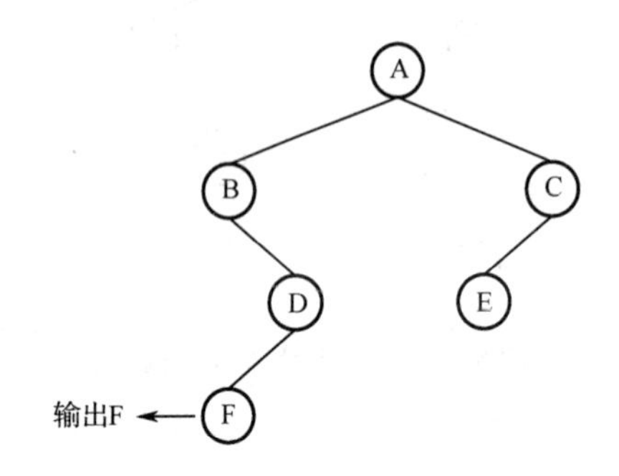

图 8-43　后序遍历步骤 4 输出 F

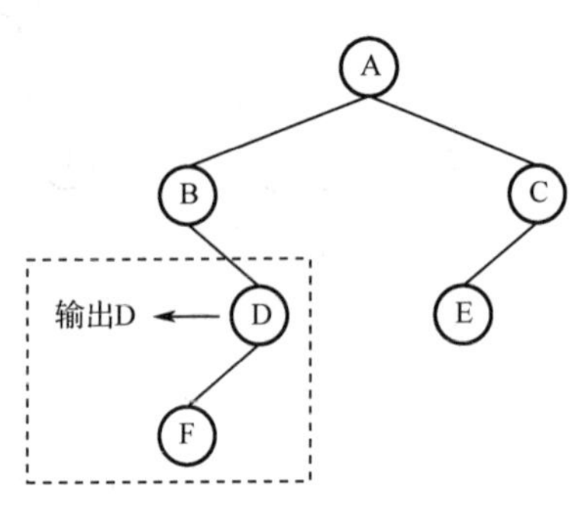

图 8-44　后序遍历步骤 5 输出 D

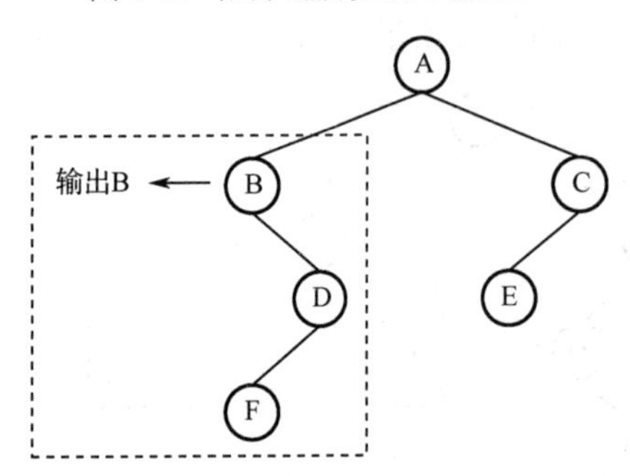

图 8-45　后序遍历步骤 6 输出 B

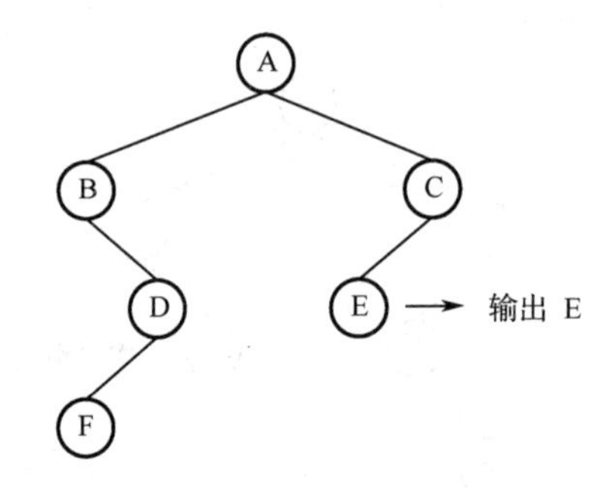

图 8-46　后序遍历步骤 9 输出 E

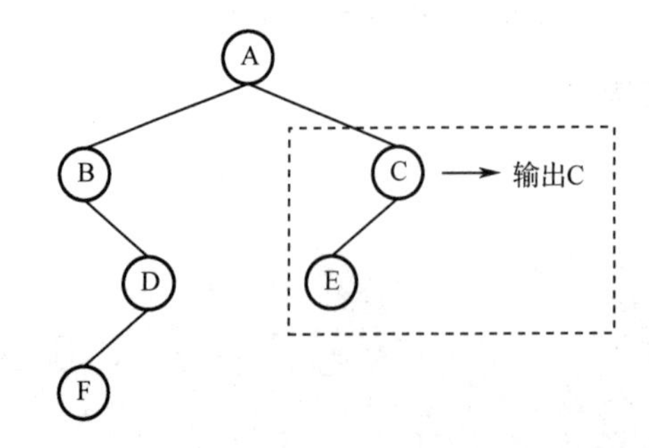

图 8-47　后序遍历步骤 10 输出 C

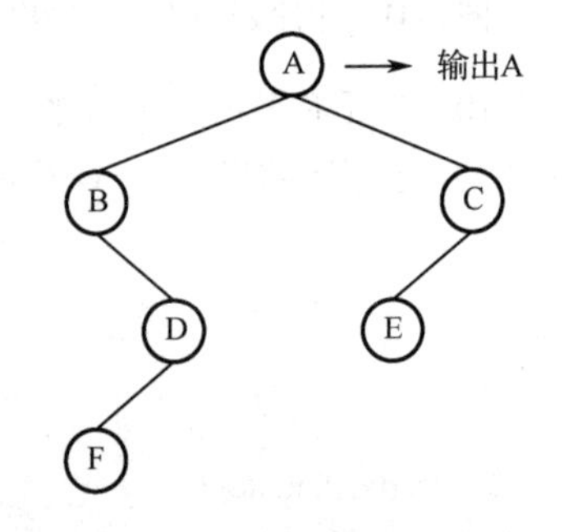

图 8-48　后序遍历步骤 11 输出 A

因此，后序遍历结果：F→D→B→E→C→A。

代码如下。

```
'''
后序遍历
'''
def postOrder(self, node) :
    if node != None :
        self.postOrder(node.left)
        self.postOrder(node.right)
        print(node.data, end = "")
```

8.5.2 二叉树的应用

例 8-5 输出叶子结点。假设结点中存储的数据元素的叶子结点按先序输出，代码如下。

```
'''
输出叶子结点
'''
def getLeaf(self, node) :
    if node != None :
        if node.left == None and node.right == None :
            print(node.data, end = "")
        self.getLeaf(node.left)
        self.getLeaf(node.right)
```

例 8-6 求二叉树的叶子结点的个数。

算法思想如下：

（1）二叉树的叶子结点个数是左子树叶子结点和右子树叶子结点的个数之和；

（2）左子树又可视为一棵独立的二叉树，它的叶子结点个数是其左子树和右子树叶子结点的个数之和；

（3）右子树也可视为一棵独立的二叉树，它的叶子结点个数是其左子树和右子树叶子结点的个数之和。

方法 1：按普通的递归算法。

（1）如果树是空树，叶子结点个数为 0（递归出口）；

（2）如果只有 1 个结点，叶子结点个数为 1（递归出口）；

（3）否则，叶子结点个数 = 左子树叶子结点个数 + 右子树叶子结点个数。

代码如下。

```
'''
输出叶子结点的个数
'''
def getLeafCount(self, node) :
    if node == None :
        leafCount = 0
    elif node.left == None and node.right == None :
        leafCount = 1
    else :
        leafCount = self.getLeafCount(node.left) + self.getLeafCount(node.right)
    return leafCount
```

方法 2：以后序遍历为例。

假设已有全局变量 leafCount = 0，用于统计叶子结点个数。

代码如下。

```
'''
输出叶子结点的个数
'''
def getLeafCount(self, node) :
    if node != None :
        self.getLeafCount(node.left)
        self.getLeafCount(node.right)
        if node.left == None and node.right == None :
            self.leafCount += 1
```

例 8-7 求二叉树的高度。

在一棵二叉树中，根结点是树中的第 1 层，求其左子树与右子树的高度，比较左右子树的高度，取较大的值再加上根结点的高度 1 就是整棵树的高度。

（1）若树为空树，则高度为 0；

（2）若树非空，高度应为其左右子树高度中的最大值加 1。

代码如下。

```
'''
求二叉树的高度
'''
def height(self, node) :
    if node != None :
        leftHeight = self.height(node.left)
        rightHeight = self.height(node.right)
        if leftHeight > rightHeight :
            max = leftHeight
        else :
            max = rightHeight
        return max + 1
    else :
        return 0
```

例 8-8 以中序遍历为例介绍树的非递归遍历。

中序非递归遍历，依然是首先访问左子树，然后访问根结点，最后访问右子树。在遍历过程中需要用栈处理数据。下面以图 8-49 为例进行介绍。

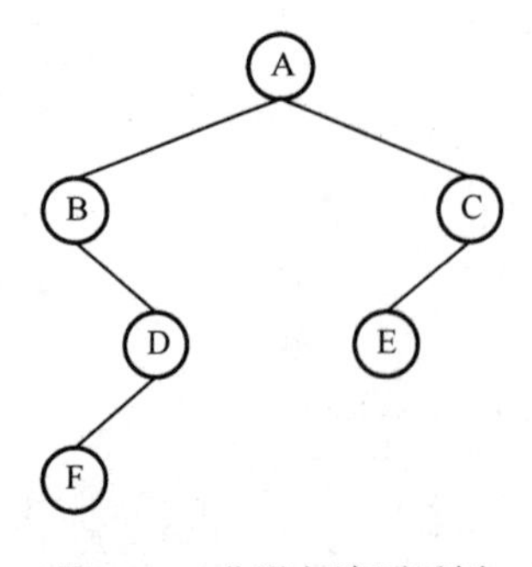

图 8-49 非递归遍历示例

步骤 1 访问根结点 A，因为结点 A 有左子树，所以结点 A 入栈，如图 8-50 所示。

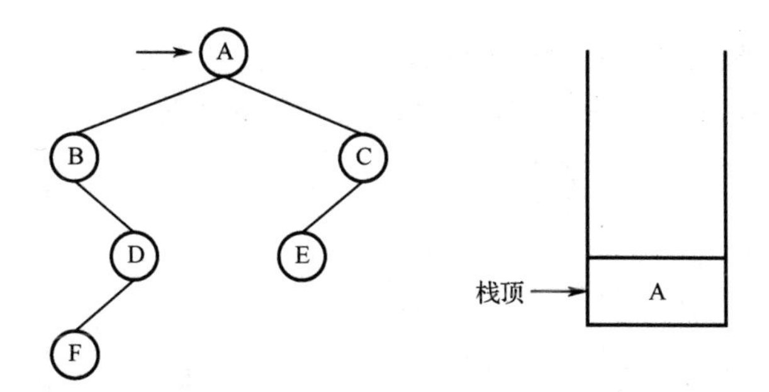

图 8-50 步骤 1

步骤 2 结点 A 入栈后，指针下移，访问结点 A 的左子树，其左子树是以 B 为根结点的二叉树。访问结点 B，判断结点 B 是否有左子树。发现结点 B 没有左子树，则输出 B，如图 8-51 所示。

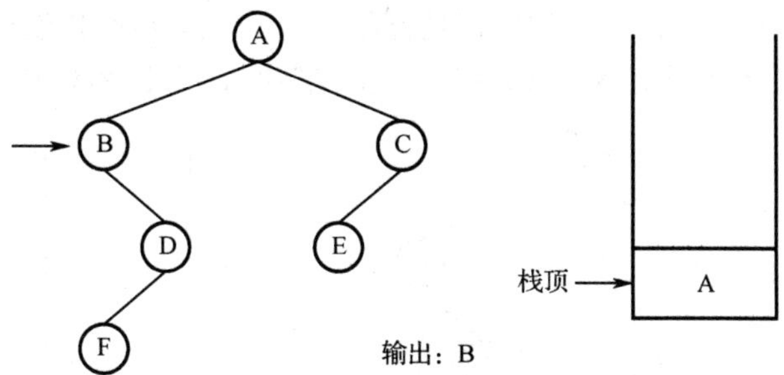

图 8-51 步骤 2

步骤 3 接着判断结点 B 是否有右子树，发现结点 B 有右子树，则使指针下移，指向结点 D，访问结点 D，判断结点 D 是否有左子树，发现结点 D 有左子树，则结点 D 入栈，如图 8-52 所示。

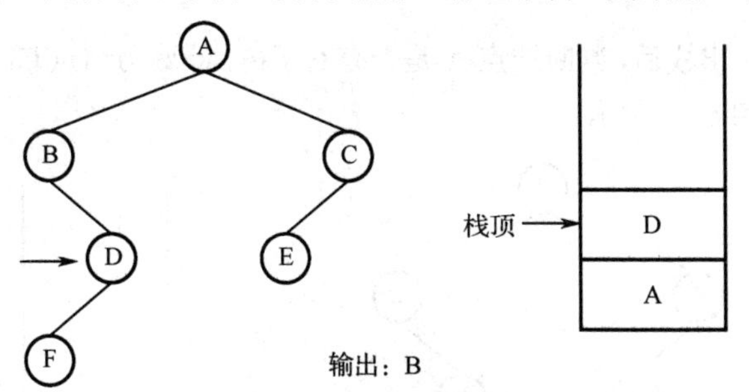

图 8-52 步骤 3

步骤 4 结点 D 入栈后，指针下移，遍历其左子树；其左子树是以 F 为根结点的二叉树，访问结点 F，判断结点 F 是否有左子树。发现结点 F 没有左子树，则输出 F，如图 8-53 所示。

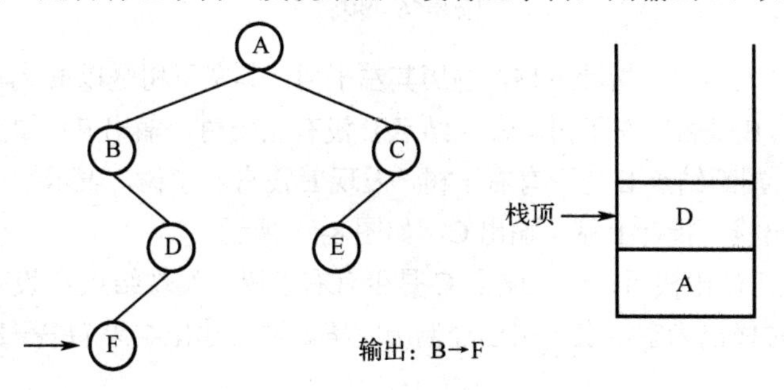

图 8-53 步骤 4

步骤 5　接着，判断结点 F 是否有右子树，发现结点 F 没有右子树，表示结点 F 访问完毕；根据栈顶指针将结点 D 出栈，指针上移，输出 D，如图 8-54 所示。

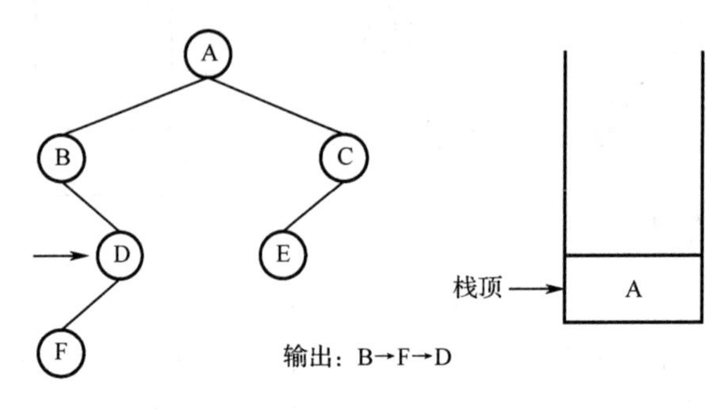

图 8-54　步骤 5

步骤 6　将结点 D 出栈后，判断结点 D 是否有右子树，发现结点 D 没有右子树，表示结点 D 访问完毕；根据栈顶指针将结点 A 出栈，指针上移，输出 A，如图 8-55 所示。

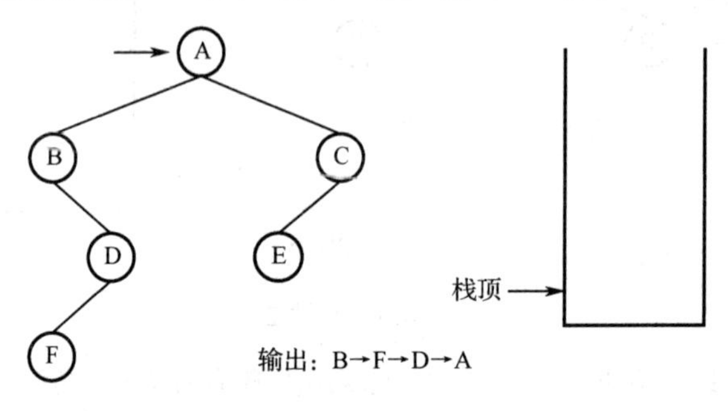

图 8-55　步骤 6

步骤 7　将结点 A 出栈后，判断结点 A 是否有右子树，即遍历结点 C，因为结点 C 有左子树，所以结点 C 入栈，如图 8-56 所示。

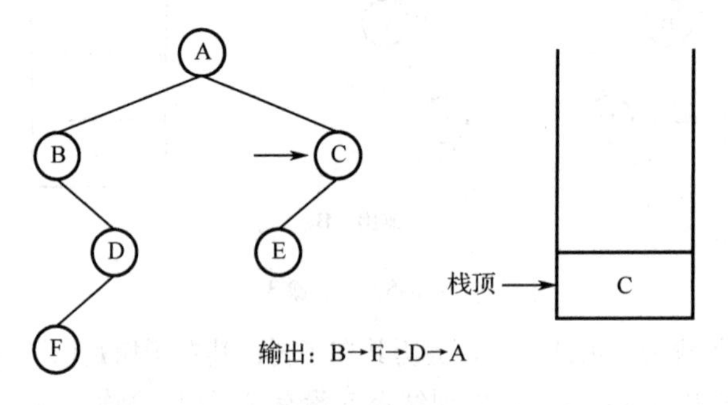

图 8-56　步骤 7

步骤 8　结点 C 入栈后，指针下移，遍历其左子树；其左子树是以 E 为根结点的二叉树，访问结点 E，判断结点 E 是否有左子树。发现结点 E 没有左子树，输出 E，如图 8-57 所示。

步骤 9　接着，判断结点 E 是否有右子树，发现 E 没有右子树，表示结点 E 访问完毕；根据栈顶指针将结点 C 出栈，指针上移，输出 C，如图 8-58 所示。

步骤 10　将结点 C 出栈后，判断结点 C 是否有右子树，发现结点 C 没有右子树，表示结点 C 访问完毕；且此时栈已为空，表示树已经遍历完毕。遍历输出结果为 B→F→D→A→E→C。

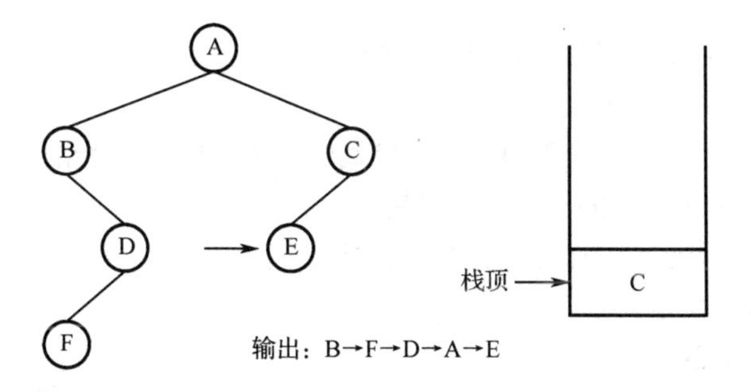

图 8-57　步骤 8

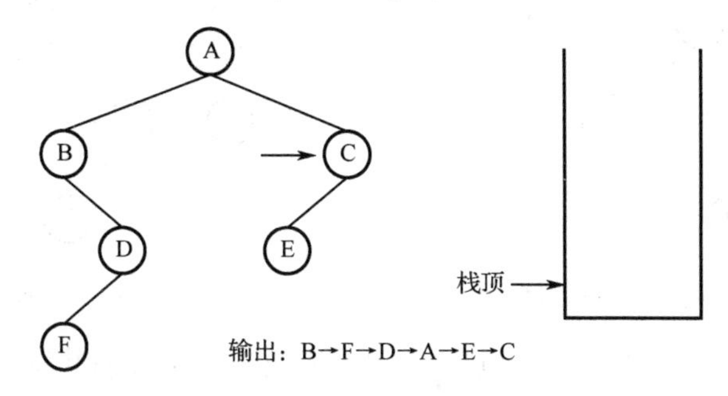

图 8-58　步骤 9

8.5.3 树的遍历

对 T 进行先序遍历：先访问树根结点 n，再依次先序遍历 $T_1, T_2, \cdots, T_k$，即首先先序遍历 T_1，然后先序遍历 T_2，…，最后先序遍历 T_k。

对 T 进行中序遍历：首先中序遍历 T_1，然后访问树根 n，最后中序遍历 $T_2, \cdots, T_k$。

对 T 进行后序遍历：先依次对 $T_1, T_2, \cdots, T_k$ 进行后序遍历，再访问树根结点 n。

例 8-9　对图 8-59 所示的树进行先序、中序、后序三种遍历，写出结果。

先序遍历结果：A→B→E→F→I→J→C→D→G→H；

中序遍历结果：E→B→I→F→J→A→C→G→D→H；

后序遍历结果：E→I→J→F→B→C→G→H→D→A。

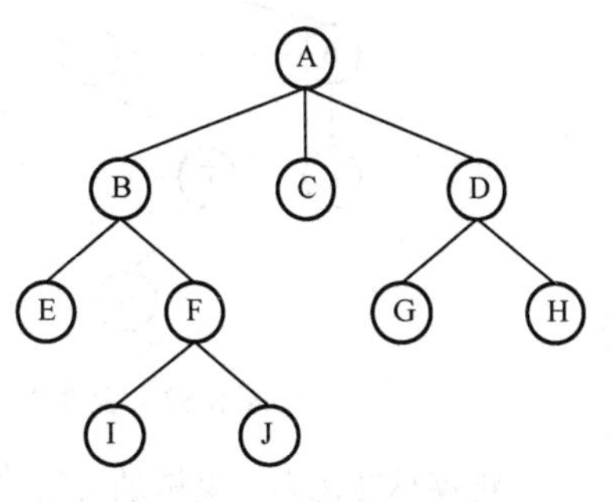

图 8-59　树的遍历示例

8.6　树的转换、构建与线索化

8.6.1 二叉树与树、森林之间的转换

将树转换为二叉树有以下两种方法。

方法 1：将树的孩子兄弟表示法看成二叉树的链式存储结构，即可实现转化。

方法 2：

（1）树中所有相邻兄弟之间加一条连线；

（2）对树中的每个结点，只保留其与第一个孩子结点之间的连线，删去其与其他孩子结点之间的连线；

（3）以树的根结点为轴心，将整棵树顺时针旋转一定的角度，使结构层次分明。

例 8-10 将图 8-60 所示的树转换成二叉树。

步骤 1 根结点 A 有三个孩子结点；结点 C 有二个孩子结点 F 和 G，则将右孩子结点托管给左孩子结点，如图 8-61 所示。

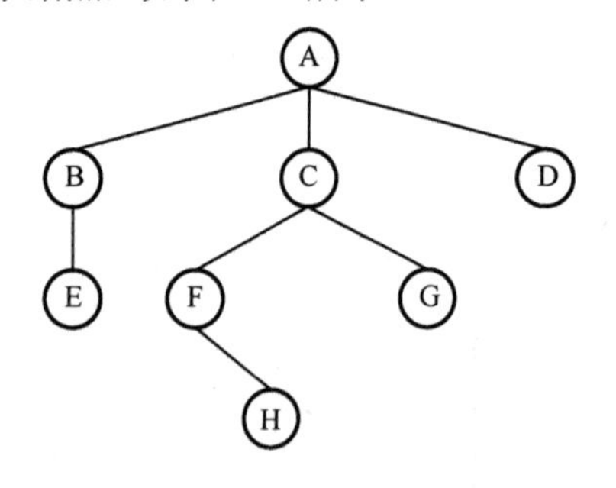

图 8-60 树转换成二叉树示例

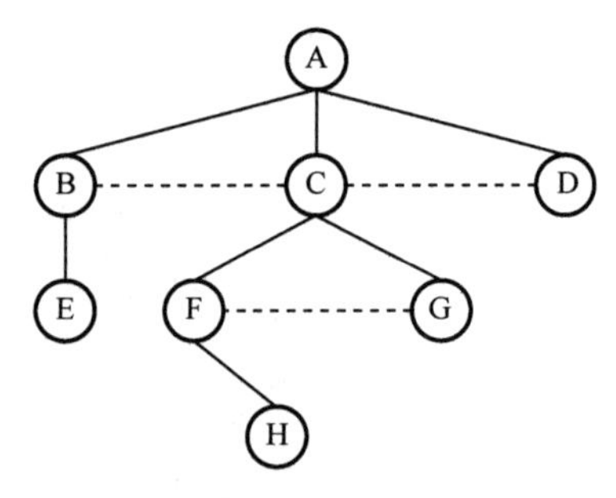

图 8-61 步骤 1（加线）

步骤 2 保留根结点 A 的左孩子结点 B 和 C 的左孩子结点 F，将其与其他孩子结点之间的连线删除，如图 8-62 所示。

步骤 3 进行旋转，最终转换之后的结果就是一棵二叉树，如图 8-63 所示。

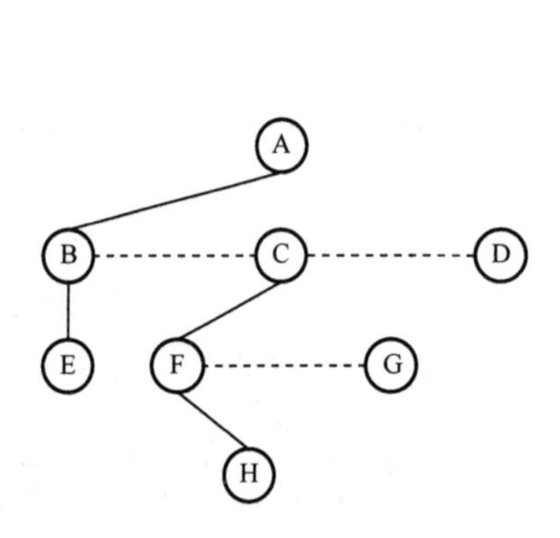

图 8-62 步骤 2（删线）

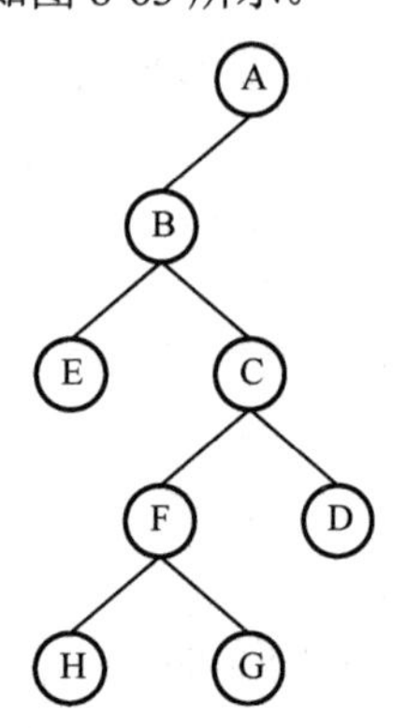

图 8-63 步骤 3（旋转）

将森林转化为二叉树的方法如下：

（1）将森林中的每棵树都转换成对应的二叉树；

（2）第一棵二叉树不动，从第二棵二叉树开始，依次将后一棵二叉树的根结点作为前一棵二叉树根结点的右孩子结点；

（3）当所有二叉树连在一起后，所得到的二叉树就是由森林转换得到的二叉树。

例 8-11 将图 8-64 所示的森林转换成二叉树。

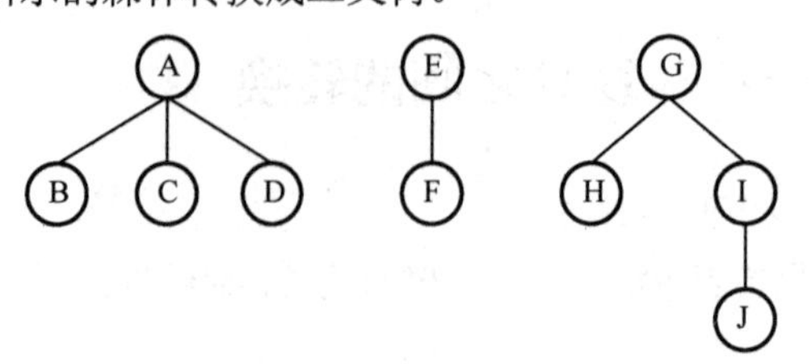

图 8-64 森林转换成二叉树示例

步骤1 首先，将森林中的所有树都先转换成二叉树，如图8-65所示。

步骤2 第一棵二叉树不动，从第二棵二叉树开始，依次将后一棵二叉树的根结点作为前一棵二叉树根结点的右孩子结点，连接后如图8-66所示。

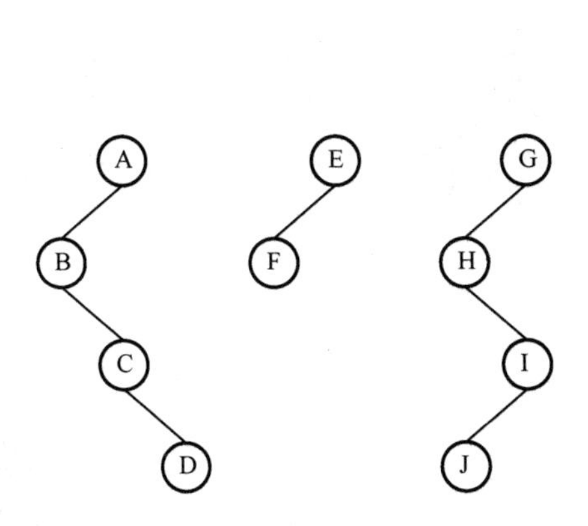

图8-65 步骤1（树转换成二叉树）

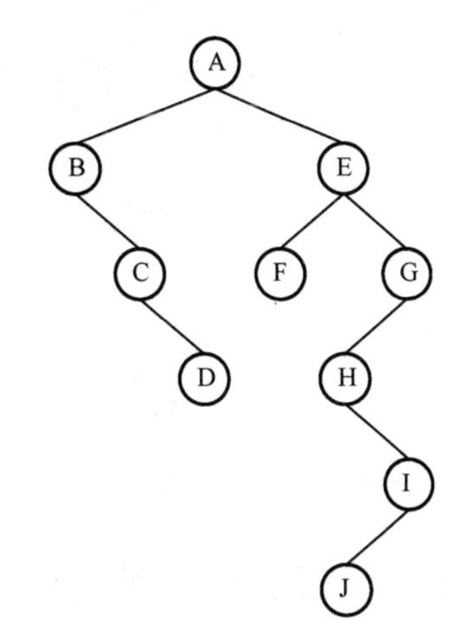

图8-66 步骤2（连接成二叉树）

将二叉树还原为森林或树的方法如下：

（1）若某结点是其双亲结点的左孩子结点，则把该结点的右孩子结点、右孩子结点的右孩子结点等都与该结点的双亲结点用线连起来；

（2）删掉原二叉树中所有双亲结点与右孩子结点的连线；

（3）整理前两步所得到的树或森林，使之结构层次分明。

例8-12 将图8-67所示的二叉树转换成森林。

步骤1 结点B的右边有二个兄弟结点C和D；结点H的右边有一个兄弟结点I，则将结点C、D与结点B的双亲结点A连接，结点I与结点H的双亲结点G连接，如图8-68所示。

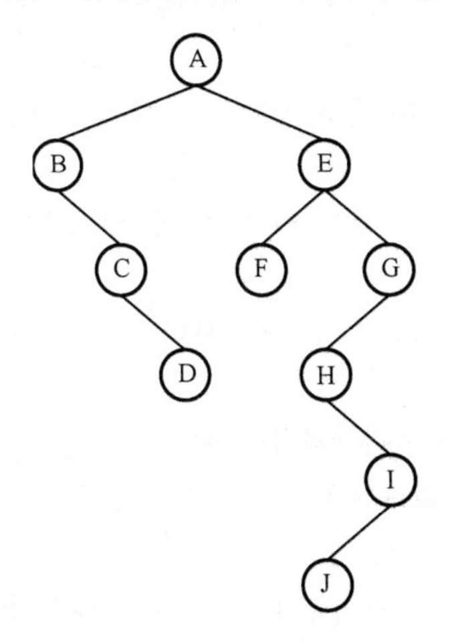

图8-67 二叉树转换成森林示例

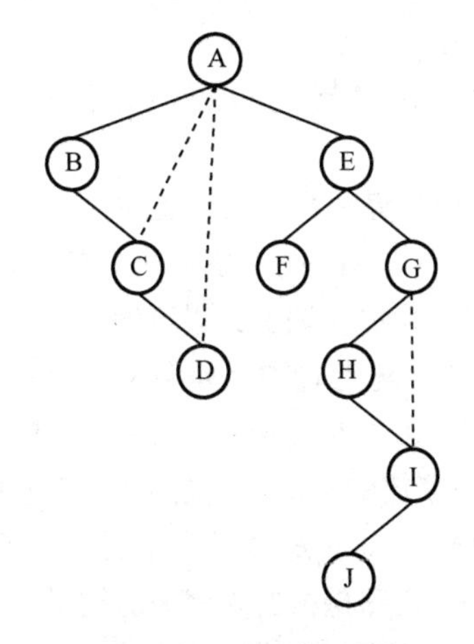

图8-68 步骤1（加线）

步骤2 删掉原二叉树中所有双亲结点与右孩子结点的连线，如图8-69所示。

步骤3 整理前两步所得到的树或森林，使之结构层次分明，如图8-70所示。

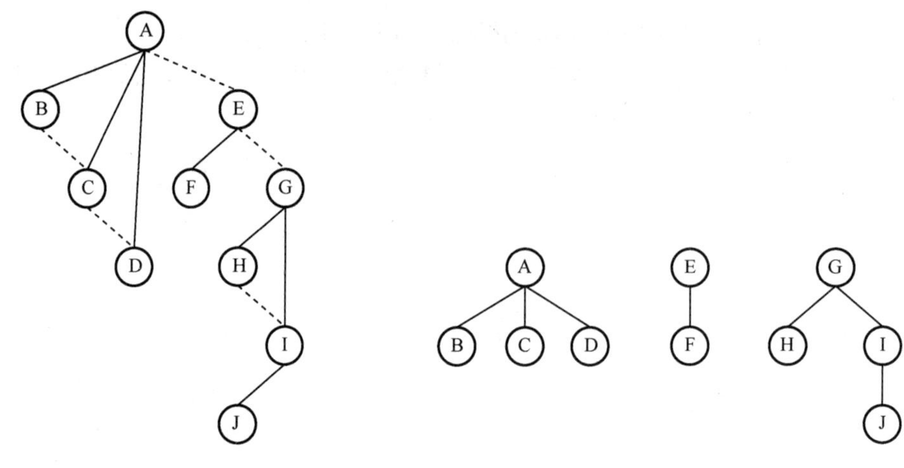

图 8-69　步骤 2（删除虚线）　　图 8-70　步骤 3（旋转）

8.6.2 二叉树的构建

1. 遍历法构建二叉树

想要通过遍历结果来确定一棵树，需要将两种顺序的遍历结果结合起来。结合方案有以下两种：

（1）中序遍历结果和先序遍历结果一起可以确定一棵二叉树；

（2）中序遍历结果和后序遍历结果一起可以确定一棵二叉树。

注意，即使结合先序遍历和后序遍历的结果也无法确定一棵二叉树的的结构，因为这两种遍历结果结合只能求解出根结点，不能确定左子树什么时候结束，右子树什么时候开始。

根据中序遍历和先序遍历的结果确定二叉树结构的基本思路如下：

（1）先通过先序遍历结果找到根结点，再通过根结点在中序遍历的位置找出左子树、右子树；

（2）根据左子树在先序遍历结果的顺序，找到左子树的根结点，视左子树为一棵独立的树，转步骤（1）；

（3）根据右子树在先序遍历结果的顺序，找到右子树的根结点，视右子树为一棵独立的树，转步骤（1）。

例 8-13　假如有一棵二叉树，它的先序遍历结果为 A→D→E→B→C→F，中序遍历结果为 D→E→A→C→F→B。确定此二叉树的步骤如下。

步骤 1　由先序遍历结果可知，此二叉树的根结点为 A；结合中序遍历结果，可知 A 的左子树为 DE，右子树为 CFB，如图 8-71 所示。

步骤 2　A 的左子树中包含有 D、E 两个结点，由先序遍历结果可知，D 结点在 E 的前面，那么 D 是左子树的根结点；又因在中序遍历结果中，E 结点在根结点 D 之后，先遍历 D 后遍历 E，说明 D 是根结点，E 是 D 的右子树，如图 8-72 所示。

步骤 3　由整棵树的先序遍历结果可知，右子树的先序遍历结果为 C→F→B，因此 B 是右子树的根结点；又因为在中序遍历结果中，C、F 都在 B 之前，说明 C、F 是 B 的左子树结点，如图 8-73 所示。

步骤 4　对以 B 为根结点的子树继续分析：在先序遍历结果中，C 在 F 的前面，说明在 B 的左子树中，C 是根结点；在中序遍历结果中，F 在 C 的后面，说明 F 是 C 的右子树，如图 8-74 所示。

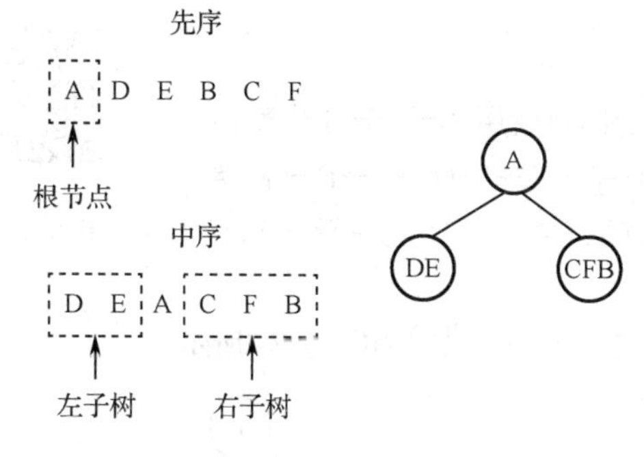

图 8-71 步骤 1

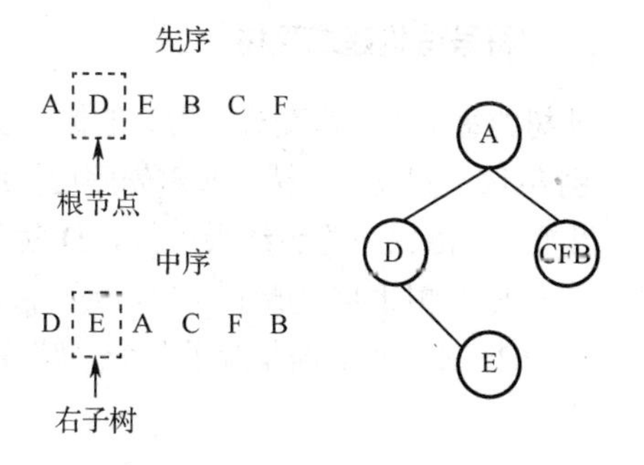

图 8-72 步骤 2

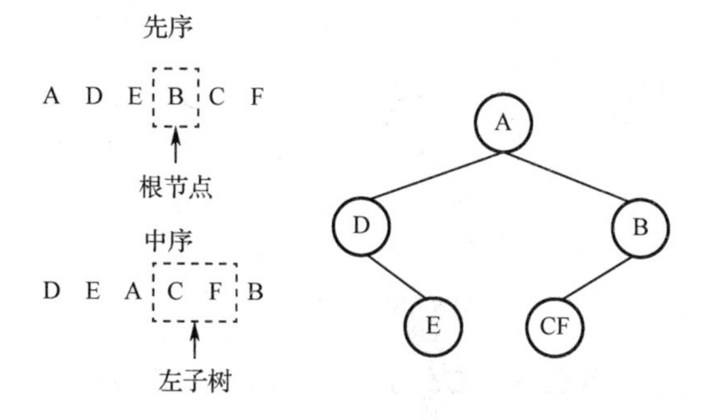

图 8-73 步骤 3

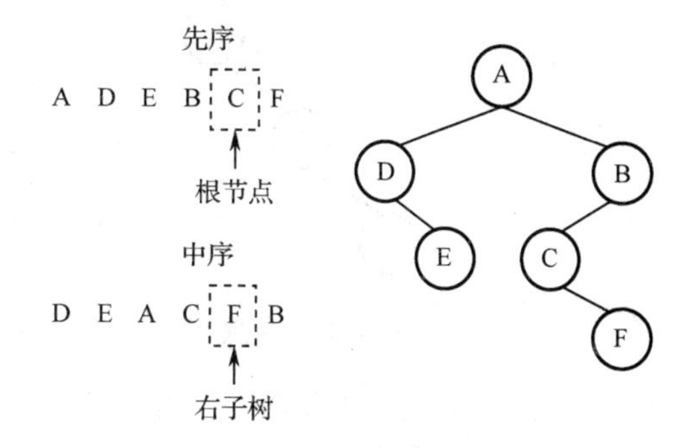

图 8-74 步骤 4

上面四个步骤分别确定了二叉树的根结点、左子树与右子树，这样就确定了一棵二叉树。代码如下。

```
'''
给定二叉树的先序遍历结果和中序遍历结果，要求根据先序遍历结果和中序遍历结果来构造二叉树
:param preOrder: 先序列表
:param midOrder: 中序列表
'''
def buildTree1(self, preOrder, midOrder):
    root = Node(preOrder[0])
    # 如果先序列表只有一个元素
    if len(preOrder) == 1:
        return root
    # 获取根结点在中序列表中的下标值
    for i in range(len(midOrder)):
        if preOrder[0] == midOrder[i]:
            break
    # 构造左子树先序列表
    preOrder_left = preOrder[1 : i + 1]
    # 构造左子树中序列表
    midOrder_left = midOrder[0 : i]
    # 构造右子树先序列表
    preOrder_right = preOrder[i + 1 : ]
    # 构造右子树中序列表
    midOrder_right = midOrder[i + 1 : ]
    # 递归左子树
    if len(preOrder_left) != 0 and len(midOrder_left) != 0 :
        root.left = self.buildTree1(preOrder_left, midOrder_left)
    # 递归右子树
    if len(preOrder_right) != 0 and len(midOrder_right) != 0 :
        root.right = self.buildTree1(preOrder_right, midOrder_right)
    return root
```

2．#符号法构建二叉树

让树的每个结点都变成度为 2 的树，度不为 2 的结点就用“#”符号补齐。

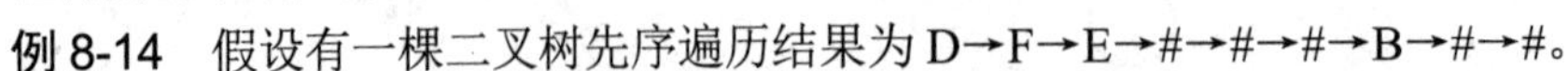
例 8-14 假设有一棵二叉树先序遍历结果为 D→F→E→#→#→#→B→#→#。

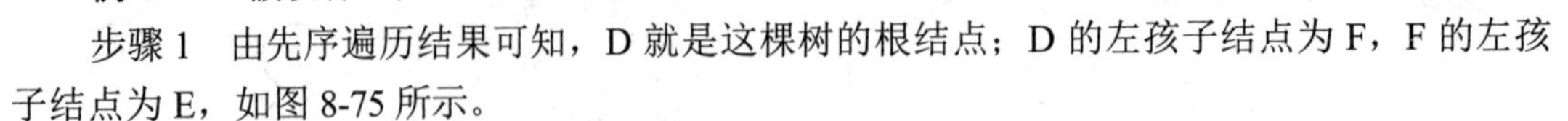
步骤 1 由先序遍历结果可知，D 就是这棵树的根结点；D 的左孩子结点为 F，F 的左孩子结点为 E，如图 8-75 所示。

步骤 2 E 结点后面紧跟了两个“#”符号，则 E 为叶子结点，如图 8-76 所示。

图 8-75 步骤 1

图 8-76 步骤 2

步骤 3 E 后面还有第三个“#”符号，则这个符号代表 F 的右孩子结点，如图 8-77 所示。

步骤 4：D 的右子树为 B##，B 为一个叶子结点，如图 8-78 所示。

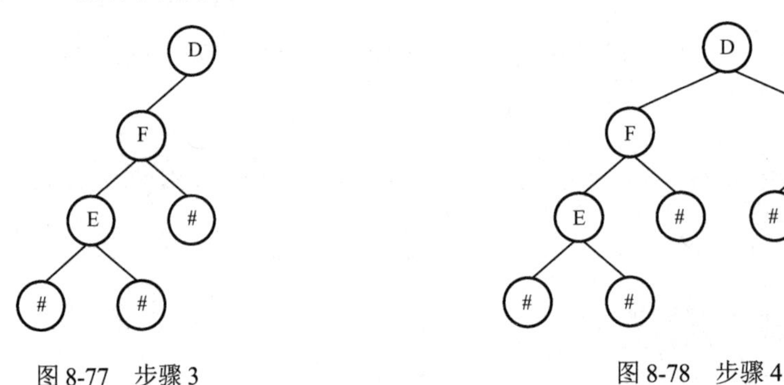

图 8-77 步骤 3

图 8-78 步骤 4

代码如下。

```
'''
#符号法构建二叉树
:param datas: 字符串
'''
def buildTree2(self, datas):
    # 保存上一级结点
    nodeStack = Stack()
    root = Node(datas[0])
    treeNode = root
    # 将根结点入栈
    nodeStack.push(root)
    for i in range(len(datas) -1) :
        datas = datas[1 : ]
        # 判断是否为#符号
```

```
        if datas[0] == "#" :
            if nodeStack.isEmpty() :
                break
            # 出栈前一个结点
            treeNode = nodeStack.pop()
            continue
        node = Node(datas[0])
        if treeNode.left == None :
            # 创建左结点
            treeNode.left = node
            treeNode = treeNode.left
        else :
            # 创建右结点
            treeNode.right = node
            treeNode = treeNode.right
        nodeStack.push(treeNode)
    return root
```

8.6.3 线索化二叉树

用指针实现二叉树时，每个结点只有指向其左、右孩子结点的指针，所以从任一结点出发都能直接找到该结点的左、右孩子结点。那么，可以像找孩子结点一样方便地找到某个结点的前驱结点或后继结点呢？

如果改造结点，在每个结点中增加指向直接前驱结点和直接后继结点的指针，显然将降低存储效率，如图 8-79 所示。

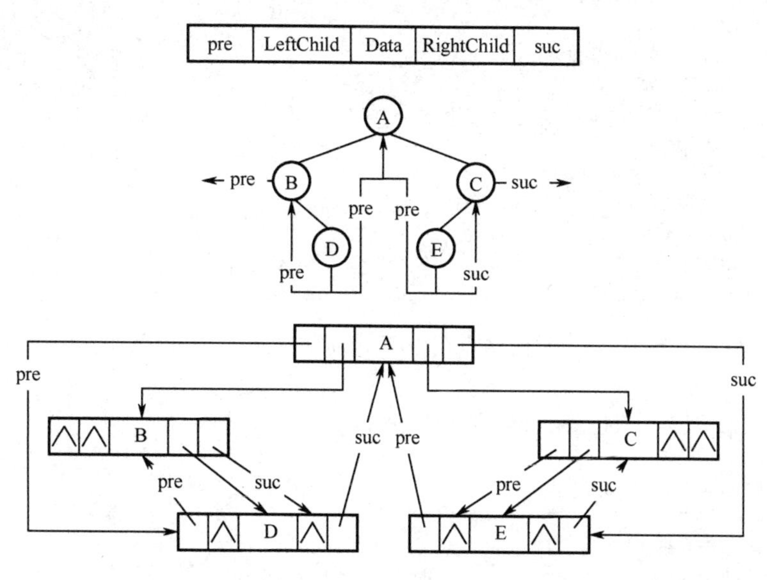

图 8-79　改造结点示意图

用指针实现二叉树时，在有 n 个结点的二叉树中含有 $n+1$ 个空指针（闲置）。因此，可以提出另一种改造方案：利用闲置的空指针，存储指向结点某种遍历次序下的前驱结点和后继结点的指针。这种附加的指针称为“线索”，加上了线索的二叉树为线索化二叉树，如图 8-80 所示。

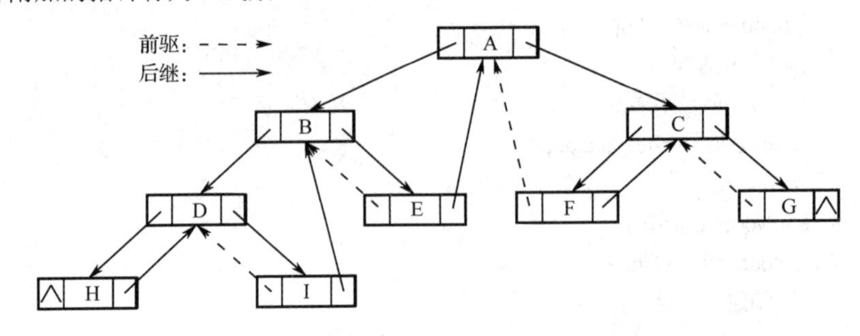

图 8-80　线索化二叉树示意图

LeftChild	Ltag	Data	Rtag	RightChild

图 8-81　线索化二叉树的结点结构

线索化二叉树的结点结构如图 8-81 所示。其中，

Ltag = 0，LChild 为左孩子指针；

Ltag = 1，LChild 为前驱线索；

Rtag = 0，RChild 为右孩子指针；

Rtag = 1，RChild 为后继线索。

构建线索化二叉树的代码如下。

```
'''
中序线索化：对 root 所指的二叉树进行中序线索化，其中 pre 始终指向刚访问过的结点，其初始值为
None
'''
def midThread(self, node) :
    if node != None :
        # 线索化左子树
        self.midThread(node.left)
        # 置前驱线索
        if self.pre != None and node.left == None :
            node.lTag = 1
            node.left = self.pre
        # 置后继线索
        if self.pre != None and self.pre.right == None :
            self.pre.rTag = 1
            self.pre.right = node
        # 设置刚访问过的结点为根结点
        self.pre = node
        # 线索化右子树
        self.midThread(node.right)
```

中序线索化二叉树中，寻找当前结点在中序下的直接前驱结点的代码如下。

```
'''
在中序线索化二叉树中查找 keyNode 的中序前驱结点，并用 perNode 指针返回结果
'''
def midPre(self, keyNode) :
    preNode = None
    # 直接利用线索
    if keyNode.lTag == 1 :
        preNode = keyNode.left
    else :  # 在 keyNode 的左子树中查找“最右下端”结点
        if keyNode.left != None :
            node = keyNode.left
            while node.rTag == 0 :
```

```
                preNode = node
                node = node.right
        else :
            preNode = None
    return preNode
```

中序线索化二叉树中，寻找当前结点在中序下的直接后继结点的代码如下。

```
'''
在中序线索化二叉树中查找 keyNode 的中序后继结点，并用 nextNode 指针返回结果
'''
def midNext(self, keyNode) :
    nextNode = None
    # 直接利用线索
    if keyNode.rTag == 1 :
        nextNode = keyNode.right
    else :  # 在 keyNode 的左子树中查找“最左下端”结点
        if keyNode.right != None :
            node = keyNode.right
            while node.lTag == 0 :
                nextNode = node
                node = node.left
        else :
            nextNode = None
    return nextNode
```

8.7 哈夫曼树

8.7.1 什么是哈夫曼树

下面先介绍几个与哈夫曼树相关的术语。

- 路径：从一个结点到另一个结点的路线。
- 树的路径长度：从树根到树中每个结点的路径长度之和。
- 结点的权：在一些应用中，赋予树中结点的一个有某种意义的实数。
- 结点的带权路径长度：结点到树根之间的路径长度与该结点权值的乘积。
- 树的带权路径长度（Weighted Path Length of Tree，WPL）：树中所有叶结点的带权路径长度之和 $\mathrm{WPL}=\sum_{i=1}^{n}w_il_i$。其中，$n$ 表示叶子结点个数；w_i 和 l_i 分别表示结点 k_i 的权值和根到结点 k_i 的路径长度。树的带权路径长度也称树的代价。在由权值为 $w_1, w_2, \cdots, w_n$ 的 n 个叶子结点所构成的所有二叉树中，带权路径长度最小（即代价最小）的二叉树称为最优二叉树。因为它是数学家哈夫曼（Huffman）提出的，所以也称哈夫曼树。

8.7.2 哈夫曼树的构造

哈夫曼树的构造方法如下。

（1）有 n 棵权值分别为 $w_1, w_2, \cdots, w_n$ 的二叉树所组成的集合，这些二叉树的左右子树都为空（可理解为确定权值的结点）。

（2）从集合中选取出权值最小的两棵二叉树构成一棵新二叉树。如果有结点的权值相同，可以任选两棵。为了保证新树仍是二叉树，需要增加一个新结点作为新二叉树的根，将所选的两棵二叉树作为其根结点的左右子树，不分先后，将两个子树的权值之和作为其根的权值。从集合中删除已经选中的二叉树，将新生成的树加入集合中参与下一轮选择。

（3）重复步骤（2），直至集合中剩下最后一棵二叉树，这棵二叉树便是哈夫曼树。

例 8-15 如图 8-82 所示的森林中有 5 棵单结点的二叉树，现在要将该森林中的二叉树构成一棵哈夫曼树。

1 7 4 5 9

图 8-82 森林中的二叉树

步骤 1 先从森林中选出根结点权值最小的两棵树，以这两个结点的权值之和为权值的结点作为根结点构成二叉树。再从森林中删除这两棵权值最小的二叉树，将由这两棵树构成新的二叉树加入森林中，如图 8-83 所示。

步骤 2 现在，森林中有 4 棵二叉树，有两棵根结点权值为 5 的二叉树，且这两棵树的根结点权值是最小的。选中根结点权值为 5 的两棵子树，构成新的二叉树，根结点权值为 10。删除已选的两棵二叉树，将新构造的二叉树加入森林中，如图 8-84 所示。

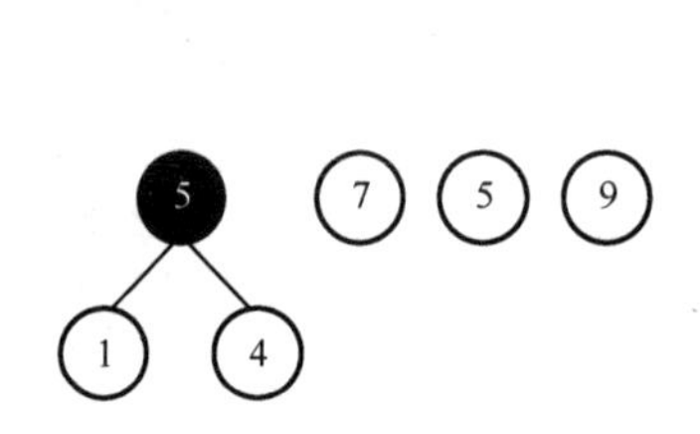

图 8-83 构造哈夫曼树步骤 1

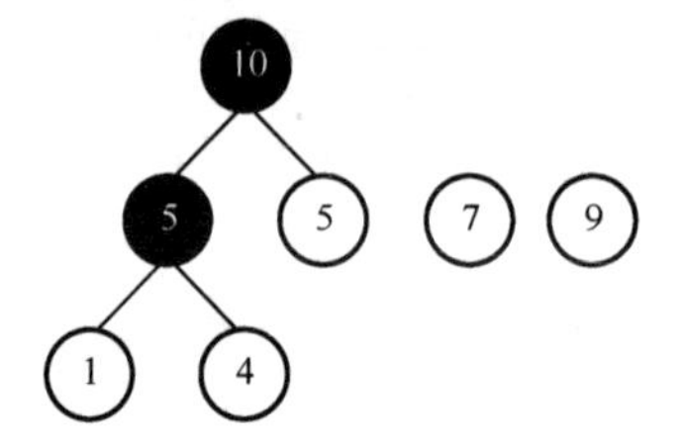

图 8-84 构造哈夫曼树步骤 2

步骤 3 在森林中选中两棵根结点权值最小（7 和 9）的二叉树，构成新的二叉树，根结点权值为 16。从森林中删除已选择的两棵二叉树，将新构造的二叉树加入森林中，如图 8-85 所示。

步骤 4 继续选中权值最小的两个二叉树，构造新的二叉树，将已选择的二叉树删除，将新的二叉树加入森林中，如图 8-86 所示。

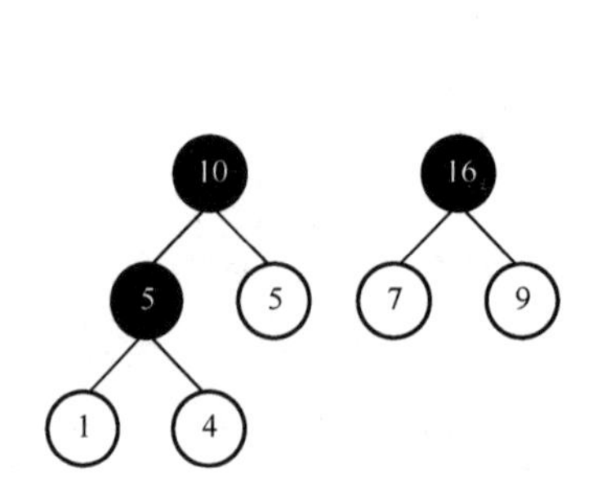

图 8-85 构造哈夫曼树步骤 3

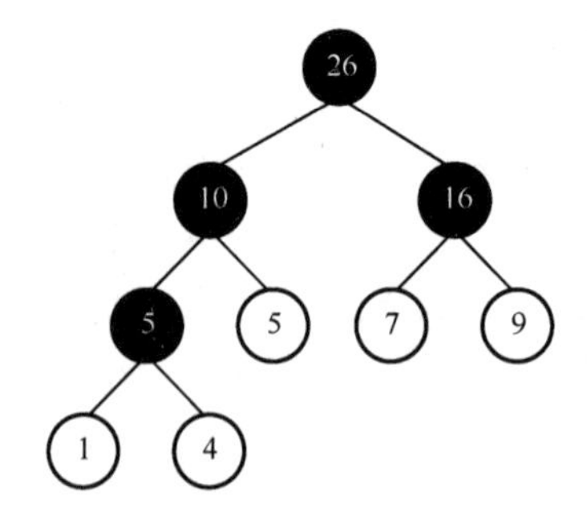

图 8-86 构造哈夫曼树步骤 4

最终，森林中就只剩一棵二叉树，该二叉树即为哈夫曼树。计算该哈夫曼树的带权路径长度 WPL = 5 × 2 + 1 × 3 + 4 × 3 + 7 × 2 + 9 × 2 = 57。

8.7.3 哈夫曼编码

一般地，设需要编码的字符集为 $\{a_1, a_2, a_3, \cdots, a_n\}$，各个字符出现的频率为 $\{w_1, w_2, \cdots, w_n\}$，以字符出现的频率作为结点字符的权值可以构造哈夫曼树。规定左权分支为 0，右权分支为 1，则从根结点到叶子结点经过的分支所组成的0和1字符串便是对应字符的编码，这就是哈夫曼编码。

例 8-16　上例中，哈夫曼树构造完成后，规定指向左孩子结点的边编码为0，指向右孩子结点的边编码为1。叶子结点代表单词（字母）的编码为根结点到叶子结点走过的边的“01”序列，如图8-87所示，其中字母对应的编码为A（000）、B（001）、C（01）、D（10）、E（11）。

综上所述，哈夫曼编码是一种无前缀编码，任何一个单词的编码不会是其他单词编码的前缀（因为单词结点都是叶子结点），所以解码时不会混淆。同时，带权路径长度最小，哈夫曼编码使编码后总长度最短，主要应用在数据压缩、加密解密等场合。

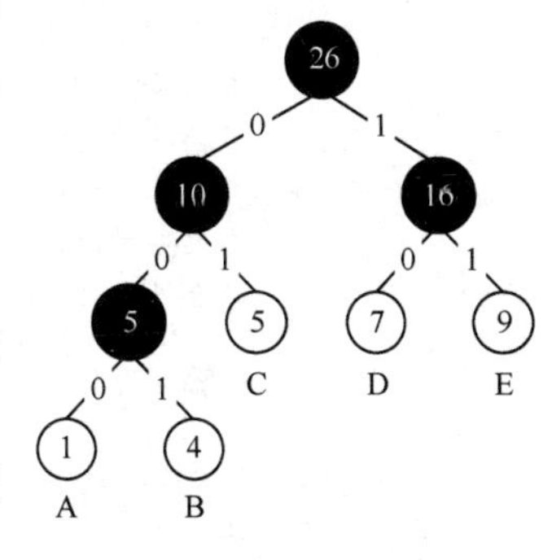

图 8-87　哈夫曼编码

8.7.4 哈夫曼树的实现

示例代码如下。

```
class Node(object):
    def __init__(self, weight):
        # 结点的权值
        self.weight = weight
        self.left = None
        self.right = None
        # 是否是新构造的根结点, 新构造的根结点在 WPL 中不参加计算
        self.isNew = False

    def __gt__(self,    other):
        '''用于对结点之间的排序'''
        return self.weight > other.weight

class huffmanTree(object):
    def __init__(self, nodeList):
        self.WPL = 0
        self.root = self.createHuffmanTree(nodeList)

    def createHuffmanTree(self, nodeList):
        '''
        创建哈夫曼树
        :param nodeList:  森林中的单个结点构成的二叉树
        '''
        # 如果当前森林中二叉树棵数大于 1
        while len(nodeList) > 1:
            # 对森林中的二叉树进行排序
            nodeList.sort()
            # 获取根结点最小的二叉树
            left = nodeList.__getitem__(0)
            # 获取根结点次小的二叉树
            right = nodeList.__getitem__(1)
            # 构造新结点
            newNode    = Node(left.weight+right.weight)
            newNode.isNew = True
```

```
            # 将新结点的左孩子结点指针指向 left 结点
            newNode.left = left
            # 将新结点的右孩子结点指针指向 right 结点
            newNode.right = right
            # 从森林中删除已选择的二叉树
            nodeList.pop(0)
            nodeList.pop(0)
            # 将新构造的二叉树加入森林中
            nodeList.append(newNode)
        return nodeList.__getitem__(0)

    def calculate_WPL(self, node, level):
        '''
        计算哈夫曼树的 WPL
        :param node:根结点
        :param level:层数
        :return:
        '''
        if node != None:
            if not node.isNew:
                self.WPL += node.weight * level
            self.calculate_WPL(node.left, level+1)
            self.calculate_WPL(node.right, level+1)

if __name__=='__main__':
    nodeList = []
    nodeList.append(Node(1))
    nodeList.append(Node(7))
    nodeList.append(Node(4))
    nodeList.append(Node(5))
    nodeList.append(Node(9))
    hTree = huffmanTree(nodeList)
    hTree.calculate_WPL(hTree.root, 0)
    print("哈夫曼树的 WPL 为",hTree.WPL)
```

8.8 讨论课：如何学习树

1．讨论主题

如何学习树。

2．讨论说明

复习二叉树的存储和遍历的知识。

3．分组形式

每 5 人为一个小组，每个小组设置组长 1 名，组长具体负责任务分配协调。

4．提交文档

在大量文献调研的基础上，撰写一份答辩 PPT，阐述自己的观点。文件命名为小组序号。

5. 课堂答辩

每个小组派出一名代表进行课堂演讲，每个人演讲 10 分钟，演讲内容需要围绕事先准备好的 PPT 进行。演讲结束后，有 5 分钟的自由提问和回答时间。

6. 考核方法

本次讨论课的最终成绩由两部分构成：PPT 50%，演讲 50%。

8.9 本章实验一：二叉树的创建与遍历

一、实验目的与要求

1. 理解二叉树的定义与链式存储结构。
2. 掌握二叉树创建与遍历的递归思想。

二、实验准备与环境

一台安装 Python 的计算机。

三、实验内容

1. 按照二叉树的链式存储的定义，实现二叉树的链式定义，实现下面二叉树的创建（二叉树中存储的数据为字符型数据）：

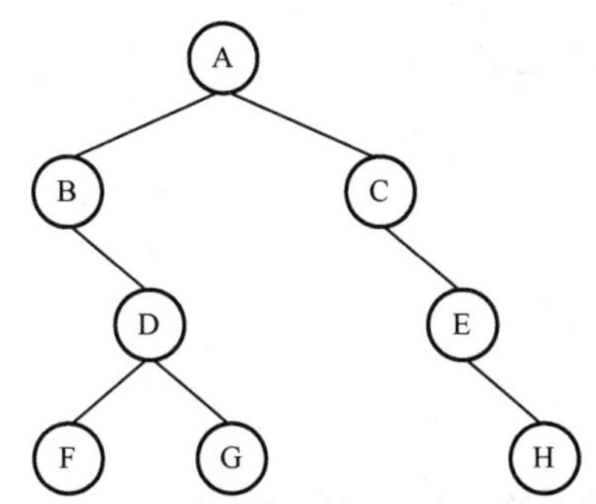

2. 分别采用先序、中序、后序遍历输出上面二叉树的结点数据信息。

【思考】若二叉树采用顺序存储结构存储，则二叉树的创建该如何实现？

8.10 本章实验二：二叉树的查找

一、实验目的与要求

1. 理解二叉树的定义。
2. 掌握二叉树的链式存储结构。
3. 理解二叉树的递归结构。

二、实验准备与环境

一台安装 Python 的计算机。

三、实验内容

在二叉树中实现查找操作，若查找的元素在二叉树中存在，则得出该元素所在的层数；若不存在，则得出 0。例如，在使用链式存储结构实现的二叉树（如左图所示）中，查找元素：

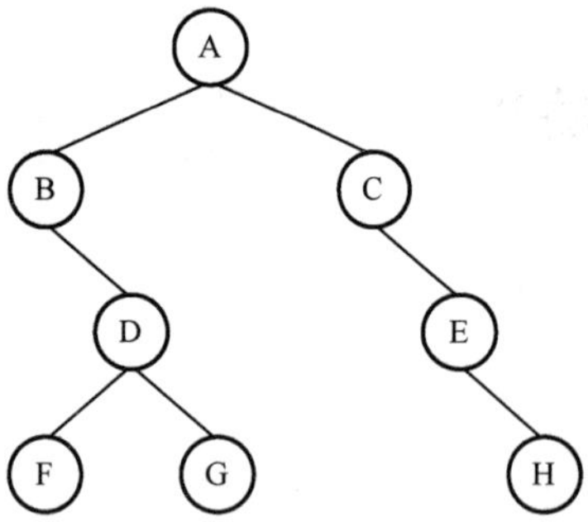

（1）若查找元素“H”，则得出所在层数 4；

（2）若查找元素“S”，则得出 0，表示该元素在树中不存在。

其他要求如下：

（1）二叉树中存储的数据为字符型数据；

（2）查找功能以函数方式定义与实现；

（3）二叉树采用链式存储结构。

8.11 综合实验：校友通讯录——树的应用

一、实验目的与要求

1. 复习树和二叉树。
2. 熟悉树和二叉树的创建、遍历。

二、实验准备与环境

一台安装 Python 的计算机。

三、实验内容

1. 功能需求

某学校要开发一个校友管理系统，其部分功能如下。

（1）院系信息列表，如下表所示，通过输入编号、院系名称、地址等信息，新增院系信息，并可以根据输入的院系编号进行频繁的查找等操作。

院系信息列表

编　号	院 系 名 称	地　址
1	计算与信息科学学院	1 号楼
2	应用科学与工程学院	3 号楼
3	商学院	2 号楼
…	…	…

（2）校友信息列表，如下表所示，通过输入院系名称、姓名、毕业年份、联系方式，新增校友信息，并可以根据输入的编号进行频繁的删除等操作。

校友信息列表

编号	院系名称	姓名	毕业年份	联系方式
1	计算与信息科学学院	张三	2010	18899997777
2	应用科学与工程学院	李四	2014	19988886666
3	计算与信息科学学院	王五	2005	13366663333
4	商学院	赵六	2018	17733332222
5	商学院	钱七	2013	16688889999
…	…	…	…	…

2．案例要求

根据以上需求，选择合适的树结构，对院系信息和校友信息进行存储。

完成校友信息的树形展示，实现院系-校友的链接方式。

完成校友信息的查找操作：输入校友姓名，返回院系及校友的详细信息。

8.12 本章习题

一、选择题

1．在一棵二叉树中，第4层的结点数最多为（　　）。

A．2　　B．4　　C．6　　D．8

2．在一棵二叉树中，共有16个度为2的结点，则共有（　　）个叶子结点。

A．15　　B．16　　C．17　　D．18

3．一棵完全二叉树中，根结点的编号为1，而且编号为23的结点有左孩子结点但没有右孩子结点，则此树中共有（　　）个结点。

A．24　　B．45　　C．46　　D．47

4．设n,m为一棵二叉树上的两个结点，在中序遍历结果中n在m之前的条件是（　　）。

A．n在m右子树上　　B．n在m左子树上

C．n是m的祖先　　D．n是m的子孙

5．任何一棵二叉树的叶子结点在先序、中序和后序遍历结果中的相对次序（　　）。

A．不发生改变　　B．发生改变

C．不能确定　　D．以上都不对

6．根据先序序列 A→B→D→C 和中序序列 D→B→A→C 确定对应的二叉树，该二叉树（　　）。

A．是完全二叉树　　B．不是完全二叉树

C．是满二叉树　　D．不是满二叉树

7．设有一表示算术表达式的二叉树如下图所示，它所表示的算术表达式是（　　）。

A．$A \times B + C/(D \times E) + (F - G)$　　B．$(A \times B + C)/(D \times E) + (F - G)$

C．$(A \times B + C)/(D \times E + (F - G))$　　D．$A \times B + C/D \times E + F - G$

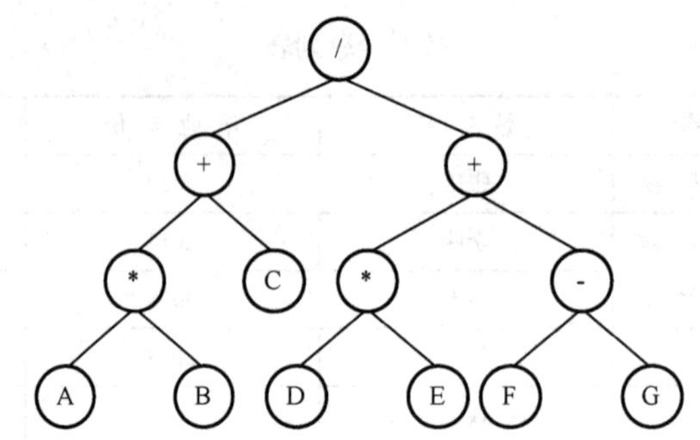

8．某二叉树的中序序列和后序序列相同，则这棵二叉树必然是（　　）。

A．空树

B．空树或任一结点均无左孩子结点的非空二叉树

C．空树或任一结点均无右孩子结点的非空二叉树

D．空树或仅有一个结点的二叉树

9．线索化二叉树的目的是（　　）。

A．加快查找结点的前驱结点或后继结点的速度

B．能在二叉树中方便地进行插入与删除

C．能方便地找到双亲结点

D．使二叉树的遍历结果唯一

10．线索化二叉树是一种（　　）结构。

A．逻辑　　B．逻辑和存储　　C．物理　　D．线性

二、填空题

1．在二叉树的顺序存储中，对于下标为 5 的结点，它的双亲结点的下标为________；若它存在左孩子结点，则左孩子结点的下标为________；若它存在右孩子结点，则右孩子结点的下标为________。

2. 对于一个有 n 个结点的二叉树，当它为一棵________二叉树时具有最小高度，即________；当它为一棵单支树时具有________高度，为________。

3．已知用列表存储的一棵完全二叉树如下图所示，写出该二叉树的先序________、中序________和后序________。

A	B	C	D	E	F	G	H	I	J	K	L
0	1	2	3	4	5	6	7	8	9	10	11

4．空树是指________，最小的树是指________。

三、简答题

1．已知一棵树的边的集合如下：

{<i,m>,<i,n>,<e,i>,<b,e>,<b,d>,<a,b>,<g,j>,<g,k>,<c,g>,<c,f>,<g,l>,<c,h>,<a,c>}

请画出这棵树，并回答下列问题。

① 哪个是根结点?

② 哪些是叶子结点?

③ 哪个是结点 g 的双亲结点?

④ 哪些是结点 g 的祖先结点?

⑤ 哪些是结点 g 的孩子结点？

⑥ 哪些是结点 e 的孩子结点？

⑦ 哪些是结点 e 的兄弟结点？哪些是结点 f 的兄弟结点？

⑧ 结点 b 和 n 的层序编号分别是什么？

⑨ 树的高度是多少？

2．将下图所示的树转换为二叉树（给出主要过程）。

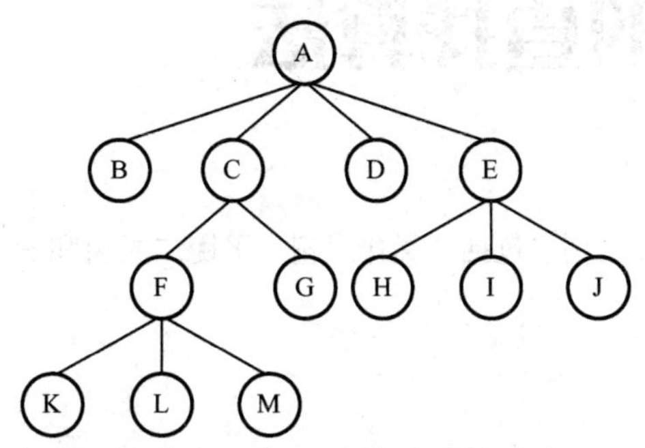

3．如果一棵树有 n_1 个度为 1 的结点，有 n_2 个度为 2 的结点，……，有 n_m 个度为 m 的结点，试问有多少个度为 0 的结点？试推导之。

四、编程题

给定一棵二叉树，用二叉链表存储结构表示，其根指针为 t，试写出求该二叉树中结点 n 的双亲结点的算法。若没有结点 n 或者该结点没有双亲结点，分别输出相应的信息；若结点 n 有双亲结点，输出其双亲结点的值。

第9章 基于树的查找算法

本章主要介绍常用的二叉树，包括二叉排序树、平衡二叉树和B树等。掌握这几种二叉树有利于解决实际问题。

➢ 掌握二叉排序树的概念与操作
➢ 掌握平衡二叉树的插入与平衡选择操作
➢ 熟悉B树的应用

9.1 二叉排序树

二叉排序树（Binary Sort Tree）又称二叉查找树、二叉搜索树，它或者是一棵空树，或者是具有下列性质的二叉树（如图9-1所示）：

（1）如果左子树不为空，则左子树上所有结点的值均小于它根结点的值；

（2）如果右子树不为空，则右子树上所有结点的值均大于它根结点的值；

（3）左、右子树也都为二叉排序树；

（4）树中没有值相同的结点。

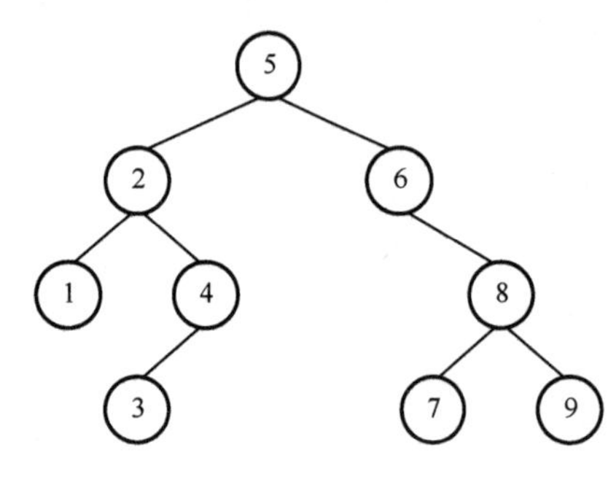

图9-1 二叉排序树

9.1.1 二叉排序树的插入

在二叉排序树中插入新结点，若二叉排序树为空，则将新结点作为根结点。若二叉排序树不为空，当新结点的权值小于或等于根结点的权值时，在左子树中插入新结点；当新结点的权值大于根结点的权值时，在右子树中插入新结点。

二叉排序树中插入新结点的基本思想：已知一关键字为key的结点node，有

（1）若二叉树是空树，则结点node成为二叉排序树的根。

（2）若二叉树非空，则将node.key与二叉排序树根结点的关键字进行比较：

① if key的值等于根结点的值，则停止插入；

② else if key 的值小于根结点的值，则将结点 node 插入左子树；

③ else if key 的值大于根结点的值，则将结点 node 插入右子树。

例 9-1 输入数据，反复执行二叉排序树的插入过程，输入数据 53, 78, 65, 17, 87, 9, 81, 15，如图 9-2 所示。

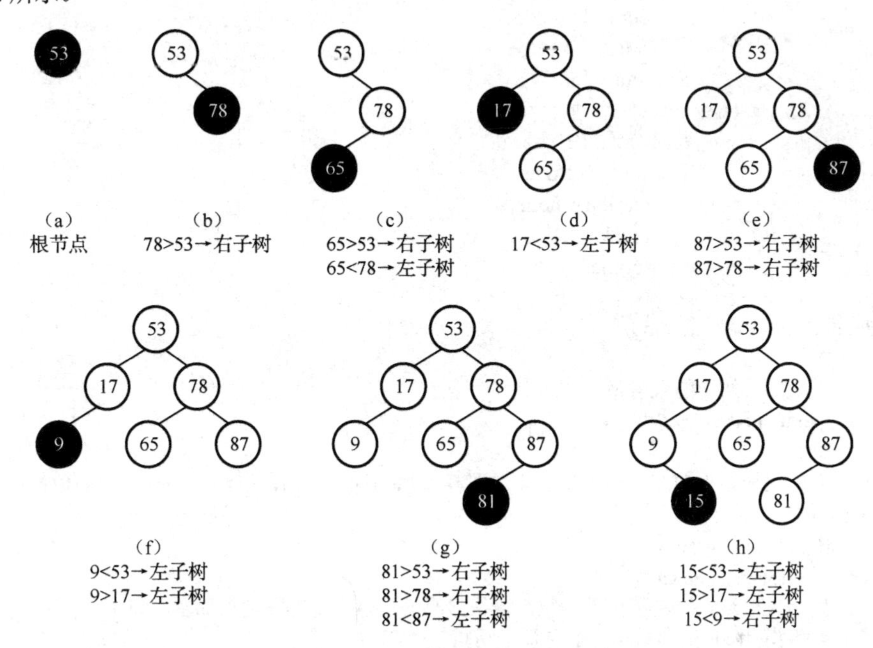

图 9-2 二叉排序树的插入过程

代码如下。

```
class Node(object):
    def __init__(self, val):
        self.val = val
        self.left = None
        self.right = None

class BinarySortTree(object):
    def __init__(self):
        self.root = None

    def insert(self, key):
        '''
        插入新结点
        :param key: 待插入的元素
        '''
        node = Node(key)
        # 如果二叉树为空树
        if self.root == None:
            self.root = node
        # 如果二叉树不为空树
        else:
            # 创建一个指针指向根结点
            cur = self.root
            # 当 cur 指针不指向空
```

```
            while cur != None:
                # 判断 key 与 cur.val 的大小
                if key > cur.val:
                    # 在左子树中插上新结点
                    if cur.right == None:
                        cur.right = node
                        break
                    cur = cur.right
                else:
                    # 在右子树中插上新结点
                    if cur.left == None:
                        cur.left = node
                        break
                    cur = cur.left

    def getMinNode(self, node):
        '''
        获取二叉树中的数值最小的结点
        :param node: 根结点
        '''
        # 如果根结点的左子树为空，由二叉搜索树的性质可知，根结点的右子树的数值都大于根结
点，因此根结点的数值最小
        if node.left == None:
            return node.val
        # 如果根结点的左子树不为空，数值最小的结点一定在根结点的左子树中
        # 用指针 cur 指向根结点的左孩子结点
        cur = node.left
        # 如果当前结点的左子树不为空，cur 指针不断更新，即不断指向当前结点的左子树
        while cur.left != None:
            cur = cur.left
        # 如果当前结点的左子树为空，即当前结点为二叉搜索中结点数值最小的结点
        return cur.val

    def getMaxNode(self, node):
        '''
        获取二叉树中数值最大的结点
        :param node: 根结点
        '''
        # 如果当前结点的右子树为空，即根结点数值最大
        if node.right == None:
            return node.val
        # 如果当前结点的右子树不为空，创建 cur 指针指向根结点的右孩子结点
        cur = node.right
        # 直至当前结点的右子树为空，即当前结点是二叉搜索树中的最大数值结点
        while cur.right != None:
            cur = cur.right
        return cur.val

    def preorder_iterator(self, node):
        '''
        先序遍历
        :param node: 二叉树的根结点
        '''
        if node != None:
```

```
                print(node.val, end=" ")
                self.preorder_iterator(node.left)
                self.preorder_iterator(node.right)

        def inorder_iterator(self, node):
            '''
            中序遍历
            :param node: 二叉树的根结点
            '''
            if node != None:
                self.inorder_iterator(node.left)
                print(node.val,end = " ")
                self.inorder_iterator(node.right)

        def postorder_iterator(self, root):
            '''
            后序遍历
            :param node: 二叉树的根结点
            '''
            if root != None:
                self.postorder_iterator(root.left)
                self.postorder_iterator(root.right)
                print(root.val,end=" ")

if __name__ == '__main__':
    bstree = BinarySortTree()
    temp = [53, 78, 65, 17, 87, 9, 81, 15]
    # 插入结点
    for i in temp:
        bstree.insert(i)

    print("先序遍历：",end="")
    bstree.preorder_iterator(bstree.root)
    print()
    print("中序遍历：",end="")
    bstree.inorder_iterator(bstree.root)
    print()
    print("后序遍历：",end="")
    bstree.postorder_iterator(bstree.root)
    print()
```

例 9-2　将新结点 28 插入二叉排序树的过程如图 9-3 所示。

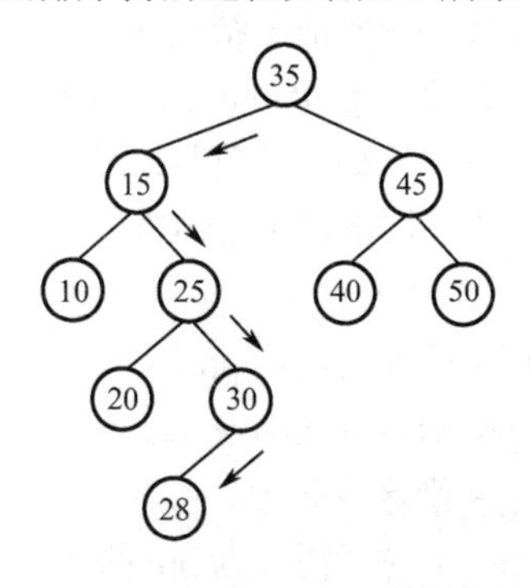

图 9-3　插入新结点 28 的过程

从上述示例可以发现，二叉排序树的插入操作的时间复杂度与该树的高度有关，因此平均时间复杂度为 $O(\log_2 n)$。

9.1.2 二叉排序树的删除

从二叉排序树中删除一个结点，不能把以该结点为根的子树都删去，只能删掉该结点，并且保证删除后所得的二叉树仍然满足二叉排序树的性质不变。

二叉排序树的删除结点的算法思想：

（1）若删除的结点不在二叉排序树中，则不做任何操作；

（2）否则，假设要删除的结点为 target，结点 target 的双亲结点为 targetParent，并假设结点 target 是结点 targetParent 的左孩子结点（右孩子结点的情况类似），分以下三种情况讨论。

情况 1：若结点 target 为叶子结点，则可直接删除。

例 9-3 在图 9-4 所示的二叉排序树中删除结点 9。

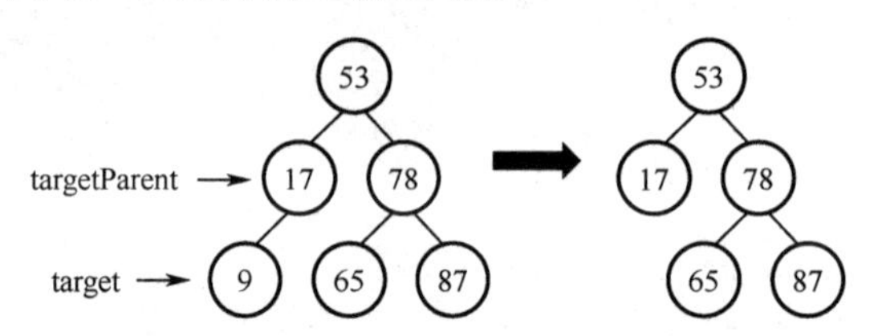

图 9-4 若结点 target 为叶子结点，则可直接删除

情况 2：若结点 target 只有左子树（或只有右子树），可将结点 target 的左子树（或右子树）直接改为其双亲结点 targetParent 的左子树。

例 9-4 在图 9-5 所示的二叉排序树中删除结点 17。

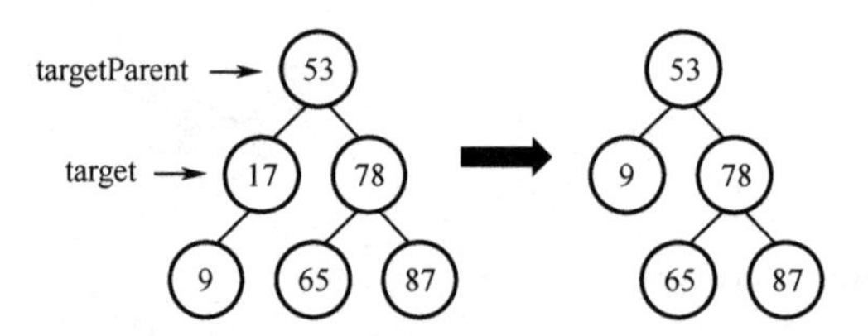

图 9-5 若结点 target 只有左子树，则直接改为其双亲结点 targetParent 的左子树

情况 3：结点 target 既有左子树，又有右子树。

方法 1：

① 找到结点 target 结点在中序序列中的前驱结点 pre；

② 将结点 target 的左子树改为结点 targetParent 的左子树；

③ 将结点 target 的右子树改为中序序列中的前驱结点 pre 的右子树。

例 9-5 在图 9-6 所示的二叉排序树中删除结点 17。

方法 2：

① 找到结点 target 在中序序列中的前驱结点 pre；

② 用中序序列中的前驱结点 pre 的值替代结点 target 的值；

③ 将中序序列中的前驱结点 pre 删除；

④ 原中序序列中的前驱结点 pre 的左子树改为 pre 的双亲结点的右子树。

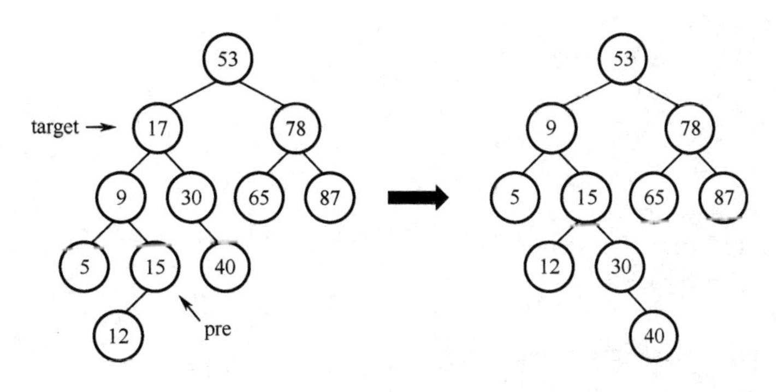

图 9-6　结点 target 既有左子树又有右子树的删除结点方法 1

例 9-6　在图 9-7 所示的二叉排序树中删除结点 17。

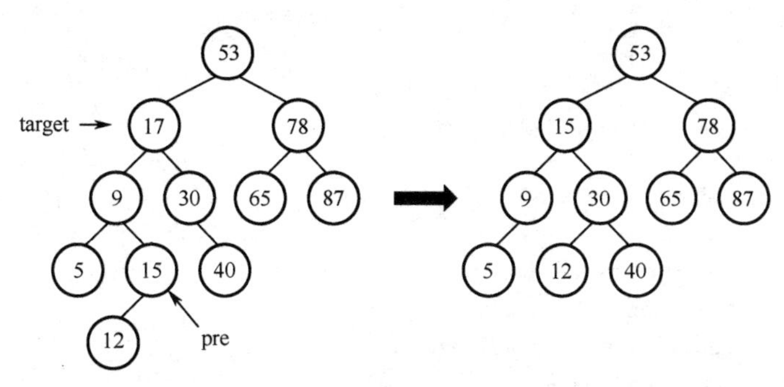

图 9-7　结点 target 既有左子树又有右子树的删除结点方法 2

代码如下。

```
def delete(self, key):
    # 如果根结点为空，算法结束
    if self.root == None:
        return
    # target 指向根结点
    target = self.root
    # targetParent 指向 target 的双亲结点
    targetParent = None
    # 从树根开始逐层向下查找待删除的数值为 key 的结点
    while target != None:
        # 找到对应结点则退出循环
        if key == target.val:
            break
        # 在左子树中继续查找
        elif key < target.val:
            targetParent = target
            target = target.left
        # 在右子树中继续查找
        else:
            targetParent = target
            target = target.right
    # 没有找到待删除的结点，算法结束
    if target == None:
        return
```

```
# 分三种情况讨论删除已查到的 target 结点
# target 结点为叶子结点
if target.left == None and target.right == None:
    if target == self.root:
        self.root = None
    elif targetParent.left == target:
        targetParent.left = None
    else:
        targetParent.right = None

# 单分支结点
elif target.left == None or target.right == None:
    # 根结点
    if target == self.root:
        if target.left == None:
            self.root = target.right
        else:
            self.root = target.left
    # 对于非根结点
    elif targetParent.left == target and target.left == None:
        targetParent.left = target.right
    elif targetParent.left == target and target.right == None:
        targetParent.left = target.left
    elif targetParent.right == target and target.left == None:
        targetParent.right = target.right
    elif targetParent.right == target and target.right == None:
        targetParent.right = target.left

# 双分支结点
elif target.left != None and target.right != None:
    nodeDel = target
    pre = target.left
    # 沿着左孩子结点的右子树查找其中序前驱结点
    while pre.right != None:
        nodeDel = pre
        pre = pre.right
    # 将中序前驱结点 pre 的值赋给 target 所指向的结点
    target.val = pre.val
    # 删除右子树为空的结点，使它的左子树链接到它所在的链接位置
    # 对 target 所指向的结点的中序前驱结点是 target 的左孩子结点的情况进行处理
    if nodeDel == target:
        target.left = pre.left
    # 对 target 的中序前驱结点为其左孩子结点的右子树的情况进行处理
    else:
        nodeDel.right = pre.left
```

9.1.3 二叉排序树的查找

二叉排序树的查找就是根据二叉排序树的特点，从根结点开始查找，如果某结点大于根结点，

则在根结点的右子树中查找；如果某结点小于根结点，则在根结点的左子树中查找。如果查找到空结点，则认为查找失败；否则，查找成功。

二叉排序树的查找结点的基本思想：将待查关键字 key 与根结点关键字 val 进行比较，如果：

（1）key = val，则返回根结点地址；

（2）key < val，则进一步查找左子树；

（3）key > val，则进一步查找右子树。

代码如下。

```
def contains(self, key):
    if self.root == None:
        return False
    cur = self.root
    while cur != None:
    # 如果 key 等于 cur 指针指向的结点的数值
        if key == cur.val:
            return True
        # 如果 key 大于 cur 指针指向的结点的数值
        elif key > cur.val:
            # 将 cur 指针指向原本结点的右孩子结点
            cur = cur.right
        # 如果 key 小于 cur 指针指向的结点的数值
        else:
            # 将 cur 指针指向原本结点的左孩子结点
            cur = cur.left
    # 查找失败返回 False
    return False
```

例 9-7　在图 9-8 所示的二叉排序树中查找结点 28。

例 9-8　在图 9-9 所示的二叉排序树中查找结点 45。

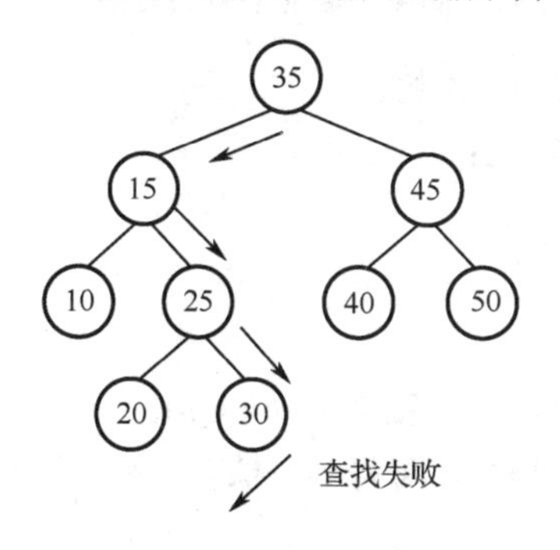

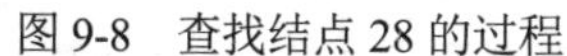
图 9-8　查找结点 28 的过程

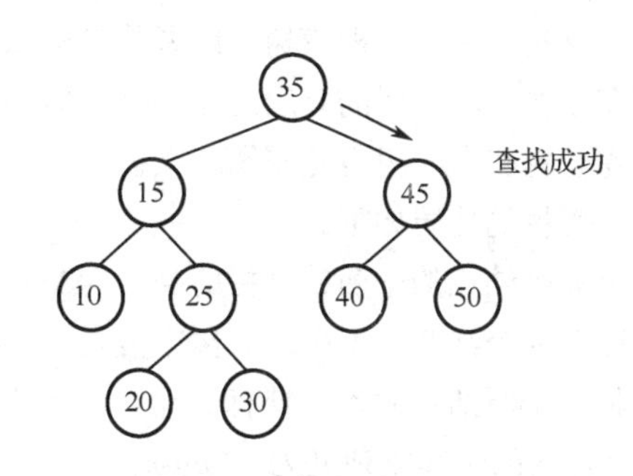

图 9-9　查找结点 45 的过程

二叉排序树的查找结点的平均查找长度（ASL）计算如下。

（1）若查找成功，则是从根结点出发走的一条从根结点到待查结点的路径；

（2）若查找不成功，则是从根结点出发走的一条从根结点到某个叶子结点的路径。

因此，二叉排序树的查找与折半查找的过程类似，查找长度与树的高度有关。我们可以分析得出，最坏情况是二叉排序树由一个有序表的 n 个结点依次插入生成，由此得到一棵高度为 n 的单支树，它的平均查找长度和单链表上的顺序查找相同，是 $\frac{n+1}{2}$；最好情况是得到一棵形态与二分查找的判定树相似的二叉排序树，此时它的平均查找长度大约是 $\log_2 n$ 。

二叉排序树的查找与折半查找的区别是，折半查找对应的判定树是唯一的，而二叉排序树却不是；折半查找采用顺序存储结构，在插入、删除时，需移动大量元素，而二叉排序树则不需要。因此，控制二叉排序树的高度在比较低的状态，对查找比较有利。

9.2 平衡二叉树

二叉排序树可以用来查找结点，算法性能取决于树的形状，在最好的情况下，时间复杂度为 $O(\log_2 n)$；在最坏的情况下，二叉排序树的查找、插入和删除结点的效率都很低，为了解决这个问题，引入了平衡二叉树。

9.2.1 平衡二叉树的定义

平衡二叉树又称 AV 树，是一种二叉排序树，满足任何一个结点的左子树和右子树的高度差的绝对值不超过 1，如图 9-10 和图 9-11 所示。

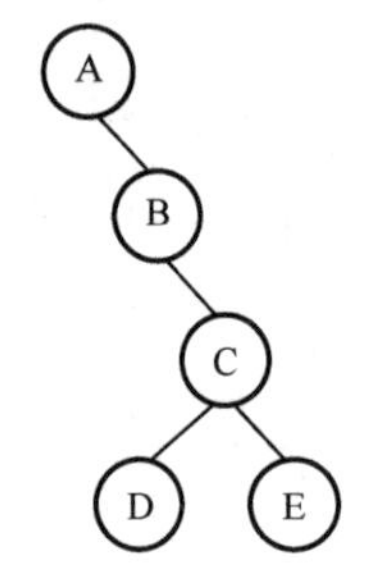

图 9-10　高度不平衡的二叉排序树

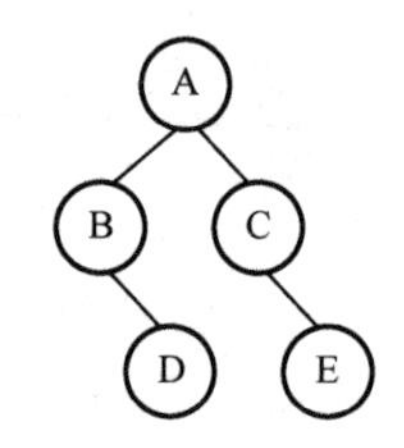

图 9-11　高度平衡的平衡二叉树

平衡二叉树或者是一棵空树，或者是具有如下性质的二叉树：

（1）左子树与右子树的高度之差的绝对值小于或等于 1；

（2）左子树和右子树也是平衡二叉树。

平衡二叉树的性质如下。

（1）有 n 个结点的平衡二叉树的高度为 $\log_2 n$；

（2）在有 n 个结点的平衡二叉树中搜索一个结点的时间复杂度为 $O(\log_2 n)$；

（3）将一个新结点插入一棵有 n 个结点的平衡二叉树中，可得到一棵有 $n+1$ 个结点的平衡二叉树，且插入的时间复杂度为 $O(\log_2 n)$；

（4）从一棵有 n 个结点的平衡二叉树删除一个结点，可得到一棵有 $n-1$ 个结点的平衡二叉树，且删除的时间复杂度为 $O(\log_2 n)$。

还有一个重要的概念：结点的平衡因子（BF）。其定义为结点左子树高度与右子树高度之差。平衡二叉树任一结点的平衡因子只能取-1、0 和 1。如果一个结点的平衡因子的绝对值大于 1，则这棵二叉排序树就失去了平衡，不再是平衡二叉树。

例 9-9　写出图 9-12 所示二叉树各结点的平衡因子（左子树的高度-右子树的高度）。

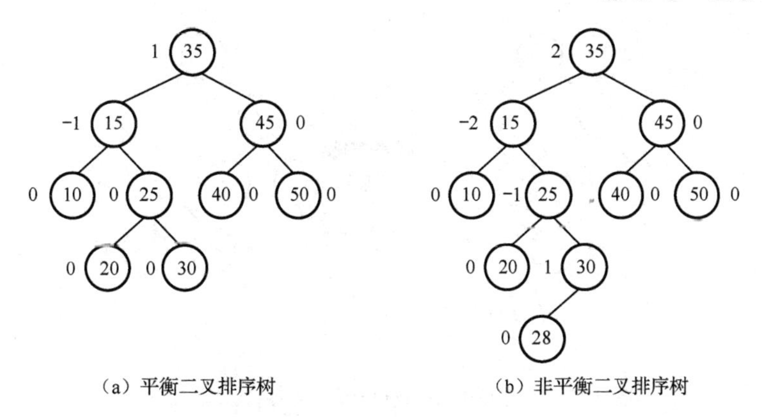

（a）平衡二叉排序树　　（b）非平衡二叉排序树

图 9-12　计算平衡因子

9.2.2 平衡二叉树的平衡化旋转

如果在一棵平衡二叉树中插入一个新结点，就造成了不平衡。此时必须调整树的结构，使之平衡。

平衡化旋转包括两类：单旋转（LL 旋转和 RR 旋转）和双旋转（LR 旋转和 RL 旋转）。

例 9-10　输入关键字序列为(16, 3, 7, 11, 9, 26, 18, 14, 15)，从空树开始创建平衡二叉树的过程如图 9-13 所示。

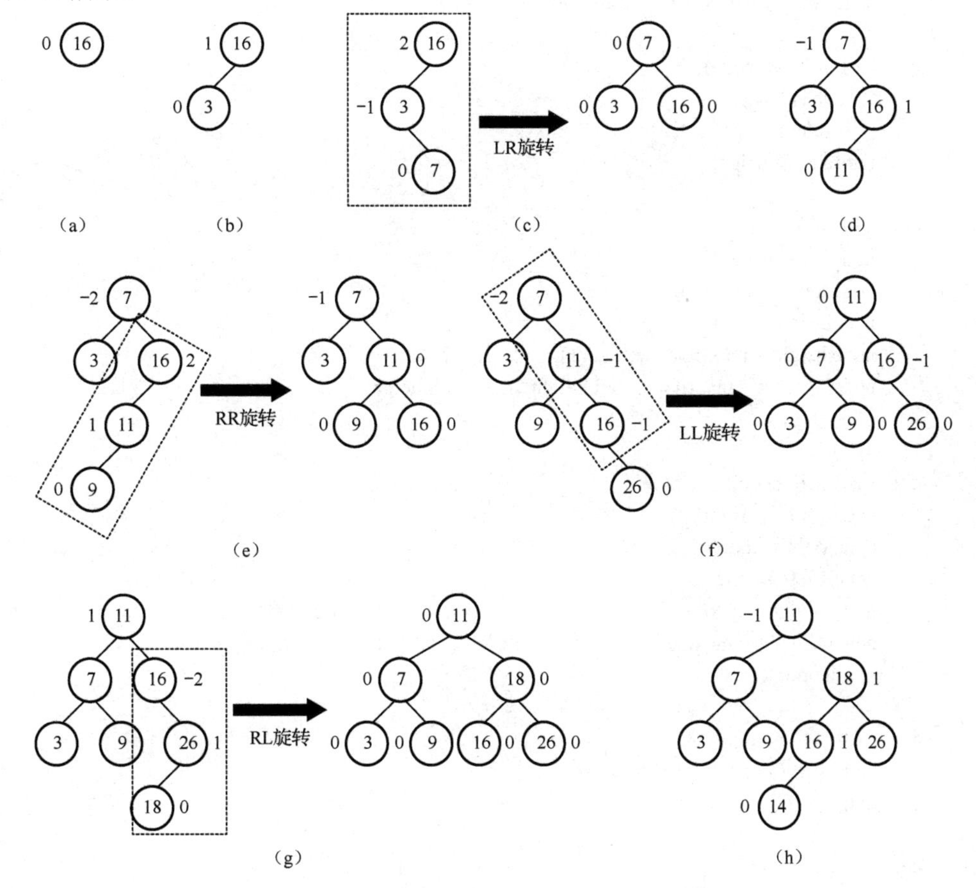

图 9-13　从空树开始创建平衡二叉树的过程

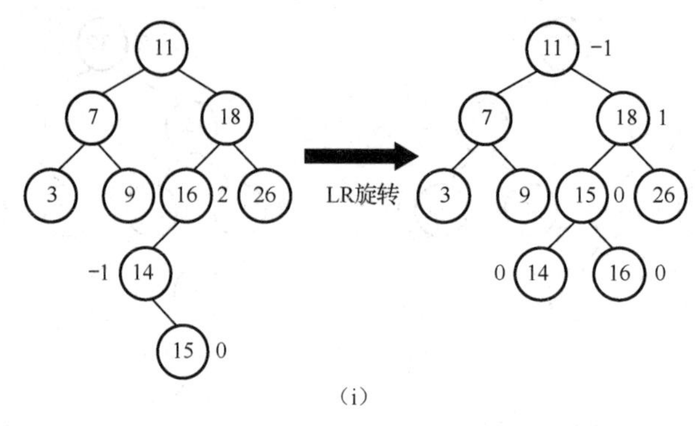

图 9-13　从空树开始创建平衡二叉树的过程（续）

代码如下。

```
class Node(object):
    def __init__(self, data):
        self.data = data
        self.left = None
        self.right = None
        self.height = None

class AVLTree(object):
    def __init__(self):
        self.root = None

    def __height(self, node):
        if node is None:
            return 0
        return node.height

    def __LL(self, node):
        nodeL = node.left
        node.left = nodeL.right
        nodeL.right = node
        node.height = max(node.left.height, node.right.height)+1
        nodeL.height = max(nodeL.left.height, node.right.height)+1
        return nodeL

    def __RR(self, node):
        nodeR = node.right
        node.right = nodeR.left
        nodeR.left = node
        node.height = max(self.__height(node.left), self.__height(node.right))+1
        nodeR.height = max(self.__height(nodeR.left), self.__height(nodeR.right))+1
        return nodeR

    def __LR(self, node):
        node.left = self.__RR(node.left)
        return self.__LL(node)

    def __RL(self, node):
        node.right = self.__LL(node.right)
```

```
        return self.__RR(node)

    def __findMin(self, node):
        if not node:
            return None
        elif not node.left:
            return node
        return self.__findMin(node.left)

    def __insert(self, data, node):
        if node is None:
            node = Node(data)
        cmp = data - node.data

        if cmp < 0:
            node.left = self.__insert(data, node.left)

            if self.__height(node.left) - self.__height(node.right) == 2:
                if data - node.left.data < 0:
                    node = self.__LL(node)
                else:
                    node = self.__LR(node)
        elif cmp > 0:
            node.right = self.__insert(data, node.right)

            if self.__height(node.right) - self.__height(node.left) == 2:
                if data - node.right.data < 0:
                    node = self.__RL(node)
                else:
                    node = self.__RR(node)

        node.height = max(self.__height(node.left), self.__height(node.right))+1
        return node

    def __remove(self, data, node):
        if not node:
            return None
        cmp = data - node.data

        if cmp < 0:  # 从左子树中删除元素
            node.left = self.__remove(data, node.left)
            if self.__height(node.right) - self.__height(node.left) == 2:
                currentNode = node.right
                if self.__height(currentNode.left) > self.__height(currentNode.right):
                    node = self.__RL(node)
                else:
                    node = self.__RR(node)

        elif cmp > 0:
            node.right = self.__remove(data, node.right)
            if self.__height(node.left) - self.__height(node.right) == 2:
                currentNode = node.left
```

```
                if self.__height(currentNode.left) > self.__height(currentNode.right):
                    node = self.__LL(node)
                else:
                    node = self.__LR(node)

        elif node.right and node.left:
            node.data = self.__findMin(node.right).data
            node.right = self.__remove(node.data, node.right)
        else:
            if node.left:
                node = node.left
            else:
                node = node.right

        if node:
            node.height = max(self.__height(node.left), self.__height(node.right)) + 1

        return node


    def preorder_iterator(self, node):
            '''
            先序遍历
            :param node:  二叉树的根结点
            '''
            if node != None:
                print(node.data, end=" ")
                self.preorder_iterator(node.left)
                self.preorder_iterator(node.right)

    def inorder_iterator(self, node):
        '''
        中序遍历
        :param node:  二叉树的根结点
        '''
        if node != None:
            self.inorder_iterator(node.left)
            print(node.data, end=" ")
            self.inorder_iterator(node.right)

    def postorder_iterator(self, root):
        '''
        后序遍历
        :param node:  二叉树的根结点
        '''
        if root != None:
            self.postorder_iterator(root.left)
            self.postorder_iterator(root.right)
            print(root.data, end=" ")

if __name__ == '__main__':
    avltree = AVLTree()
```

```
temp = [16, 3, 7, 11, 9, 26, 18, 14, 15]
# 插入结点
node = None
count = 0
for i in temp:
    temp = avltree._AVLTree__insert(i, node)
    if count == 0:
        root = temp # 存储一个头结点
        count += 1
    node = temp
print("先序遍历:", end="")
avltree.preorder_iterator(root)
print()
print("中序遍历:", end="")
avltree.inorder_iterator(root)
print()
print("后序遍历:", end="")
avltree.postorder_iterator(root)
print()

print("删除最小结点：")
minNode = avltree._AVLTree__findMin(root)
avltree._AVLTree__remove(minNode.data, root)
print("先序遍历:", end="")
avltree.preorder_iterator(root)
print()
print("中序遍历:", end="")
avltree.inorder_iterator(root)
print()
print("后序遍历:", end="")
avltree.postorder_iterator(root)
print()
```

9.3　B树

B树是为磁盘或其他外存设备设计的一种多叉平衡查找树，因此也称多路平衡查找树。在读取外存文件时，许多数据库系统都使用B树或者B树的各种变形结构，如B+树、B*树。

一棵 m 阶的B树（注意 m 阶的树并不是简单的有 m 个叉树）或者是一棵空树，或者在定义中满足以下要求（如图9-14所示）：

（1）树中每个结点最多有 m 棵子树（$m \geqslant 2$）；

（2）根结点至少有两个子结点（空树除外）；

（3）除根结点外，结点中关键字的个数取值范围为$(m/2)-1$到$m-1$（$m/2$向上取整）；

（4）所有叶子结点都在同一层；

（5）除根结点和叶子结点外，如果结点有 k-1 个关键字，这个结点就有 k 个子结点，关键字按递增顺序排列。

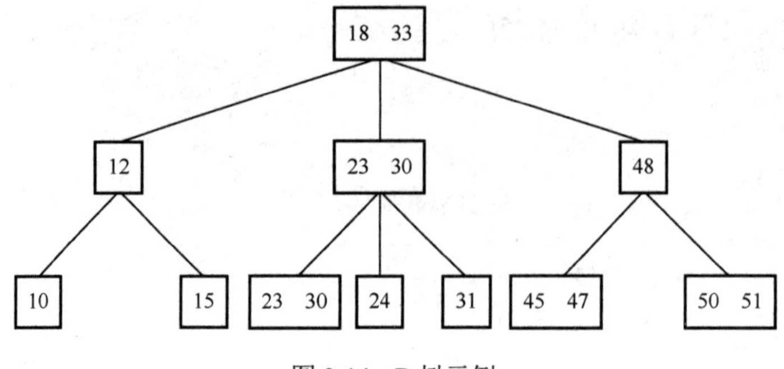

图 9-14　B 树示例

9.3.1 B 树的查找

在 B 树中查找元素主要分为以下两步。

（1）把根结点读出来，在根结点所包含的关键字 $k_1, k_2, \cdots, k_j$ 中查找给定的关键字（当结点包含的关键字不多时可用顺序查找；当结点包含的关键字较多时可用折半查找），找到则查找成功；

（2）否则，确定要查找的关键字的大小范围，根据指针指向的子结点，在子结点中继续查找；如果查找到叶子结点仍未找到，表示查找失败。

例 9-11　在图 9-15 的 B 树中查找值 31。

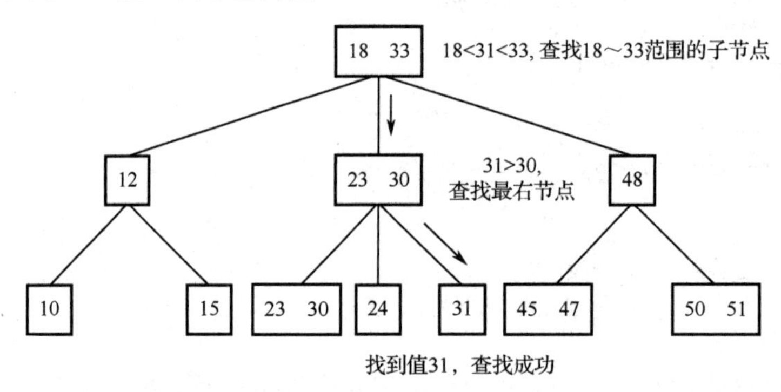

图 9-15　在 B 树中查找值 31 的过程

9.3.2 B 树的插入

在 B 树中插入元素时，要先确定此元素在 B 树中是否存在，如果不存在则在合适位置插入，否则不能插入，因为 B 树中不允许有重复值。在插入时，如果要插入的结点空间足够，即结点中的关键字数量没有达到最大，则可顺利插入。

例 9-12　在图 9-16 的 B 树中插入元素 11，结果如图 9-17 所示。

如果要插入的结点空间不足，则将结点“分裂”，将一半数量的关键字分裂到新的相邻右结点中，中间关键字则上移到双亲结点中（如果双亲结点空间也不足，则需要继续“分裂”），同时若结点中关键字向右移动，相关的指针也需要向右移动。

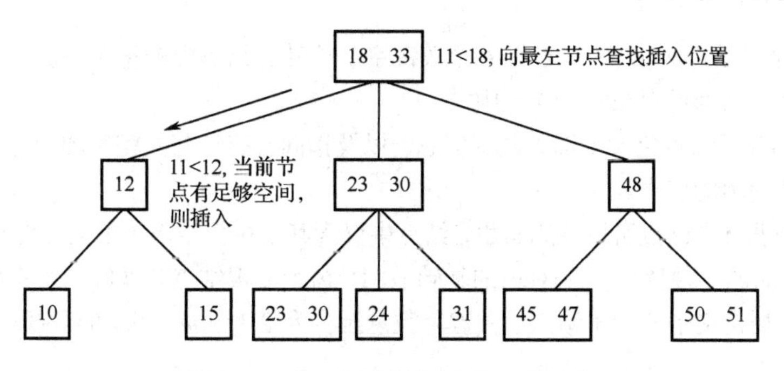

图 9-16　在 B 树中插入元素 11 的过程

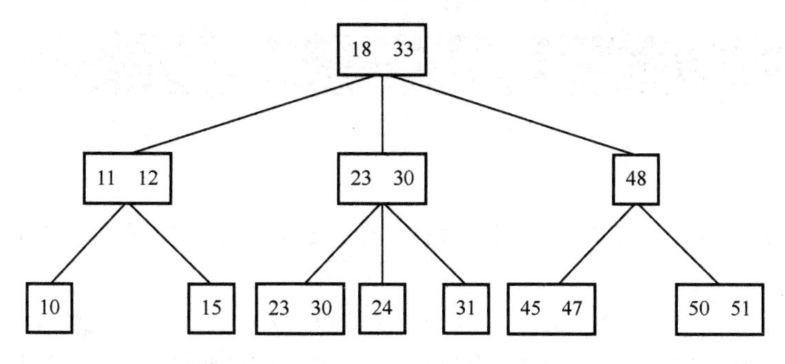

图 9-17　在 B 树中插入元素 11 的结果

例 9-13　在图 9-18 的 B 树中插入元素 54，结果如图 9-19 所示。

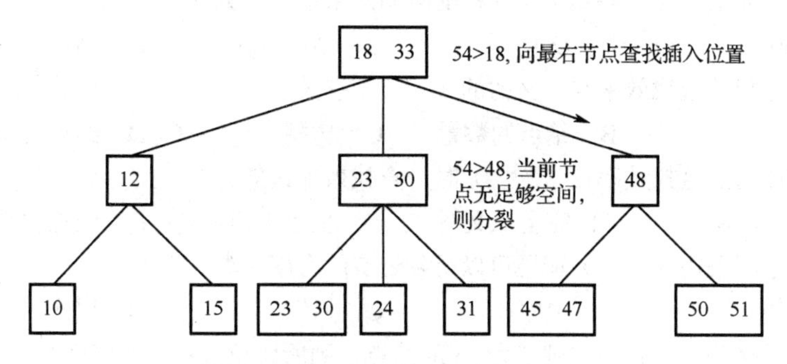

图 9-18　在 B 树中插入元素 54 的过程

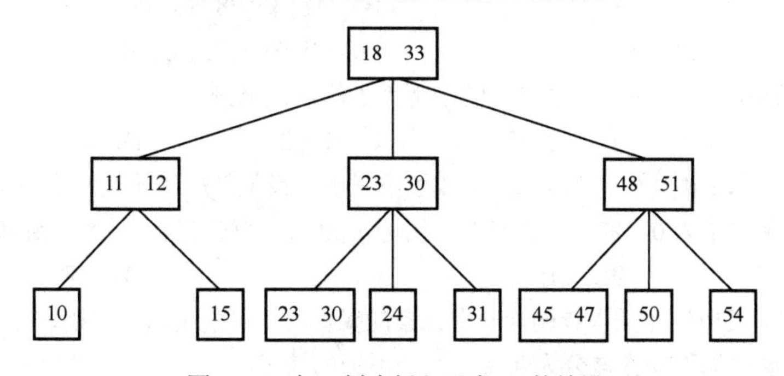

图 9-19　在 B 树中插入元素 54 的结果

9.3.3　B+树和 B*树

B+树是 B 树的一种变形。一棵 *m* 阶的 B+树与一棵 *m* 阶的 B 树的差异有如下几点。

（1）有 k 个子结点的 B+树中含有 k 个关键字，非叶子结点中的每个关键字不保存数据，只用来索引，所有数据都保存在叶子结点中。

（2）所有的叶子结点包含全部关键字信息，以及指向含有这些关键字的指针，且叶子结点本身是依关键字值递增的链表。

（3）所有的非终端结点可以视为索引，结点中仅含其子树根结点中最大（或最小）的关键字。

B*树是 B+树的一种变形。在 B+树的基础上，B*树为非根结点和非叶子结点增加了指向兄弟结点的指针。B*树定义了非叶子结点的关键字数量至少为$(2/3) \times m$，即块的最低使用率为 2/3（B+树的使用率为 1/2）。

9.4 本章习题

一、选择题

1．在具有 n 个结点的二叉排序树中查找一个元素时，在平均情况下的时间复杂度大致为（　　）。

A．$O(n)$　　B．$O(1)$　　C．$O(\log_2 n)$　　D．$O(n^2)$

2．在具有 n 个结点的二叉排序树中查找一个元素时，在最坏情况下的时间复杂度为（　　）。

A．$O(n)$　　B．$O(1)$　　C．$O(\log_2 n)$　　D．$O(n^2)$

3．根据 n 个元素建立一棵二叉排序树的时间复杂度大致为（　　）。

A．$O(n)$　　B．$O(1)$　　C．$O(n\log_2 n)$　　D．$O(n^2)$

4．二叉排序树的查找效率与二叉树的（　　）有关。

A．高度　　B．结点的数量　　C．树型　　D．结点的位置

5．二叉排序树的查找效率在（　　）时，查找效率最低。

A．结点太多　　B．完全二叉树　　C．呈单支树　　D．结点太复杂

6．二叉排序树采用（　　）遍历可以得到结点的有序序列。

A．先序　　B．中序　　C．后序　　D．层次

7．若在二叉排序树上查找关键字为 35 的结点，则所比较关键字的序列有可能是（　　）。

A．(46, 36, 18, 28, 35)　　B．(18, 36, 28, 46, 35)

C．(46, 28, 18, 36, 35)　　D．(28, 36, 18, 46, 35)

8．在一棵平衡二叉树中，每个结点的平衡因子的取值范围是（　　）。

A．−1～1　　B．−2～2　　C．1～2　　D．0～1

9．在平衡二叉树中插入一个结点后造成了不平衡，设最低的不平衡结点为 A，并已知 A 的左孩子结点的平衡因子为 0，右孩子结点的平衡因子为 1，则应进行（　　）旋转以使其平衡。

A．LL　　B．LR　　C．RL　　D．RR

10．对平衡二叉树进行插入或删除一个元素的操作时，可能引起不平衡，需要对其进行调整操作，以恢复平衡，调整操作被分为（　　）种不同的情况。

A．2　　B．3　　C．4　　D．5

二、填空题

1．在一棵二叉排序树中，每个分支结点的左子树上所有结点的值一定________该结点的值，右子树上所有结点的值一定________该结点的值。

2．在一棵二叉排序树中查找一个元素时，若元素的值等于根结点的值，则表明________；若元素的值小于根结点的值，则继续向________查找；若元素的值大于根结点的值，则继续向________查找。

3．从空树开始，依次插入元素 52,26,14,32,71,60,93,58,24,41，构成一棵二叉排序树，在该树中查找元素 60 要进行比较的次数为________。

4．平衡因子的定义是________。

5．具有 5 层结点的平衡二叉树至少有________个结点。

第 10 章

基于树的排序算法

基于树的排序算法主要利用树结构的特性。树是一种非线性的数据结构，可以高效地进行查找、插入、删除等操作。基于树的排序算法通常先将待排序的数据转化为树结构的，再在树结构上进行排序。由于树结构可以高效地处理大量数据，因此基于树的排序算法在处理大规模数据时具有很大的优势。

10.1 选择排序

选择排序（selection sort）的基本思想是从待排序的序列中选出最大值（或最小值），交换该元素与待排序序列的头部元素，对剩下的元素重复操作，直到所有待排序的元素排序完毕为止。

10.1.1 简单选择排序

简单选择排序的算法思想：第 i 趟简单选择排序是指通过 $n-i$ 次关键字的比较，从 $n-i+1$ 个元素中选出关键字最小的元素，并和第 i 个元素交换。共需进行 $i-1$ 趟比较，直到所有元素排序完成为止。

例 10-1 对以下数据进行简单选择排序：

	84	62	35	77	55	14	35	98
第一次：	(14)	62	35	77	55	84	35	98
第二次：	(14	35)	62	77	55	84	35	98
第三次：	(14	35	35)	77	55	84	62	98
第四次：	(14	35	35	55)	77	84	62	98
第五次：	(14	35	35	55	62)	84	77	98
第六次：	(14	35	35	55	62	77)	84	98
第七次：	(14	35	35	55	62	77	84)	98
第八次：	(14	35	35	55	62	77	84	98)

代码如下。

```
class SelectSort(object):
    def __init__(self, items):
        # 待排序的序列
        self.items = items
```

```
    def selectSort(self):
        '''
        :Desc
            简单选择排序
        '''
        # n 轮排序
        for i in range(len(self.items)):
            # 待交换的元素
            index = i
            # 在未排序的序列中选取最小的元素
            for j in range(i+1, len(self.items)):
                if self.items[j] < self.items[index]:
                    index = j
            # 最小的元素不是待交换的元素，则两者交换
            if index != i:
                self.items[i], self.items[index] = self.items[index], self.items[i]


if __name__=='__main__':
    arr = [84, 62, 35, 77, 55, 14, 35, 98]
    select = SelectSort(arr)
    select.selectSort()
    print(arr)
```

在简单选择排序过程中，所需移动元素的次数比较少。最好情况下，即待排序序列初始状态已经是正序排列了，则不需要移动元素。而最坏情况下，待排序序列初始状态是按逆序排列的，则需要移动元素的次数最多为 $3(n-1)$，进行比较操作的时间复杂度为 $O(n^2)$。

10.1.2　树形选择排序

树形选择排序也称锦标赛排序。锦标赛的比赛过程：首先所有参加比赛的选手两两分组，每组产生一个胜利者；然后这些胜利者再两两分组进行比赛，每组产生一个胜利者；之后重复执行上一步骤，直到最后只有一个胜利者产生为止。示例如图 10-1 所示。

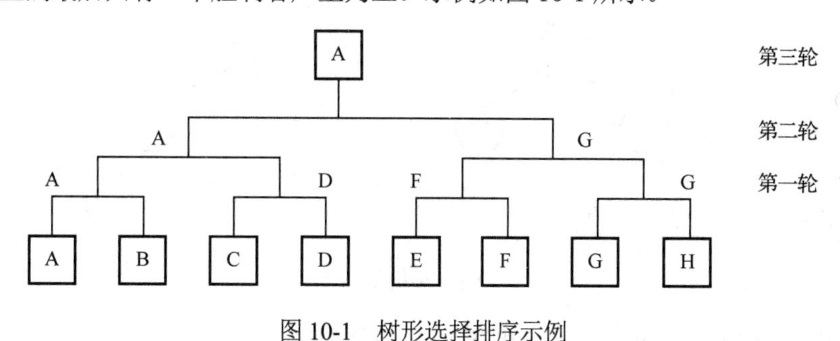

图 10-1　树形选择排序示例

例 10-2　从图 10-2 的底端序列中选出最小关键字 13 的过程。

在树形选择排序中，被选中的关键字都走了一条由叶子结点到根结点的比较的过程。由于含有 n 个叶子结点的完全二叉树的高度为 $\log_2 n+1$，则在树型选择排序中，每选择 1 个小关键字需要进行 $\log_2 n$ 次比较，因此其时间复杂度为 $O(n\log_2 n)$。因移动元素次数不超过比较次数，故总的算法时间复杂度为 $O(n\log_2 n)$。

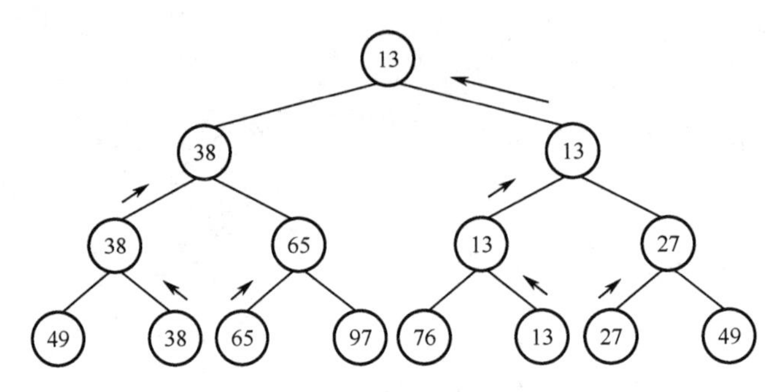

图 10-2　选出最小关键字 13 的过程

10.2　堆排序

堆排序是对树形选择排序的一种改进。

10.2.1　堆的定义

堆（Heap）是二叉树的一种，满足下列性质：

（1）堆是完全二叉树；

（2）堆中任意结点的值总是不大于或者不小于其双亲结点的值。

堆分为两种类型：小根堆和大根堆。

（1）小根堆（如图 10-3 所示）满足：

- 如果根结点存在左孩子结点，则根结点的值小于或等于左孩子结点的值；
- 如果根结点存在右孩子结点，则根结点的值小于或等于右孩子结点的值；
- 根结点的左右子树也是小根堆。

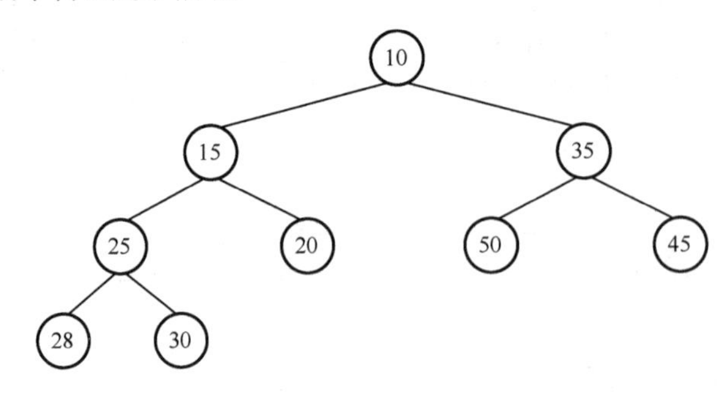

图 10-3　小根堆示例

（2）大根堆（如图 10-4 所示）满足的条件与小根堆相反：

- 如果根结点存在左孩子结点，则根结点的值大于或等于左孩子结点的值；
- 如果根结点存在右孩子结点，则根结点的值大于或等于右孩子结点的值；
- 根结点的左右子树也是大根堆。

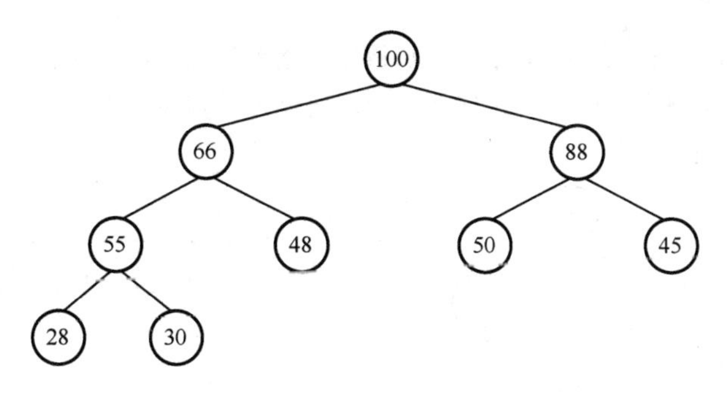

图 10-4　大根堆示例

10.2.2 堆的存储

回顾完全二叉树的存储形式，如图 10-5 所示。

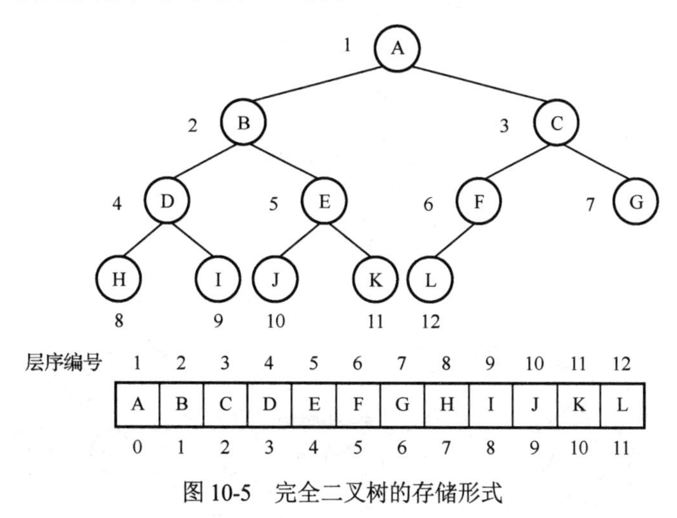

图 10-5　完全二叉树的存储形式

如果完全二叉树各层次结点从 1 开始编号，即 1, 2, 3, …, n，则有以下关系：

（1）仅当 $i=1$ 时，结点 i 为根结点；

（2）当 $i>1$ 时，结点 i 的双亲结点为 $i/2$；

（3）结点 i 的左孩子结点为 $2i$；

（4）结点 i 的右孩子结点为 $2i+1$。

因为堆是完全二叉树，所以堆常用顺序存储结构，如图 10-6 和图 10-7 所示。

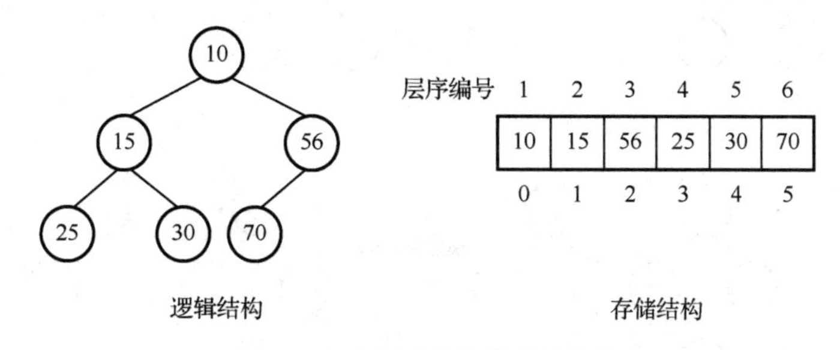

图 10-6　小根堆的顺序存储结构

以小根堆为例，当堆顶元素改变时，重建堆的方法是，首先将完全二叉树根结点中的元素移出，此时根结点相当于空结点。从空结点的左、右孩子结点中选出一个关键字较小的元素，如果该元素的关键字小于待调整元素的关键字，则将该元素上移至空结点中。此时，原来那个关键字较小的子结点相当于空结点。重复上述移动过程，直到空结点左、右孩子结点的关键字均不小于待调整元素的关键字为止。

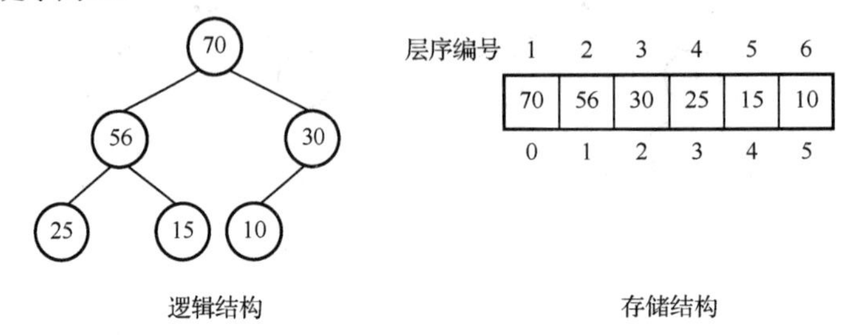

图 10-7　大根堆的顺序存储结构

上述调整方法相当于把待调整元素逐步向下“筛”，所以一般称为“筛选”法。

例 10-3　删除图 10-8（a）所示的树中的元素 10。

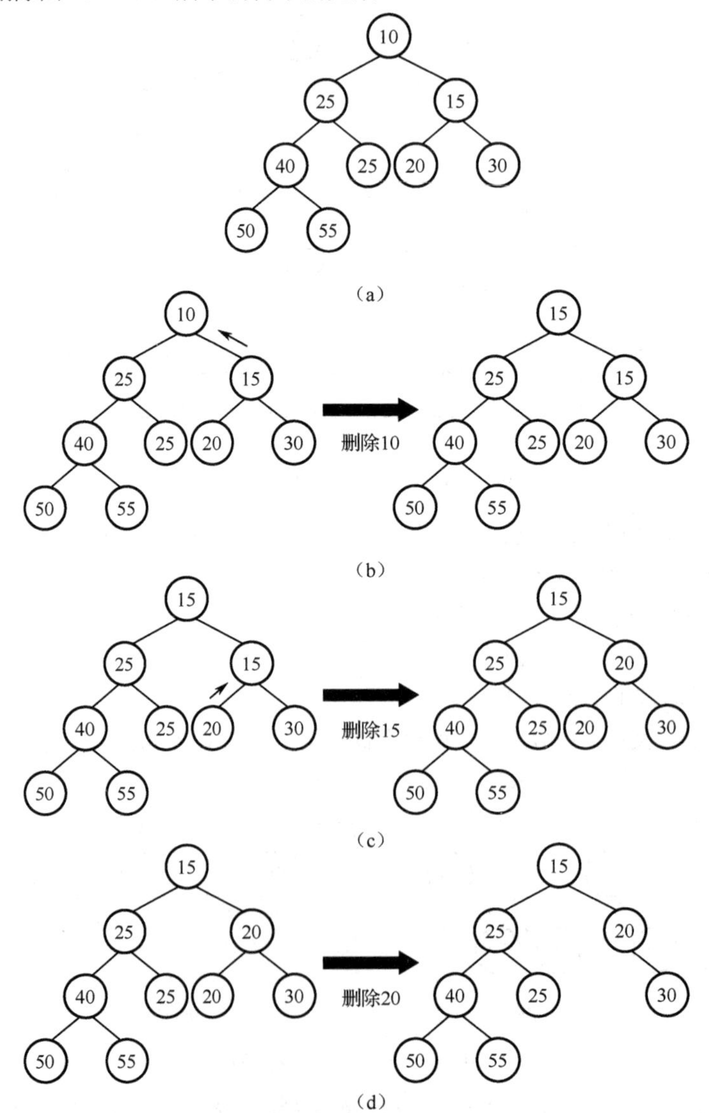

图 10-8　删除元素 10 的过程

例 10-4　在图 10-9（a）所示的堆中添加元素 9，需要自底向上逐步调整为小根堆。

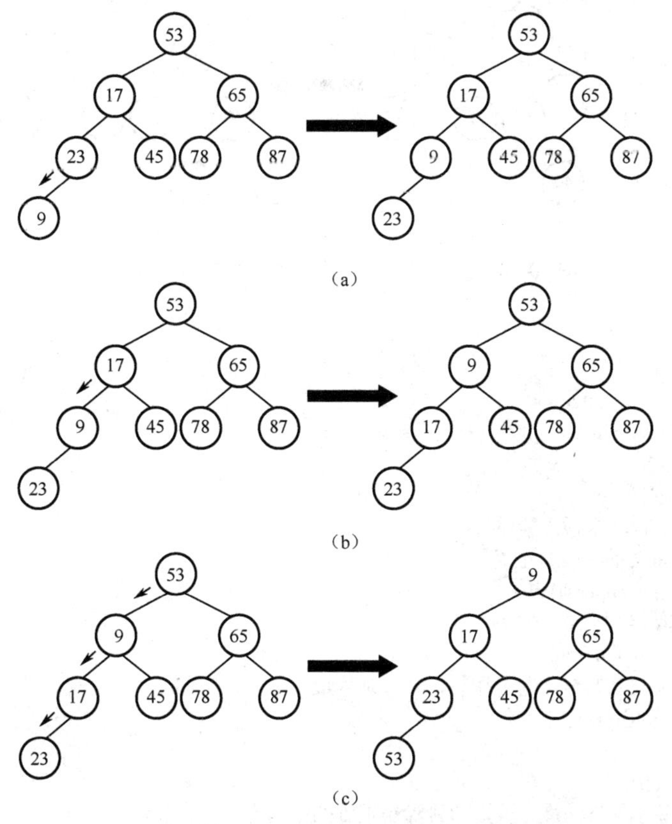

图 10-9　添加元素 9 的过程

由一个任意序列建初始堆的算法思想：一个任意序列可以看成对应的完全二叉树，由于叶子结点可以视为单元素的堆，因此可以反复利用“筛选”法，自底向上逐层把所有子树调整为堆，直到将整个完全二叉树调整为堆为止。

例 10-5　将序列(10, 25, 15, 40, 25, 20, 30, 50, 55)筛选为大根堆，如图 10-10 所示。

注意，先将序列调整成完全二叉树，再筛选为大根堆。

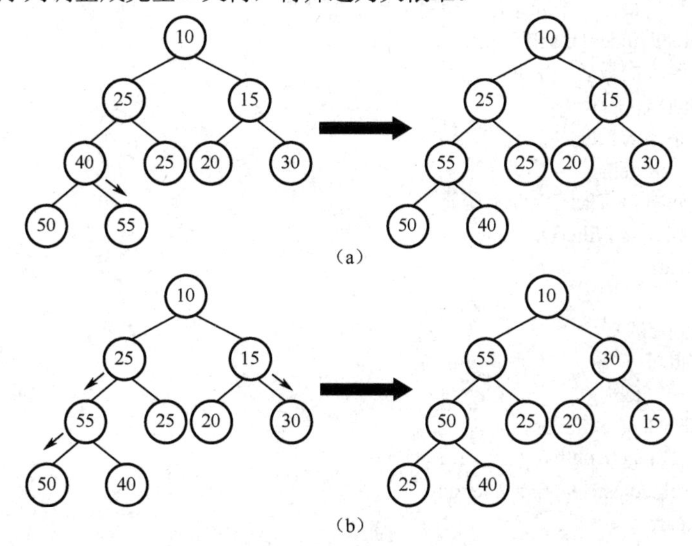

图 10-10　完全二叉树筛选为大根堆的过程

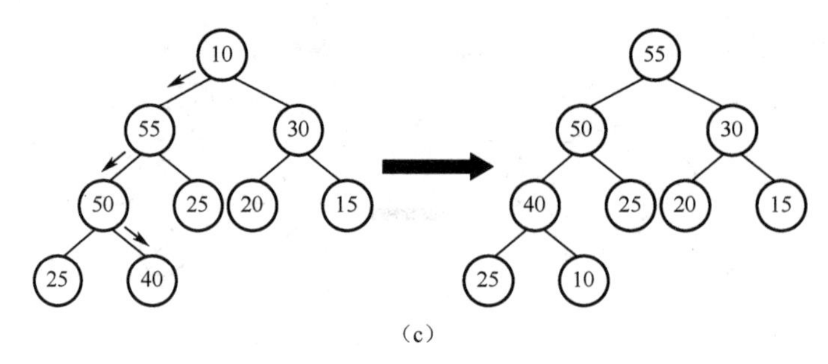

（c）

图 10-10　完全二叉树筛选为大根堆的过程（续）

代码如下。

```
class Heap:
    def __init__(self, items):
        self.items = items

    def insert(self, key):
        # 向小根堆中插入新结点
        # 在列表尾部添加元素
        self.items.append(key)
        # 获取堆的尾结点的下标值
        size = len(self.items) - 1
        # 对刚插入的结点向上调整，使堆顶为最小值
        return self.filterUp()

    def delete(self):
        # 删除小根堆的最小值，即删除小根堆的根结点
        # 如果堆为空
        if len(self.items) == 0:
            raise IndexError('空堆')
        # index 为根结点的下标值
        index = 0
        # 堆的长度
        size = len(self.items)
        # 将堆的最后一个元素的权值赋给堆的根结点
        self.items[index] = self.items[size - 1]
        # 删除堆的最后一个元素
        self.items.pop()
        # 如果堆的长度大于 1
        if len(self.items) > 1:
            # 将当前根结点向下调整
            arr = self.filterDown()
        return arr

    def filterUp(self):
        # 大根堆
        arr = self.items
        length = len(self.items)
        for i in range(length // 2 -1, -1, -1):
            self.adjustHeap(arr, i, length)
        return arr
```

```
    def filterDown(self):
        # 小根堆
        arr = self.items
        length = len(self.items)
        for i in range(0, length // 2):
            self.adjustHeap(arr, i, length)
        return arr

    def adjustHeap(self, arr, i, length):
        # 建立初始堆
        # 保存当前结点的列表下标值
        max = i
        # 保存左右孩子结点列表的下标值
        left = i * 2 + 1
        right = i * 2 + 2
        # 开始调整
        if left < length and arr[left] > arr[max]:
            max = left
        if right < length and arr[right] > arr[max]:
            max = right
        if max != i:
            temp = arr[i]
            arr[i] = arr[max]
            arr[max] = temp
            self.adjustHeap(arr, max, length)

if __name__ == '__main__':
    nums = [10, 25, 15, 40, 25, 20, 30, 50, 55]
    heap = Heap(nums)
    print("调整为大根堆:", heap.filterUp())
    print("调整为小根堆:", heap.filterDown())
    print("删除结点 10:", heap.delete())
    print("添加结点 9:" + heap.insert(9))
```

10.2.3 堆排序的思想

堆排序是指在排序过程中，将序列中存储的元素看成一棵完全二叉树，利用完全二叉树中双亲结点和孩子结点之间的内在关系来选择关键字最小的元素。

利用堆进行排序的方法如下：

（1）将待排序序列按照堆的定义建初始堆，并输出堆顶元素；

（2）调整剩余的元素，利用筛选法将前 $n-i$ 个元素重新筛选建成一个新堆，再输出堆顶元素；

（3）重复执行步骤（2）$n-1$ 次进行筛选，新筛选成的堆会越来越小，而新堆后面的有序关键字会越来越多，最后使待排序序列成为一个有序的序列。

例 10-6　利用小根堆进行排序，已知关键字序列(40, 55, 73, 12, 98, 27)。

步骤 1　将序列调整成为小根堆，如图 10-11 所示。

步骤 2　输出堆顶元素，并将剩余元素重新筛选为堆，重复此步骤，直至完成排序，如图 10-12 所示。

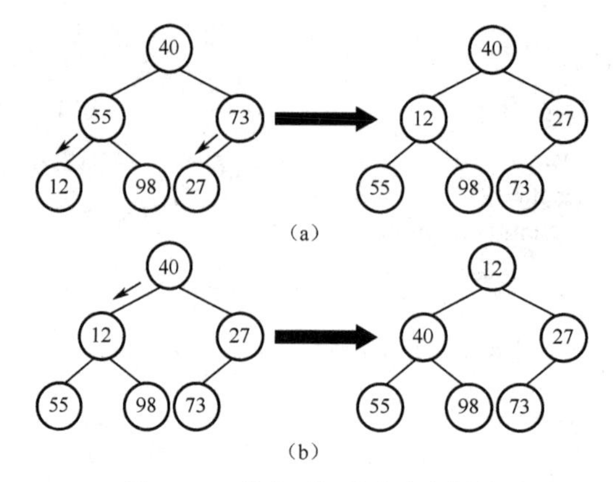

图 10-11　将序列调整成为小根堆

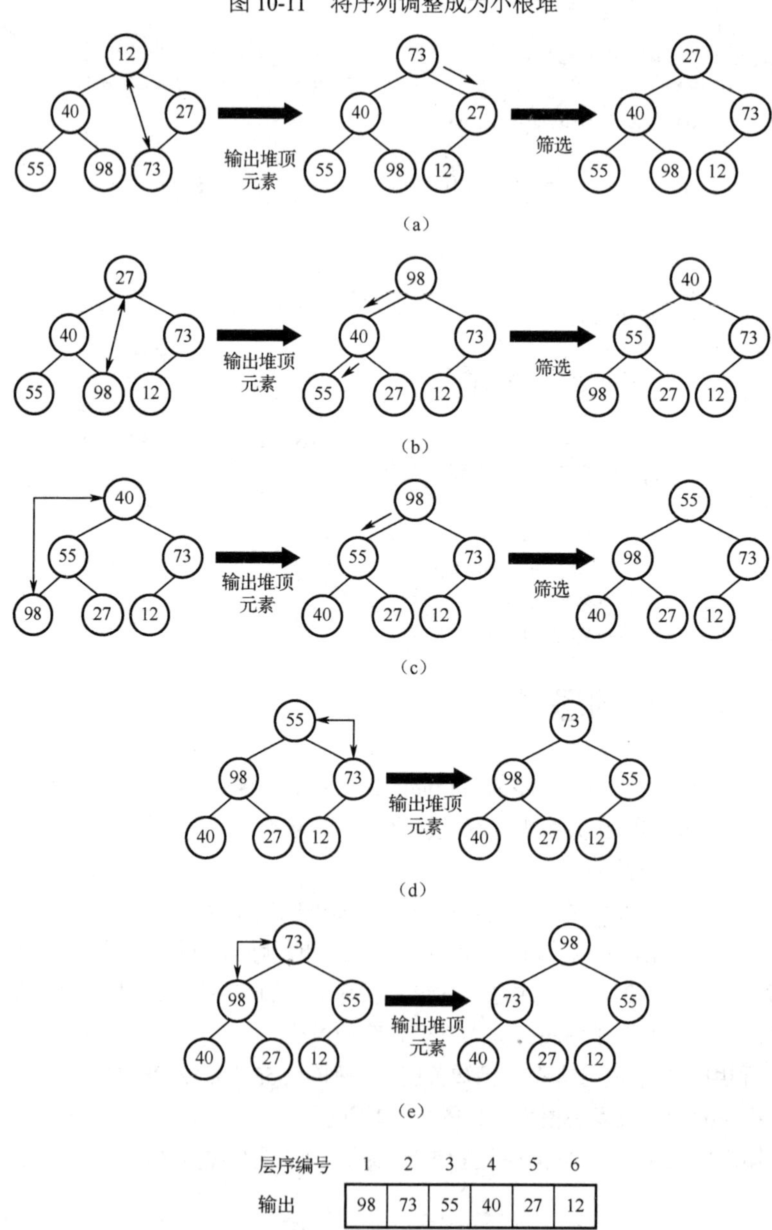

层序编号	1	2	3	4	5	6
输出	98	73	55	40	27	12

图 10-12　输出堆顶元素，并将剩余元素重新筛选为堆

例 10-7　利用大根堆进行排序，已知关键字序列(40, 55, 73, 12, 98, 27)。

步骤 1　将序列调整成为大根堆，如图 10-13 所示。

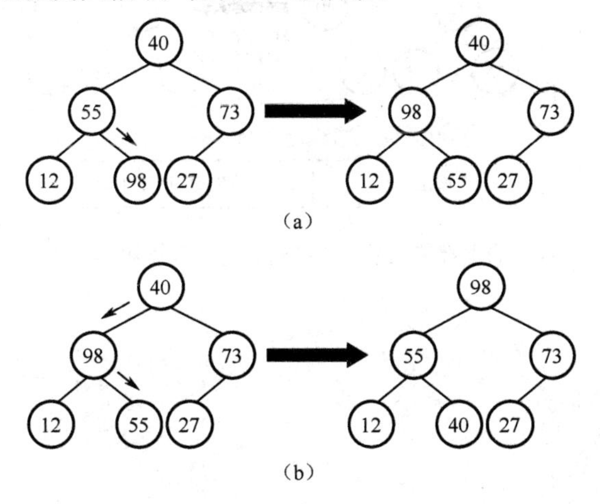

图 10-13　将序列调整成为大根堆

步骤 2　输出堆顶元素，并将剩余元素重新筛选为堆，重复此步骤，直至完成排序，如图 10-14 所示。

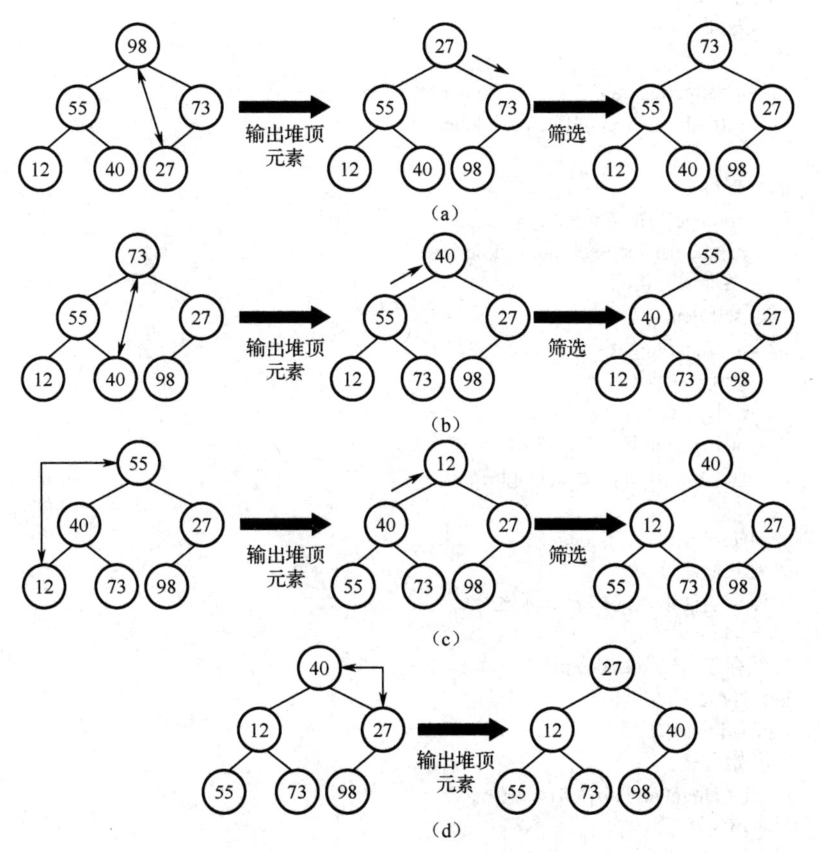

图 10-14　输出堆顶元素，并将剩余元素重新筛选为堆

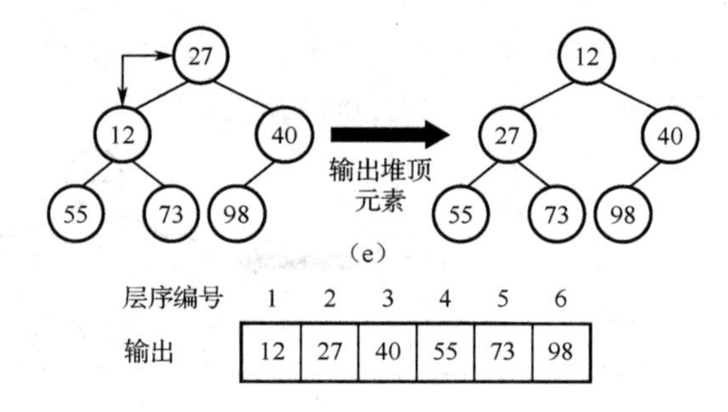

层序编号	1	2	3	4	5	6
输出	12	27	40	55	73	98

图 10-14　输出堆顶元素，并将剩余元素重新筛选为堆（续）

代码如下。

```
class HeapSort:
    def __init__(self, items):
        # 待排序的序列
        self.items = items

    def heapSort(self):
        # 堆排序
        # 建立初始堆
        lenght = len(self.items)
        # 大根堆
        '''
        for i in range(lenght // 2 - 1, -1, -1):
            self.adjustHeap(self.items, i, lenght)
        '''
        # 小根堆
        for i in range(0, lenght // 2):
            self.adjustHeap(self.items, i, lenght)
        # 交换堆顶元素
        arr = self.items
        for i in range(lenght - 1, -1, -1):
            temp = arr[i]
            arr[i] = arr[0]
            arr[0] = temp
            self.adjustHeap(arr, i, lenght)

    def adjustHeap(self, arr, i, lenght):
        # 建立初始堆
        # 保存当前结点的列表下标值
        max = i
        # 保存左右孩子结点列表的下标值
        left = i * 2 + 1
        right = i * 2 + 2
        # 开始调整
        if left < lenght and arr[left] > arr[max]:
            max = left
        if right < lenght and arr[right] > arr[max]:
            max = right
        if max != i:
            temp = arr[i]
            arr[i] = arr[max]
```

```
                arr[max] = temp
                self.adjustHeap(arr, max, lenght)


if __name__=='__main__':
    nums = [40, 55, 73, 12, 98, 27]
    heap = HeapSort(nums)
    heap.heapSort()
    print(nums)
```

堆排序是一种不稳定的排序方法，不适用于待排序序列规模较小的情况，但对于规模较大的序列还是很有效的。在最坏情况下，堆排序的时间复杂度为 $O(n\log_2 n)$，这是堆排序的最大优点。

10.3　综合比较

从算法的时间复杂度、空间复杂度及稳定性三方面，对各种排序算法加以比较，如表 10-1 所示。

表 10-1　算法的综合比较

分　类	方　法	时间复杂度			空间复杂度	稳 定 性
		最　好	最　坏	平　均		
交换排序	冒泡排序	$O(n)$	$O(n^2)$	$O(n^2)$	$O(1)$	稳定
	快速排序	$O(n\log_2 n)$	$O(n^2)$	$O(n\log_2 n)$	$O(n\log_2 n)$	不稳定
插入排序	直接插入排序	$O(n)$	$O(n^2)$	$O(n^2)$	$O(1)$	稳定
	希尔排序	—	—	$O(n^{1.3})$	$O(1)$	不稳定
选择排序	简单选择排序	$O(n^2)$	$O(n^2)$	$O(n^2)$	$O(1)$	不稳定
	堆排序	$O(n\log_2 n)$	$O(n\log_2 n)$	$O(n\log_2 n)$	$O(1)$	不稳定
其他	归并排序	$O(n\log_2 n)$	$O(n\log_2 n)$	$O(n\log_2 n)$	$O(n)$	稳定

通过分析和比较，可以得出以下结论：

（1）简单选择排序一般只用于 n 值较小的情况；

（2）归并排序适用于 n 值较大的情况；

（3）快速排序是排序方法中最好的方法；

（4）从排序的稳定性来看，简单选择排序是稳定的，但是，多数情况下，排序是按元素的主关键字进行的，此时不用考虑排序算法的稳定性。如果排序是按元素的次关键字进行的，则应充分考虑排序方法的稳定性。

例 10-8　设有 1 万个无序元素，仅要求找出前 10 个最小元素，在归并排序、简单选择排序、快速排序、堆排序、直接插入排序中，哪种算法最好，为什么？

在 1 万个元素中仅需找出前 10 个最小元素，因此并不需要整个排序；在所给定的方法中，调用堆排序中的一趟排序，即可通过最小堆找出一个最小值，因此仅需 10 趟排序，即可达到要求结果。而其他的归并排序、简单选择排序、快速排序、直接插入排序等方法均要全部排好才可达到要求，因此选择堆排序。

例 10-9 对长度为 n 的序列进行快速排序时，所需进行的比较次数依赖于这 n 个元素的初始排列。分析其最坏与最好情况，对 $n=7$ 给出一个最好情况的初始排列实例。

快速排序算法是平均排序性能最好的算法之一。快速排序的最坏情况是序列有序，每次以枢轴元素为界，序列分为两个子表，一个子表为空，另一个子表有 $n-1$ 个元素，快速排序蜕变为冒泡排序。快速排序的最好情况是这样的排列，每次枢轴元素的位置都在表中间，正好能够将序列分为两个长度相当的子表，此时快速排序的性能分析类似折半查找的判定树分析。其趟数为 $\log_2 n+1$。

当 n=7 时，一个最好情况的初始排列实例为(4, 1, 3, 2, 6, 5, 7)。

第一趟划分结果为(2, 1, 3), 4, (6, 5, 7)；

第二趟划分结果为(1), 2, (3), 4, (5), 6, (7)；

最终的排序结果为 1, 2, 3, 4, 5, 6, 7。

10.4 本章习题

一、选择题

1．在对 n 个元素进行简单选择排序的过程中，需要进行（　　）趟选择和交换。

A．n　　B．$n+1$　　C．$n-1$　　D．$n/2$

2．若对 n 个元素进行堆排序，则在构成初始堆的过程中需要进行（　　）次筛选运算。

A．1　　B．$n/2$　　C．n　　D．$n-1$

3．若对 n 个元素进行堆排序，则每次进行筛选运算的时间复杂度为（　　）。

A．$O(1)$　　B．$O(\log_2 n)$　　C．$O(n^2)$　　D．$O(n)$

4．假定对序列(7, 3, 5, 9, 1, 12)进行堆排序，并且采用小根堆，则由初始数据构成的初始堆为（　　）。

A．1,3,5,7,9,12　　B．1,3,5,9,7,12　　C．1,5,3,7,9,12　　D．1,5,3,9,12,7

5．假定一个序列为(1, 5, 3, 9, 12, 7, 15, 10)，则进行第一趟堆排序后得到的结果为（　　）。

A．3,5,7,9,12,10,15,1　　B．3,5,9,7,12,10,12,1

C．3,7,5,9,12,10,15,1　　D．3,5,7,12,9,10,15,1

6．若一个元素序列基本有序，则选用（　　）方法较快。

A．直接插入排序　　B．简单选择排序　　C．堆排序　　D．快速排序

7．在平均情况下速度最快的排序方法为（　　）。

A．简单选择排序　　B．归并排序　　C．堆排序　　D．快速排序

8．下列排序算法中，每一趟都能选出一个元素放到其最终位置上，并且其时间性能受数据初始特性影响的是（　　）。

A．直接插入排序　　B．快速排序　　C．简单选择排序　　D．堆排序

9．下列排序算法中，（　　）算法可能在初始数据有序时，花费的时间反而最多。

A．堆排序　　B．冒泡排序　　C．快速排序　　D．直接插入排序

10．若要从 1000 个元素中得到 10 个最小值元素，尽量采用（　　）方法。

A．直接插入排序　　B．简单选择排序　　C．堆排序　　D．快速排序

二、填空题

1．在所有排序算法中，________算法使数据的组织采用完全二叉树的结构。

2．若对一个序列(76, 38, 62, 53, 80, 74, 83, 65, 85)进行堆排序，已知除第一个元素外，以其余元素为根的结点都已是堆，则对第一个元素进行筛运算时，它将最终被筛到下标为_______的位置。

3．假定一个堆为(38, 40, 56, 79, 46, 84)，则利用堆排序方法进行第一趟交换和对根结点筛运算后得到的结果为________。

4．假定一个序列为(46, 79, 56, 38, 40, 84)，则利用堆排序方法建立的初始小根堆为________。

5．在快速排序和堆排序中，若待排序序列接近正序或逆序，则应该选用________；若待排序序列无序，则应该选用________。

第 11 章

图

图是数据元素之间具有多对多关系的一种非线性结构，图中的每个顶点可以有多个前驱顶点和多个后继顶点。

学习目标

- 了解图的基本概念
- 掌握图的存储方式
- 掌握图的遍历方法
- 熟悉图的基本应用，包括最小生成树、最短路径、拓扑排序和关键路径

11.1 图的基本概念

11.1.1 什么是图

图结构研究数据元素之间多对多的关系。图中的顶点没有明确的层级，也没有先后次序。图中顶点间的关系可以是任意的：任意一个顶点都可以有零个或多个前驱顶点，也可以有零个或多个后继顶点，亦可以作为起始顶点或终结顶点。

图（Graph）是一种数据结构，可简化为顶点（Vertex）和边（Edge）的组合。采用形式化的定义表示一个图：$G=(V,R)$。其中，G 是图；V 是顶点的非空有限集；R 是边的有限集，可为空集。

11.1.2 图的基本术语

1．顶点与邻接点

若 $P<x,y>\in V$ 表示在顶点 x 与顶点 y 之间的一条连线，则称 x、y 为该边的两个顶点，同时称 x 与 y 互为邻接点，即顶点 x 是顶点 y 的邻接点，顶点 y 也是顶点 x 的邻接点。称边 $P<x,y>$ 依附于顶点 x 和顶点 y，或者称边 $P<x,y>$ 与顶点 x、顶点 y 相关联。

若(u,v)是一条无向边，则称 u 和 v 互为邻接点，称边(u,v)与两个顶点互相关联；

若$<u,v>$是一条有向边，则称顶点 u 邻接到顶点 v，顶点 v 邻接自顶点 u，称弧$<u,v>$与顶点 u 和 v 互相关联。

2. 有向图与无向图

若一条边从 x 指向 y，则称 x 为起点（弧尾），称 y 为终点（弧头），称这条边为弧（arc），此时的图为有向图，如图 11-1（a）所示。

若当 $P<x,y>\in V$ 时必有 $P<y,x>\in V$，则 E 是对称的，顶点 x、顶点 y 不分起点和终点，此时以无序对 (x,y) 来表示 x 与 y 之间的一条边，这样的图称为无向图，如图 11-1（b）所示。

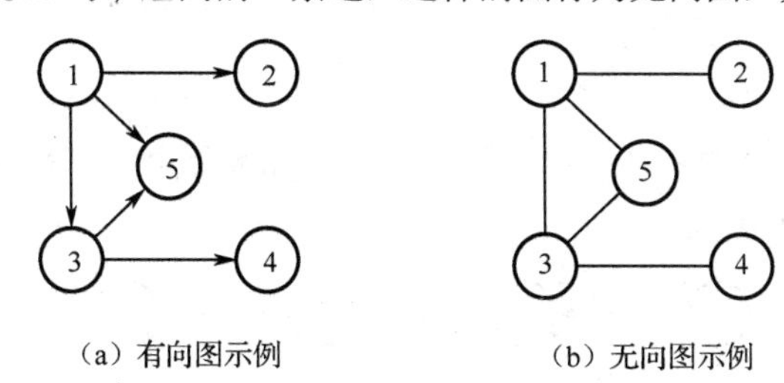

（a）有向图示例　　（b）无向图示例

图 11-1　有向图和无向图

从图 11-1 中可以发现，若两个顶点之间的边无方向，则这条边称为边，如图 11-2（a）所示，其表示法为使用圆括号括起来，如边(1, 2)。若两个顶点之间的边有方向，则称这条边为弧，如图 11-2（b）所示，其表示法为使用尖括号括起来。例如，弧<1, 2>表示顶点 1 指向顶点 2，其中顶点 1 称为弧尾，顶点 2 称为弧头，如图 11-3 所示。

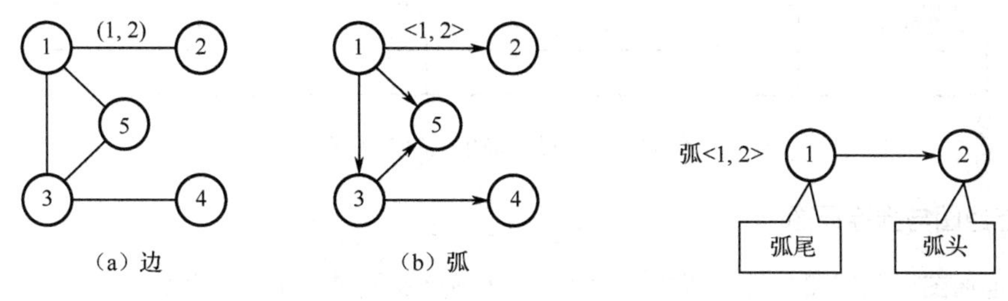

（a）边　　（b）弧

图 11-2　边与弧　　图 11-3　弧尾与弧头

因此，可以用以下关系式来表示有向图与无向图。

（1）有向图：$G_1=\{V,R\}$。

$V(G_1)=\{1,2,3,4\}$；

$R(G_1)=\{<1,2>,<1,3>,<2,4>,<3,2>,<4,3>\}$。

（2）无向图：$G_2=\{V,R\}$。

$V(G_2)=\{1,2,3,4,5\}$；

$R(G_2)=\{(1,2),(1,4),(2,3),(2,5),(3,4),(3,5)\}$。

顶点的度（degree）是指依附于某顶点 v 的边数，通常记为 $D(v)$。

（1）无向图顶点的度：关联于该顶点的边的数目，记为 $D(v)$。

（2）有向图顶点的度：

① 以顶点 v 为终点的边的数目，称为 v 的入度，记为 $\mathrm{ID}(v)$；

② 以顶点 v 为起点的边的数目，称为 v 的出度，记为 $\mathrm{OD}(v)$；

③ 顶点 v 的度定义为该顶点的入度与出度之和，即 $D(v)=\mathrm{ID}(v)+\mathrm{OD}(v)$。

边数和顶点的度的关系是 $e=\dfrac{1}{2}\sum_{i=1}^{n}D(v_i)$，其中，$n$ 为顶点数。

3. 路径、路径长度、简单路径

存在一个图 $G=(V, R)$，从一个顶点 p 到另一个顶点 q 的路径为一个顶点序列，假设这个序列为$(p, v_1, v_2, \cdots, v_n, q)$，此序列就是 p 到 q 的一条路径。

路径长度指一条路径上的边的数目。

若一条路径上除了起点和终点，其余顶点各不相同，则此路径称为简单路径。

4. 回路、简单回路

起点和终点相同的路径称为回路（或环、圈）；起点和终点相同的简单路径称为简单回路（或环、圈）。示例如图 11-4 所示。

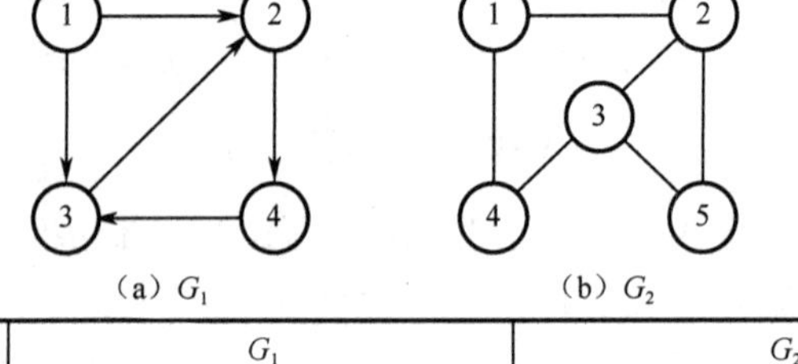

（a）G_1　　（b）G_2

图	G_1	G_2
路径	①1,2,4,3；②1,2；③1,3；④2,4,3；⑤3,2,4,3；⑥2,4,3,2；⑦…	①1,2,3,4；②1,2,3,4,1；③3,2,5；④…
简单路径	①②④⑤⑥	①②③
回路	⑤⑥	②

图 11-4　路径、简单路径与回路

5. 连通图与强连通图

（1）连通图（无向图）：在无向图 G 中，若从顶点 u 到顶点 v 有一条路径，则称顶点 u 和 v 在图 G 中是连通的。若 G 中任意 2 个不同的顶点 u 和 v 都是连通的，则称 G 为连通图。示例如图 11-5 所示。

（2）强连通图（有向图）：在有向图 G 中，若对 G 中任意 2 个不同的顶点 u 和 v，都存在从 u 到 v 及从 v 到 u 的路径，则称 G 是强连通图。示例如图 11-6 所示。

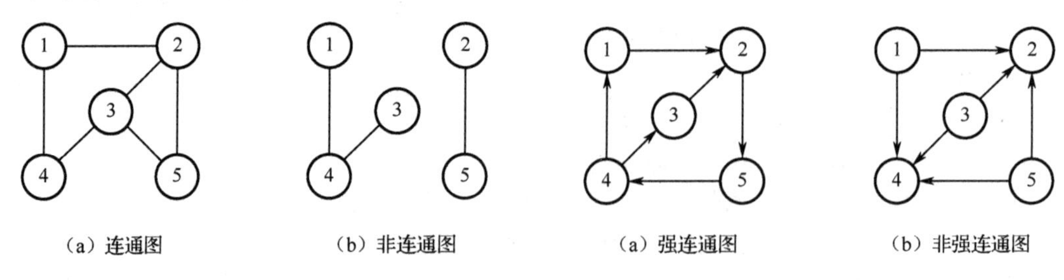

（a）连通图　　（b）非连通图　　（a）强连通图　　（b）非强连通图

图 11-5　连通图与非连通图　　图 11-6　强连通图与非强连通图

6. 稀疏图和稠密图

稀疏图：有很少条边的图，即 $e < n\log n$，e 为边数，n 为顶点数。

稠密图：与稀疏图相反的图。

7．赋权图或网

权具有某种实际意义，如 2 个顶点之间的距离、耗费等。因此，将与边或弧有关的数据信息称为权（weight）。而边带有权值的图称为赋权图或网。示例如图 11-7 所示。

（1）若无向图的每条边都带一个权，则相应的图称为无向赋权图（也称无向网）。

（2）若有向图的每条边都带一个权，则相应的图称为有向赋权图（也称有向网）。

8．完全图

完全图是具有最多的边数、任一对顶点都有边相连的图。示例如图 11-8 所示。假设在一个完全图中，顶点数$|V| = n$，边数$|E| = e$，则

（1）对无向图而言，若 $e = n(n-1)/2$，则该图称为完全的无向图；

（2）对有向图而言，若 $e = n(n-1)$，则该图称为完全的有向图。

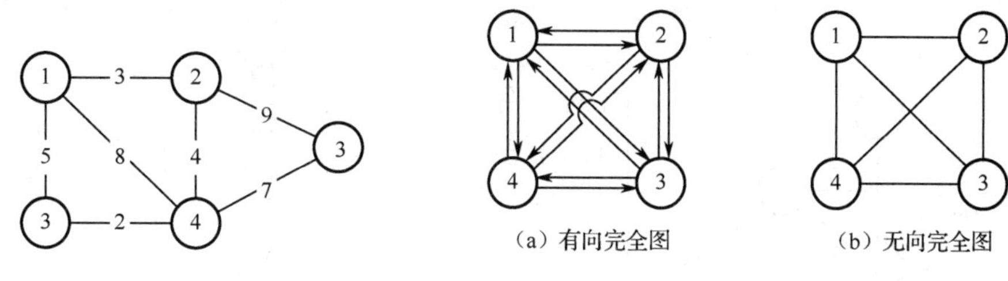

图 11-7　赋权图　　　　图 11-8　完全图

9．子图

假设有两个图分别为 $G = (V, R)$和 $G' = (V', R')$，若 V'是 V 的子集，R'是 R 的子集，则称图 G' 是图 G 的子图，示例如图 11-9 所示。

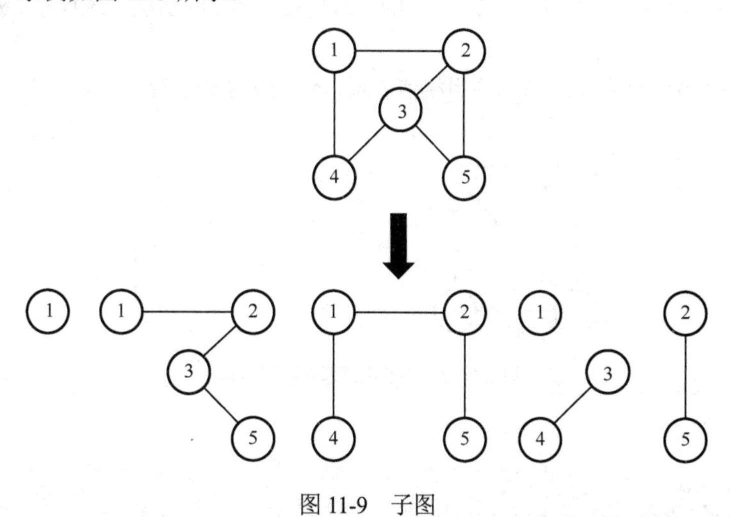

图 11-9　子图

11.2　图的存储结构

图的存储结构有邻接矩阵、邻接表、十字链表和邻接多重表等。

11.2.1 邻接矩阵

设图 $G=(V,R)$是一个有 n 个顶点的图，图的邻接矩阵可用一个二维列表 $A[i][j]$表示，定义：

$$A[i][j]=\begin{cases}1, & <v_i,v_j>\text{或}(v_i,v_j)\in V\\0, & \text{其他}\end{cases}$$

邻接矩阵存储结构中，使用一个线性表来存储图中顶点信息；使用一个邻接矩阵来存储顶点的关系，也就是边。通常使用一维列表和二维列表分别存储线性表和邻接矩阵。

在无向图中，若顶点 i 与顶点 j 之间是连通的，则(v_i, v_j)在矩阵中用 $A[i][j]=1$ 表示；若顶点 i 与顶点 j 之间是不连通的，则(v_i, v_j)在矩阵中用 $A[i][j]=0$ 表示，具体示例如图 11-10 所示。

在有向图中，若顶点 i 到顶点 j 之间是连通的，则$<v_i, v_j>$在矩阵中用 $A[i][j]=1$ 表示；若顶点 i 到顶点 j 之间是不连通的，则$<v_i, v_j>$在矩阵中用 $A[i][j]=0$ 表示，具体示例如图 11-11 所示。

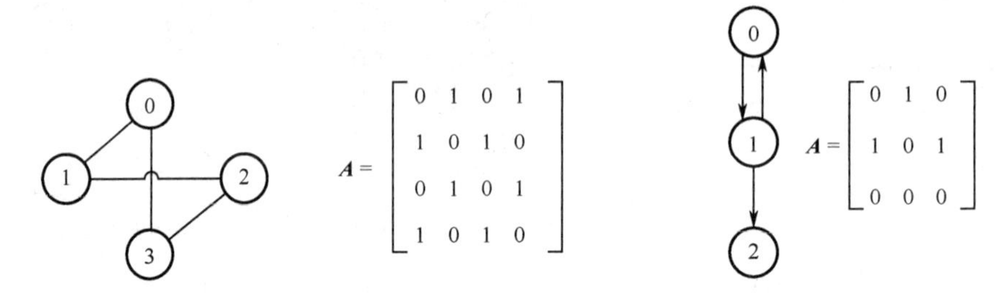

图 11-10　无向图邻接矩阵　　　　图 11-11　有向图邻接矩阵

由以上两个示例可以发现，无向图的邻接矩阵是对称的，有向图的邻接矩阵可能是不对称的。因此，可以直接通过邻接矩阵获得图中各顶点的度，即在无向图中，统计第 i 行（列）1 的个数可得顶点 i 的度；在有向图中，统计第 i 行 1 的个数可得顶点 i 的出度，统计第 i 列 1 的个数可得顶点 i 的入度。

在有向赋权图中，可将连通的部分用权值表示，不连通的部分用 ∞ 表示。具体示例如图 11-12 所示。

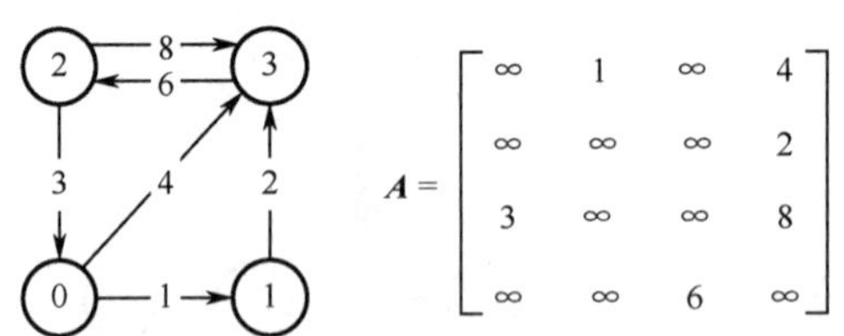

图 11-12　有向赋权图邻接矩阵

示例代码如下。

```
class GraphMatrix:
    def __init__ (self, vertex=[], matrix=[]):
        self.vertex = vertex
        self.matrix = matrix

    def __getPosition(self, v):
        '''
        :Desc
            返回顶点 key 在矩阵中的下标值
```

```
        :param
            v:顶点
        '''
        for i in range(len(self.vertex)):
            if v == self.vertex[i]:
                return i
        return -1

    def __addEdge(self, edges):
        '''
        :Desc
            有向赋权图邻接矩阵
        :param
            edges: 边结点
        '''
        for edge in edges:
            # 获取边 edge 的弧尾
            p1 = self.__getPosition(edge[0])
            # 获取边 edge 的弧头
            p2 = self.__getPosition(edge[1])
            # 连接<p1, p2>
            self.matrix[p1][p2] = 1
            # 连接<p2, p1>
            self.matrix[p2][p1] = 1

    def ID(self, v):
        '''
        :Desc
            获取顶点 v 的入度
        :param v:
            v: 顶点
        :return:
            返回入度
        '''
        count = 0  # 入度
        # 获取顶点的下标值
        index = self.__getPosition(v)
        for col in self.matrix:
            if 1 == col[index]:
                count += 1
        return count

    def OD(self, v):
        '''
        :Desc
            获取顶点 v 的出度
        :param v:
            v: 顶点
        :return
            返回出度
        '''
        count = 0  # 出度
        # 获取顶点在矩阵中的下标值
        index = self.__getPosition(v)
```

```
            for i in range(len(self.matrix[index])):
                if 1 == self.matrix[index][i]:
                    count += 1
            return count

        def traversal(self):
            '''
            :Desc
                打印邻接矩阵
            '''
            # 遍历行
            for row in self.matrix:
                # 遍历列
                for col in row:
                    print("%2d" % col, end = " ")
                    print()

if __name__ == '__main__':
    nodes = [0, 1, 2, 3]
    matrix = [[0, 1, 0, 1],
              [1, 0, 1, 0],
              [0, 1, 0, 1],
              [1, 0, 1, 0]]

    gm = GraphMatrix(vertex=nodes, matrix=matrix)
    print("遍历顶点:")
    gm.traversal()
    print("顶点 c 的入度：%i" % gm.ID('c'))
    print("顶点 a 的出度：%i" % gm.OD('a'))
```

在邻接矩阵的具体程序中，如果需要应用无向图，基本是用有向图处理。这是因为无向图中的一条边相当于有向图中两条方向相反的弧。因此，只需将有向图中的两个顶点之间的弧都设为 1，即可表示无向图中此两个顶点之间的一条边。

邻接矩阵表示法的优点在于易于操作，可以快速判断任意两个顶点之间是否存在边，也可以方便地在图中添加边。但其缺点是，对于稀疏图来讲，极浪费空间。为了解决这个问题，可以用图的另一种存储结构——邻接表存储结构。

11.2.2 邻接表

图的邻接表是链式存储与顺序存储相结合的一种存储结构。邻接表存储结构既能保留邻接矩阵存储结构的优点，又能很好地克服矩阵存储的缺点。这种结构为图中的每一个顶点都创建一个链表，链表中的结点为这个顶点的邻接点，这个结点称为表结点或边结点。同时为每一个顶点的链表设置一个头结点，为了实现随机访问，通常将这些头结点以顺序结构的形式存储，如图 11-13 所示。邻接表存储结构在邻接矩阵存储结构的基础上实现了存储空间的有效利用。

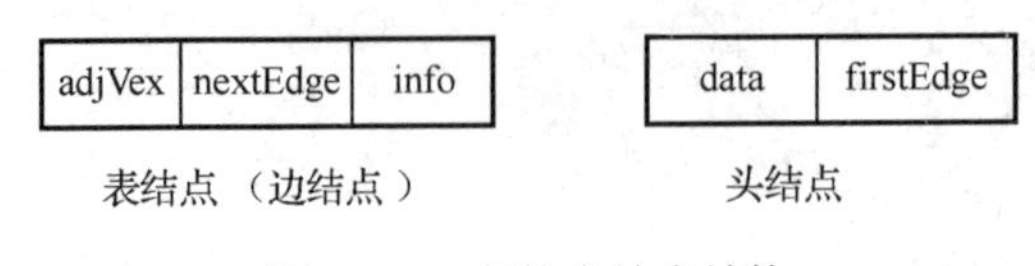

图 11-13　邻接表结点结构

头结点有两个域：一个是值域 data，用来存储顶点的值；另一个是指针域 firstEdge，用来存储依附于该顶点的第一条边。表结点（边结点）有三个域：一个是值域 adjVex，用来存储该顶点的邻接点在顶点列表中的下标值；另一个是指针域 nextEdge，用来存储指向邻接表中下一个结点的指针；最后一个是数据域 info，用来存储权值信息。

无向图的邻接表示例图如图 11-14 所示。

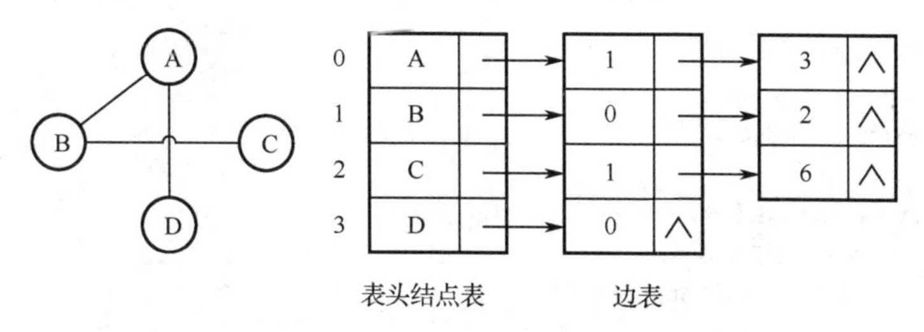

图 11-14　无向图的邻接表示例图

代码如下。

```
# 无向无权图的邻接表
class Edge(object):
    def __init__(self, adjVex):
        self.adjVex = adjVex
        self.nextEdge = None

class Vertex(object):
    def __init__(self, data):
        self.data = data
        self.firstEdge = None

class UndirectedUnweightedGraph(object):
    def __init__(self, vers, edges):
        self.vers = vers
        self.edges = edges
        self.vexLen = len(self.vers)
        self.edgeLen = len(self.edges)
        self.listVex = [Vertex for i in range(self.vexLen)]
        for i in range(self.vexLen):
            self.listVex[i] = Vertex(self.vers[i])
        for i in range(self.edgeLen):
            c1 = self.edges[i][0]
            c2 = self.edges[i][1]
            self.__addEdge(c1, c2)

    def __addEdge(self, c1, c2):
        p1 = self.__getPosition(c1)
        p2 = self.__getPosition(c2)
        edge2 = Edge(p2)
        edge1 = Edge(p1)
        if self.listVex[p1].firstEdge is None:
            self.listVex[p1].firstEdge = edge2
        else:
            self.__linkLast(self.listVex[p1].firstEdge, edge2)
```

```
            if self.listVex[p2].firstEdge is None:
                self.listVex[p2].firstEdge = edge1
            else:
                self.__linkLast(self.listVex[p2].firstEdge, edge1)

    def __linkLast(self, list, edge):
        p = list
        while p.nextEdge:
            p = p.nextEdge
        p.nextEdge = edge

    def __getPosition(self, key):
        for i in range(self.vexLen):
            if self.listVex[i].data is key:
                return i
        return -1

    def print(self):
        for i in range(self.vexLen):
            print(self.listVex[i].data,    end = "->")
            edge = self.listVex[i].firstEdge
            while edge:
                print(self.listVex[edge.adjVex].data,    end = " ")
                edge = edge.nextEdge
            print()


if __name__ == '__main__':
    vers=['A', 'B', 'C', 'D']
    edges = [
        ['A', 'B'], ['A', 'D'],
        ['B', 'C']]
    g = UndirectedUnweightedGraph(vers,    edges)
    g.print()
```

有向图的邻接表示例图如图 11-15 所示。有向图的邻接表结构是类似的，但要注意的是有向图有方向。因此，有向图的邻接表可分为出边表和入边表（又称逆邻接表），出边表的表结点存储的是以该顶点为起点的有向边；入边表的表结点存储的则是以该顶点为终点的有向边。

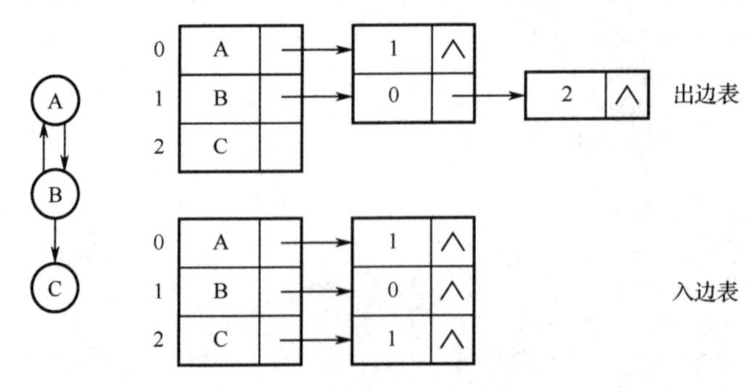

图 11-15　有向图的邻接表示例图

有向赋权图的邻接表示例图如图 11-16 所示。

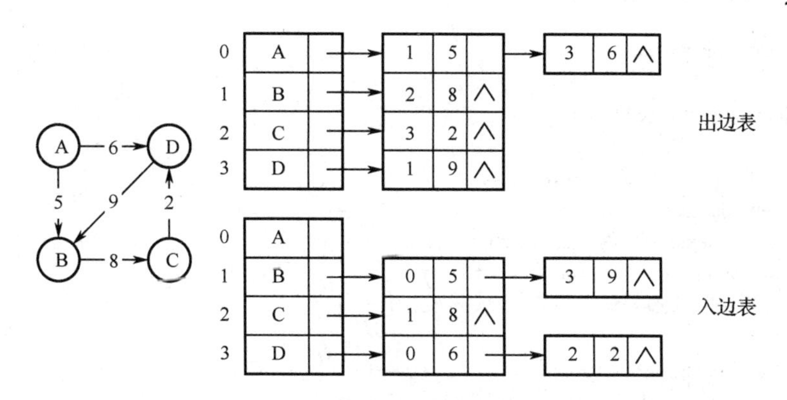

图 11-16 有向赋权图的邻接表示例图

综上所述，邻接表的优点如下：

- 使用邻接表存储比邻接矩阵节省空间，因其不必存储不存在的边（弧）；
- 用邻接表存储结构表示图时，邻接表不唯一；
- 假设顶点为 v_i。对于无向图，顶点单链表中表结点的数目为该顶点的度。对于有向图，单链表中表结点的数目是 v_i 的出度；邻接表中 adjVex 为 i 的表结点的数量是该顶点的入度。

邻接表的缺点如下：

- 结构较复杂；
- 若建立逆邻接表，则方便计算入度，但实际上，一条边需分别在邻接表与逆邻接表中存储。

为了克服邻接表的缺点，可以用十字链表，其优点是一条弧只被存储一次。

11.2.3 十字链表

十字链表结点结构如图 11-17 所示。其中，头结点有三个域：一个是值域 data，用来存储顶点的值；一个是指针域 firstIn，用来存储指向以该顶点为弧头的顶点；一个是指针域 firstOut，用来存储指向以该顶点为弧尾的顶点。表结点（边结点）有五个域：headvex 和 tailvex 是值域，分别用来存储该弧的头顶点和尾顶点的位置；hlink 和 tlink 是指针域，分别用来存储指向弧头和弧尾相同的结点；最后一个是数据域 info，用来存储权值信息。

图 11-17 十字链表结点结构

图元素用这些结点链接起来有些类似于稀疏矩阵的十字链表存储结构，故这种存储方式称为图的十字链表存储。

代码如下。

```
class Vertex(object):
    def __init__(self, data):
        self.data = data
        self.firstIn = None
        self.firstOut = None

class Edge(object):
    def __init__(self, headvex, tailvex):
        self.headvex = headvex
        self.tailvex = tailvex
        self.hlink = None
```

```
        self.tlink = None

class OrthogonalList(object):
    def __init__(self, vertexs, edges):
        self.verLen = len(vertexs)
        self.edgeLen = len(edges)
        self.vertexsList = [Vertex for i in range(self.verLen)]
        for i in range(self.verLen):
            self.vertexsList[i] = Vertex(vertexs[i])

        for i in range(self.edgeLen):
            self.__addEdge(edges[i][0], edges[i][1])

    def __addEdge(self, From, To):
        tailvex = self.__getPosition(To)
        headvex = self.__getPosition(From)
        edge = Edge(headvex, tailvex)
        toVertex = self.vertexsList[tailvex]
        fromVertex = self.vertexsList[headvex]
        if fromVertex.firstOut is None:
            fromVertex.firstOut = edge
        else:
            temp = fromVertex.firstOut
            while temp.tlink is not None:
                temp = temp.tlink
            temp.tlink = edge
        if toVertex.firstIn is None:
            toVertex.firstIn = edge
        else:
            temp = toVertex.firstIn
            while temp.hlink is not None:
                temp = temp.hlink
            temp.hlink = edge

    def __getPosition(self, key):
        for i in range(self.verLen):
            if key is self.vertexsList[i].data:
                return i
        return -1

    def inDegree(self, V):
        count = 0
        e = V.firstIn
        while e:
            e = e.hlink
            count += 1
        return count

    def outDegree(self, V):
        count = 0
        e = V.firstOut
        while e:
            e = e.tlink
```

```
                count += 1
            return count

    if __name__ == '__main__':
        vertexs=[1, 2, 3, 4, 5, 6]
        edges=[
            [1, 2], [4, 5], [1, 3], [1, 4], [2, 4],
            [2, 5], [2, 6], [3, 5], [5, 1], [4, 6]
        ]
        o = OrthogonalList(vertexs, edges)
        # 输出顶点 1 的入度
        print(o.inDegree(o.vertexsList[0]))
        # 输出顶点 1 的出度
        print(o.outDegree(o.vertexsList[0]))
```

十字链表是有向图的一种链式存储结构，其优点是计算出度和入度十分方便，而且一条弧只被存储一次；其缺点是结构较复杂。

11.2.4 邻接多重表

邻接多重表是一种针对无向图的存储结构。邻接多重表使用一个结点存储邻接表中的两个结点，也就是说，邻接多重表应该存储一条边的两个顶点编号和两个指向不同链的指针，同时还应有一个标志位，标志该表结点是否已被访问，结点结构如图 11-18 所示。无向图的邻接多重表示例如图 11-19 所示。

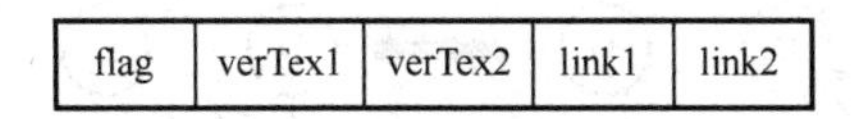

图 11-18　邻接多重表结点结构

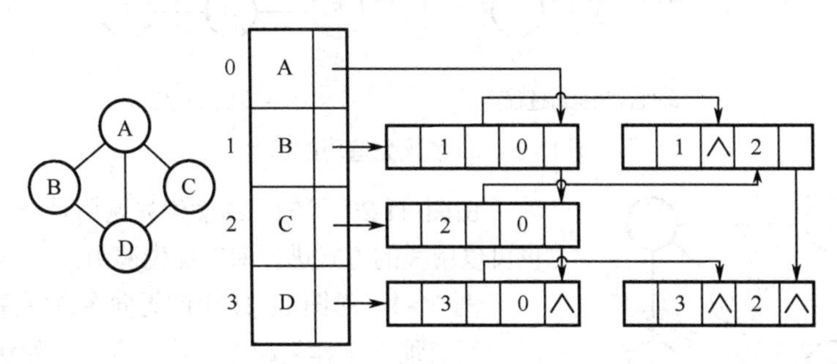

图 11-19　无向图的邻接多重表示例

邻接多重表的优点是提供更方便的边处理信息，例如，无向图的邻接表表示法中，每条边在邻接表中都对应着两个顶点，如图 11-14 所示，(A, B)边在 A 顶点和 B 顶点的边表中均有存储。因此，若要检测(A, B)边是否被访问过，则需要同时找到(A, B)的两个顶点，然后分别检测这两个顶点是否已经在对方的边表中被访问过。而在邻接多重表中，则只需要检测其中一个顶点的边表即可。

11.3 图的遍历

从图中某一顶点出发，沿着一些边访遍图中所有的顶点，且使每个顶点仅被访问一次，这个

过程称为图的遍历（Graph Traversal）。为保证图中的每个顶点在遍历过程中都被访问且仅被访问一次，需为每个顶点设一个访问标志——列表 visited[n]，其目的是保证图中每个顶点均被访问到，为避免重复访问，其初值为 0（假），一旦顶点 v_i 被访问过，则 visited[i]置为 1（真）。

遍历算法如下：

（1）访问初始顶点；

（2）按照某种策略依次访问连通子图中未被访问的顶点；

（3）寻找下一个未被访问的顶点，将此顶点作为初始顶点，转步骤（2）；

（4）重复上述步骤直到所有顶点均被访问为止。

11.3.1 深度优先遍历

深度优先遍历（Depth First Search）是树先序遍历的推广。它的基本思想是，先任意选定图中一个顶点 v，从顶点 v 开始访问；再选定 v 的一个没有被访问过的邻接点 w，对顶点 w 进行深度优先遍历，直到图中与当前顶点邻接的顶点全部被访问为止。如果当前仍有顶点尚未访问，则从未访问的顶点中任选一个，执行前述遍历过程。

深度优先遍历的示例如图 11-20 所示。

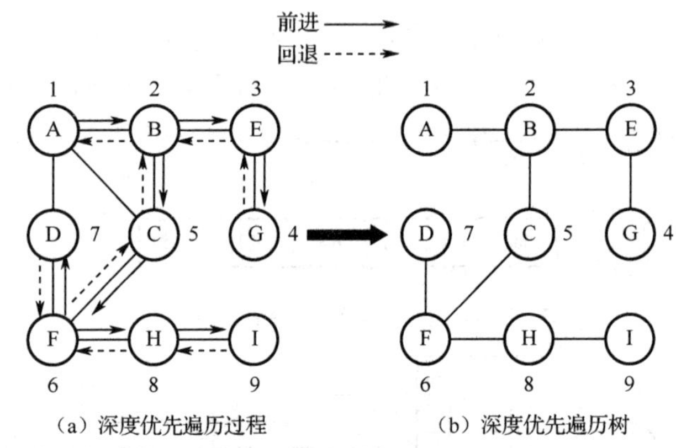

图 11-20 深度优先遍历的示例

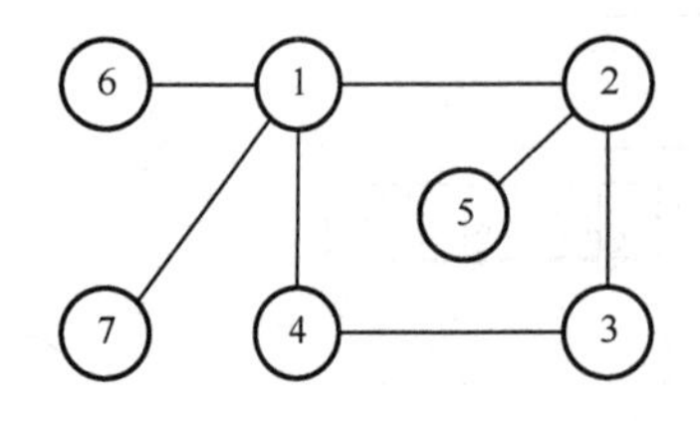

图 11-21 要进行深度优先遍历的无向图

由图 11-20 可知，深度优先遍历是一个递归的过程。也可以用栈的方式进行深度优先遍历。

例 11-1 对图 11-21 中的无向图进行深度优先遍历。

规定顶点 1 作为起点，从顶点 1 开始访问，访问完之后将顶点 1 入栈；再访问顶点 1 的第一个未被访问的邻接点，已被访问过的顶点用黑色标记，如图 11-22 所示。

访问顶点 1 的邻接点（顶点）2，并将顶点 2 入栈；继续访问顶点 2 的邻接点（顶点）3，并将顶点 3 入栈；访问顶点 3 的邻接点（顶点）4，并将顶点 4 入栈，如图 11-23 所示。

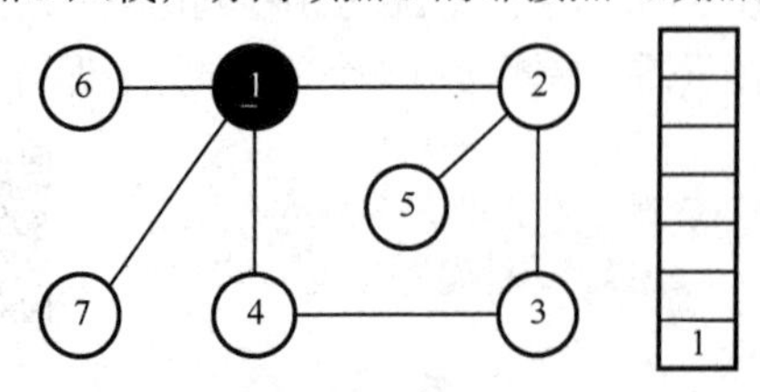

图 11-22 深度优先遍历访问顶点 1

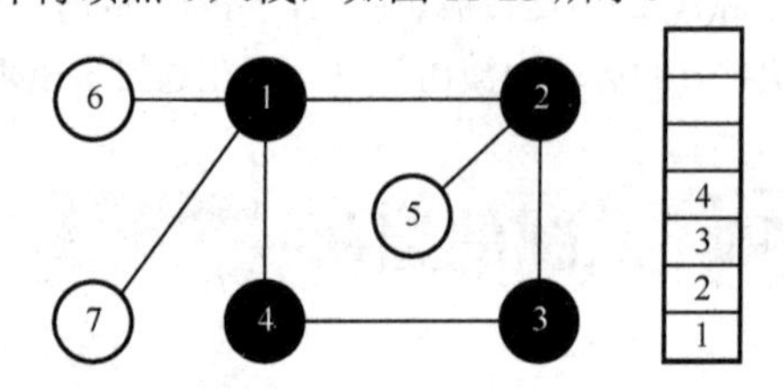

图 11-23 深度优先遍历访问顶点 2、3、4

当顶点 4 被访问过后，顶点 4 的邻接点都被访问过，此时将栈顶的顶点 4 出栈，退回到顶点 3。顶点 3 的邻接点也都已被访问过，则将栈顶的顶点 3 出栈，退回到顶点 2。顶点 2 还存在未被访问的邻接点，则从顶点 2 出发访问其邻接点（顶点）5，并将顶点 5 入栈，如图 11-24 所示。

当顶点 5 被访问过后，顶点 5 的邻接点都被访问过，将栈顶的顶点 5 出栈，退回到顶点 2。顶点 2 的邻接点都被访问过，将栈顶的顶点 2 出栈，退回到顶点 1。访问顶点 1 的邻接点（顶点）6，并将顶点 6 入栈，如图 11-25 所示。

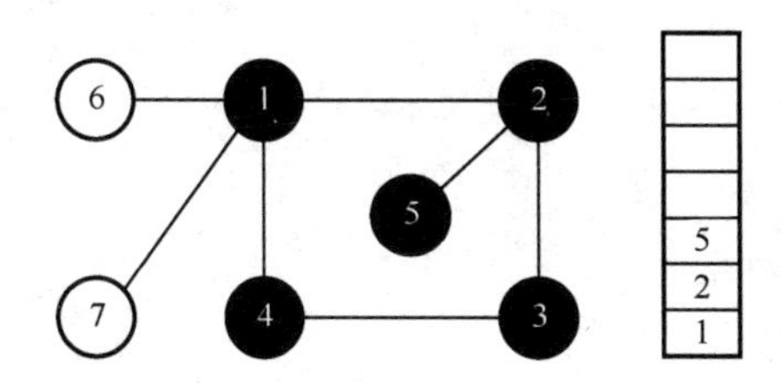

图 11-24　深度优先遍历访问顶点 5

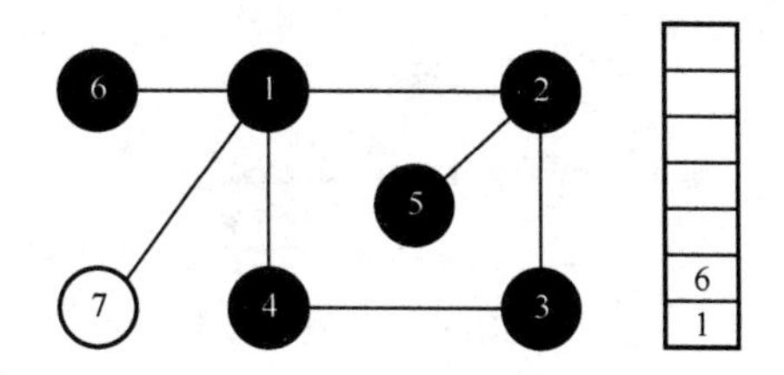

图 11-25　深度优先遍历访问顶点 6

当顶点 6 被访问过后，顶点 6 的邻接点都被访问过，将栈顶的顶点 6 出栈，退回到顶点 1。访问顶点 1 的邻接点（顶点）7，并将顶点 7 入栈，如图 11-26 所示。

当顶点 7 被访问过后，顶点 7 的邻接点都被访问过，将栈顶的顶点 7 出栈，退回到顶点 1。顶点 1 的邻接点都被访问过，将栈顶的顶点 1 出栈，栈空，则整个图的每个顶点都被访问且只被访问 1 次，遍历结束，如图 11-27 所示。

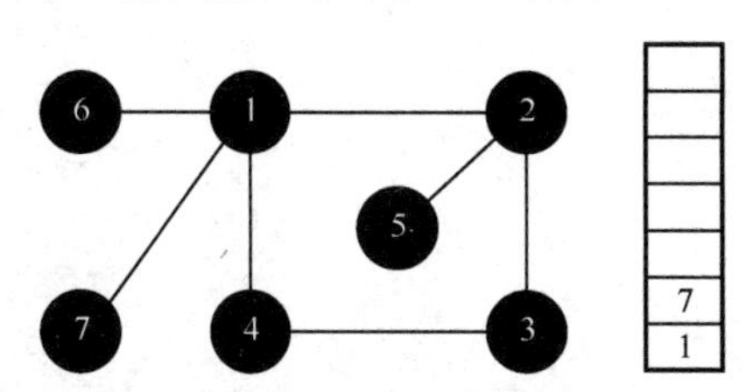

图 11-26　深度优先遍历访问顶点 7

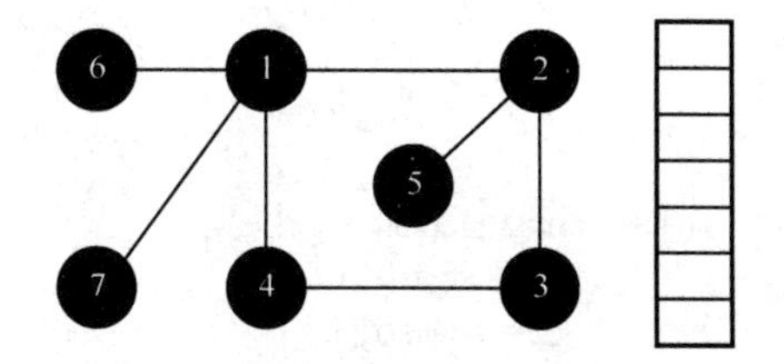

图 11-27　深度优先遍历结束

代码如下。

```
# 深度优先遍历
class Stack(object):
    def __init__(self):
        self.items=[]
    def isEmpty(self):
        return self.items == []
    def push(self, item):
        self.items.append(item)
    def pop(self):
        return self.items.pop()
    def peek(self):
        return self.items[0]

class Vertex(object):
    def __init__(self, data):
        self.data = data
        self.firstEdge = None

class Edge(object):
    def __init__(self, adjVex):
```

```
        self.adjVex = adjVex
        self.nextEdge = None

class LinkedGraph(object):
    def __init__(self,  vertexs,  edges):
        self.vexLen = len(vertexs)
        self.edgeLen = len(edges)
        self.listVex = [Vertex for i in range(self.vexLen)]
        self.__addVertex(vertexs)
        self.__addEdge(edges)

    def __addVertex(self, vertexs):
        '''
          :Desc
              构造表头列表
          :param
              vertexs: 顶点集
          '''
        for i in range(self.vexLen):
            self.listVex[i] = Vertex(vertexs[i])

    def __addEdge(self, edges):
        '''
        :Desc
            添加边顶点到图中
        :param
            edges:  边集
        '''
        for i in range(self.edgeLen):
            c1 = edges[i][0]
            c2 = edges[i][1]
            p1 = self.__getPosition(c1)
            p2 = self.__getPosition(c2)
            edge2 = Edge(p2)
            edge1 = Edge(p1)
            if self.listVex[p1].firstEdge is None:
                self.listVex[p1].firstEdge = edge2
            else:
                self.__linkLast(self.listVex[p1].firstEdge,   edge2)
            if self.listVex[p2].firstEdge is None:
                self.listVex[p2].firstEdge = edge1
            else:
                self.__linkLast(self.listVex[p2].firstEdge, edge1)

    def __linkLast(self, firstEdge, newEdge):
        '''
        :Desc
            将新的边添加到顶点 v 的边表表尾
        :param
            firstEdge:依附在顶点 v 上的第一条边
            newEdge:新的边
        '''
        p = firstEdge
        while p.nextEdge:
            p = p.nextEdge
```

```
            p.nextEdge = newEdge

    def __getPosition(self,    v):
        '''
        :Desc
            获取顶点在列表中的下标值
        :param
            v:顶点
        :return
            如果列表中存在顶点 v，则返回顶点 v 在列表中的下标值
            否则返回-1
        '''
        for i in range(self.vexLen):
            if self.listVex[i].data is v:
                return i
        return -1

class DepthFirstSearch(object):
    def __init__(self, graph):
        self.stack = Stack()
        self.marked = [0 for i in range(graph.vexLen)]
        self.__dfs()

    def __dfs(self):
        for i in range(graph.vexLen):
            if not self.marked[i]:
                self.marked[i] = 1
                print(graph.listVex[i].data, end=" ")
                self.stack.push(i)
                edge = graph.listVex[i].firstEdge
                while not self.stack.isEmpty():
                    while edge:
                        index = edge.adjVex
                        if not self.marked[index]:
                            self.marked[index] = 1
                            print(graph.listVex[index].data, end=" ")
                            self.stack.push(index)
                            edge = graph.listVex[index].firstEdge
                        else:
                            edge = edge.nextEdge
                    edge = graph.listVex[self.stack.peek()].firstEdge
                    self.stack.pop()

if __name__ == '__main__':
    vertexInfo = [1, 2, 3, 4, 5, 6]
    edges = [
        [1, 2],   [2, 3],   [3, 4],   [4, 5],
        [2, 4],   [1, 5],   [2, 5],   [5, 6]]
    graph = LinkedGraph(vertexInfo, edges)
    dfs = DepthFirstSearch(graph)
```

综上所述，深度优先遍历的算法，就是当图 G 是连通图时，只要调用一次“深度遍历”即可遍历图 G 的所有顶点；而当图 G 有多个连通分量时，必须对每一个连通分量都调用一次“深度遍历”。

11.3.2 广度优先遍历

广度优先遍历（Breadth First Search）类似树的按层遍历。它的基本思想是，任意选定一个顶点 v 开始本次访问，在访问过 v 后依次访问 v 的待访问（尚未被访问）邻接点（顶点），并将已访问的顶点放入队列 Q 中。按照 Q 中顶点的次序，依次访问这些已被访问过的顶点的邻接点（顶点）。如果队首的顶点不存在待访问邻接点，让队首顶点出队，访问新队首的待访问邻接点，如此进行下去直至队列为空。

广度优先遍历的示例如图 11-28 所示。

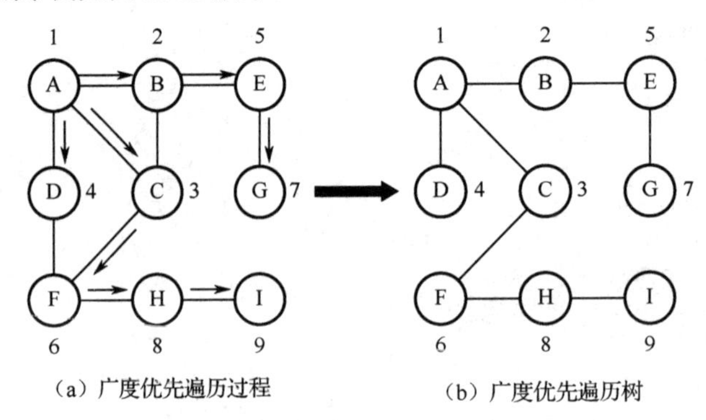

图 11-28　广度优先遍历的示例

由图 11-28 可知，广度优先遍历不是一个递归的过程，可借助队列来实现。

例 11-2　对图 11-29 中的无向图进行广度优先遍历。

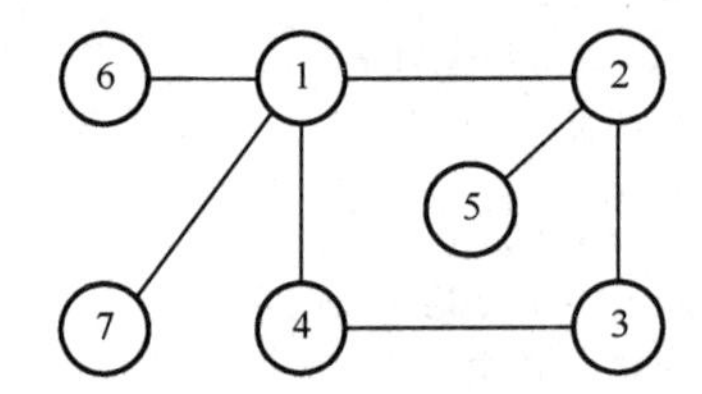

图 11-29　要进行广度优先遍历的无向图

规定顶点 1 作为起点，从顶点 1 开始访问，访问完之后将顶点 1 入队，已被访问过的顶点用黑色标记，如图 11-30 所示。

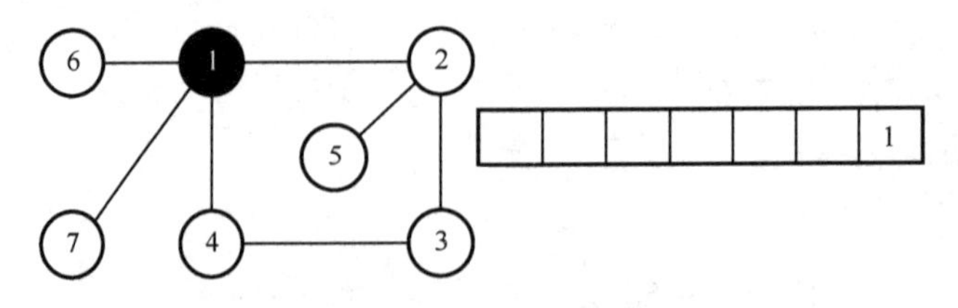

图 11-30　广度优先遍历访问顶点 1

对顶点 1 的所有邻接点进行访问，当顶点 1 的所有邻接点（顶点）都被访问过时，将顶点 1 出队，继续遍历队首顶点的邻接点。访问顺序和图的存储方式有关，如果是邻接矩阵，则一般按所在行从左向右的顺序进行访问；如果是邻接表，则按顶点 1 邻接表的顺序进行访问。

对顶点 1 的邻接点进行访问，顶点 2 被访问，则将顶点 2 入队；继续对顶点 1 的未被访问的邻接点进行访问，顶点 4 被访问，则将顶点 4 入队；继续对顶点 1 的未被访问的邻接点进行访问，顶点 6 被访问，则将顶点 6 入队；继续对顶点 1 的未被访问的邻接点进行访问，顶点 7 被访问，则将顶点 7 入队，如图 11-31 所示。

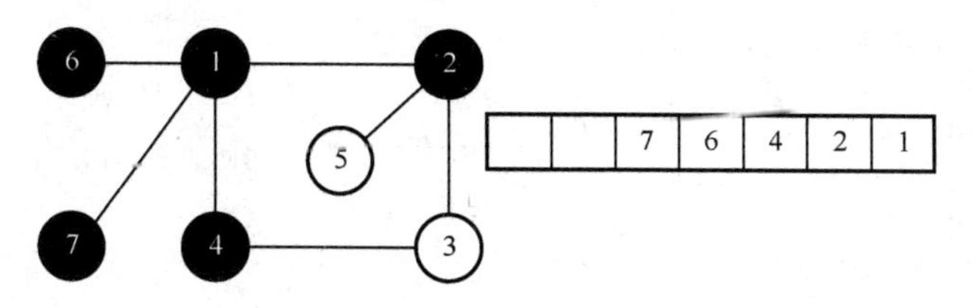

图 11-31　广度优先遍历访问顶点 2、4、6、7

至此，顶点 1 的所有邻接点都已被访问，将顶点 1 出队，开始对当前队首顶点 2 的未被访问的邻接点（顶点）3 进行访问，将顶点 3 入队；继续对顶点 2 的未被访问的邻接点进行访问，顶点 5 被访问，则将顶点 5 入队，如图 11-32 所示。

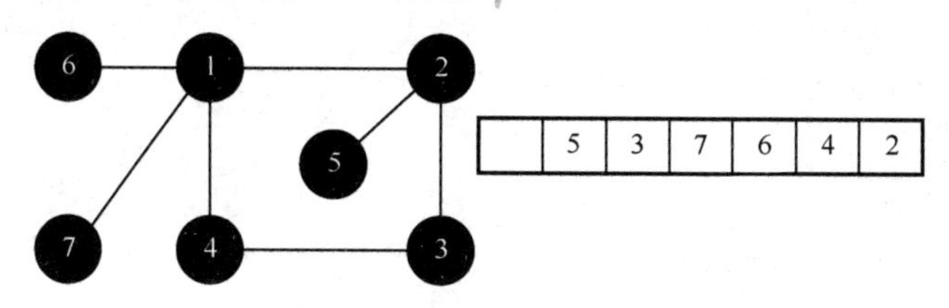

图 11-32　广度优先遍历访问顶点 3、5

至此，顶点 2 的所有邻接点都已被访问，将顶点 2 出队，开始对当前队首顶点 4 的未被访问的邻接点进行访问，但发现都已被访问，则继续出队。最终，当队列为空时，就表示图中的每个顶点都被访问且只被访问 1 次，遍历结束，如图 11-33 所示。

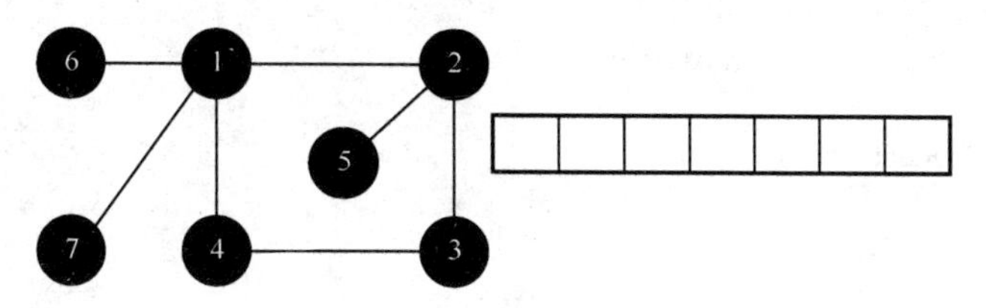

图 11-33　广度优先遍历结束

代码如下。

```
# 广度优先遍历
class Queue:
    def __init__(self):
        self.items = []

    def isEmpty(self):
        return self.items == []

    def push(self, item):
        self.items.insert(0, item)

    def pop(self):
        return self.items.pop()
```

```
    def peek(self):
        return self.items[len(self.items)-1]

class Vertex(object):
    def __init__(self, data):
        self.data = data
        self.firstEdge = None

class Edge(object):
    def __init__(self, adjVex):
        self.adjVex = adjVex
        self.nextEdge = None

class LinkedGraph(object):
    def __init__(self, vertexs, edges):
        self.vexLen = len(vertexs)
        self.edgeLen = len(edges)
        self.listVex = [Vertex for i in range(self.vexLen)]
        self.__addVertex(vertexs)
        self.__addEdge(edges)

    def __addVertex(self, vertexs):
        '''
        :Desc
            构造表头列表
        :param
            vertexs: 顶点集
        '''
        for i in range(self.vexLen):
            self.listVex[i] = Vertex(vertexs[i])

    def __addEdge(self, edges):
        '''
        :Desc
            添加边顶点到图中
        :param
            edges:  边集
        '''
        for i in range(self.edgeLen):
            c1 = edges[i][0]
            c2 = edges[i][1]
            p1 = self.__getPosition(c1)
            p2 = self.__getPosition(c2)
            edge2 = Edge(p2)
            edge1 = Edge(p1)
            if self.listVex[p1].firstEdge is None:
                self.listVex[p1].firstEdge = edge2
            else:
                self.__linkLast(self.listVex[p1].firstEdge,  edge2)
            if self.listVex[p2].firstEdge is None:
                self.listVex[p2].firstEdge = edge1
            else:
```

```
                    self.__linkLast(self.listVex[p2].firstEdge, edge1)

        def __linkLast(self,  firstEdge,  newEdge):
            '''
            :Desc
                将新的边添加到顶点 v 的边表表尾
            :param
                firstEdge:依附在顶点 v 上的第一条边
                newEdge:新的边
            '''
            p = firstEdge
            while p.nextEdge:
                p = p.nextEdge
            p.nextEdge = newEdge

        def __getPosition(self,  v):
            '''
            :Desc
                获取顶点在列表中的下标值
            :param
                v:顶点
            :return
                如果列表中存在顶点 v，则返回顶点 v 在列表中的下标值
                否则返回-1
            '''
            for i in range(self.vexLen):
                if self.listVex[i].data is v:
                    return i
            return -1

    class BreadthFirstSearch(object):
        def __init__(self, graph):
            self.queue = Queue()
            # 判断某个顶点是否已被访问
            self.marked=[0 for i in range(graph.vexLen)]
            self.__bfs()

        def __bfs(self):
            '''
            :Desc
                深度优先遍历
            '''
            # 从第一个顶点开始遍历
            for i in range(graph.vexLen):
                # 如果该顶点未被访问
                if self.marked[i] is 0:
                    self.marked[i] = 1
                    print(graph.listVex[i].data,  end=" ")
                    self.queue.push(i)
                while not self.queue.isEmpty():
                    j = self.queue.pop()
                    # 将该顶点的所有未被访问的邻接点入队并访问
```

```
                edge = graph.listVex[j].firstEdge
                while edge:
                    k = edge.adjVex
                    if self.marked[k] is 0:
                        self.marked[k] = 1
                        print(graph.listVex[k].data,    end=" ")
                        self.queue.push(k)
                    edge = edge.nextEdge


if __name__ == '__main__':
    vertexInfo = [1, 2, 3, 4, 5, 6]
    edges = [
        [1, 2],   [2, 3],   [3, 4],   [4, 5],
        [2, 4],   [1, 5],   [2, 5],   [5, 6]]
    graph = LinkedGraph(vertexInfo,    edges)
    bfs = BreadthFirstSearch(graph)
```

综上所述，广度优先遍历的算法，当图 G 是连通图时，只要调用一次“广度遍历”即可遍历图 G 的所有顶点；而当图 G 有多个连通分量时，必须对每一个连通分量都调用一次“广度遍历”。

11.4 图的应用

11.4.1 最小生成树

例 11-3 图 11-34 中有多少个连通分量？

有 3 个连通分量：1, 2, 4, 3, 9；5, 6, 7；8, 10。

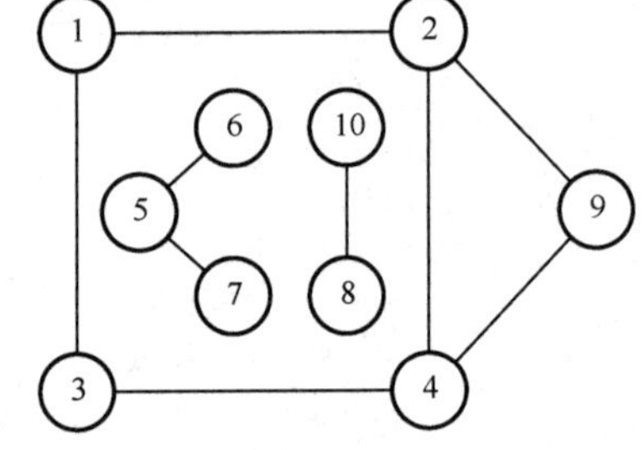

图 11-34 连通分量

下面先介绍与最小生成树相关的几个概念。

- 连通分量（强连通分量）：
  - 无向图 G 的极大连通子图称为 G 的连通分量。
  - 有向图 G 的极大强连通子图称为 G 的强连通分量。
- 极大连通子图：该子图是 G 的连通子图，将 G 的任何不在该子图中的顶点加入，子图不再连通。
- 极小连通子图：该子图是 G 的连通子图，在该子图中删除任何一条边，子图不再连通。
- 生成树：包含无向图 G 所有顶点的极小连通子图（$n-1$ 条边）。
- 生成森林：对非连通图来说，由各个连通分量的生成树的集合。

因此，在一个连通图的所有生成树中，各边的代价之和最小的那棵生成树称为该连通图的最小生成树。设 $N=(V,\{R\})$是一个连通图，U 是顶点集 V 的一个非空子集。若(u,v)是一条具有最小权值的边，其中 $u\in U$，$v\in V-U$，则存在一棵包含边(u,v)的最小生成树。

通常，构造最小生成树采用 Prim（普里姆）算法或者 Kruskal（克鲁斯卡尔）算法来实现。

1. Prim（普里姆）算法

思想：假设 $N=(V,\{R\})$是连通图，T 为最小生成树中边的集合。

（1）初始 $U=\{u_0\}$（$u_0\in V$），$T=\Phi$。

（2）在所有 $u\in U, v\in V-U$ 的边中选一条代价最小的边(u_0,v_0)并入集合 T，同时将 v_0 并入 U。

（3）重复步骤（2），直到 $U=V$ 为止。

此时，T 中必含有 $n-1$ 条边，则 T 为 N 的最小生成树。也就是说，挑选一个顶点开始，每次加一个顶点（加的顶点应在未选之列）。该算法也称“加点法”。所加顶点与已选顶点构成的边应具有最小的权值（可能有多条权值相同的最小边可选，此时任选其一）。

Prim 算法是以某个顶点为起点，逐条寻找依附于当前顶点的边中权值最小的边来构建最小生成树，在此过程中将用到的顶点依次加入顶点集 U，直到 $U=V$ 为止，其过程产物为图的一个连通子图。

例 11-4　使用 Prim 算法生成图 11-35 中的无向图的最小生成树，规定顶点 1 作为初始顶点，将顶点 1 加入树，已选取的顶点用黑色表示。

步骤 1　从顶点 1 出发的边包括(1, 2)、(1, 3)、(1, 4)和(1, 5)。其中，权重最小的边为(1, 4)，权重为 10，将(1, 4)加入树，如图 11-36 所示。

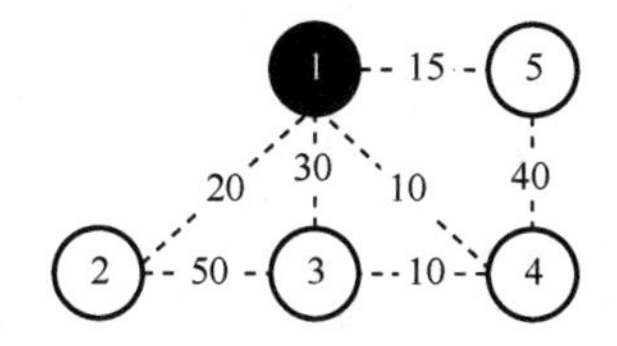

图 11-35　Prim 算法示例

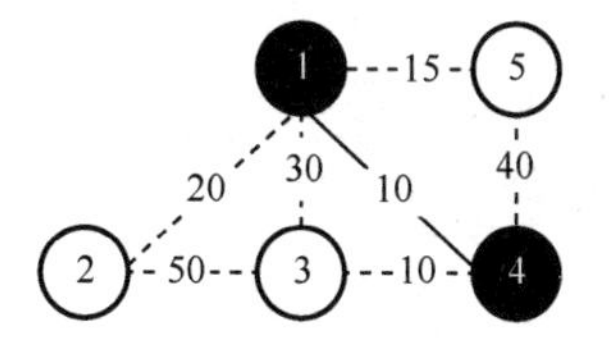

图 11-36　Prim 算法步骤 1

步骤 2　继续从当前树中的顶点 1 和顶点 4 出发的边中寻找权重最小的一条，即在边(1, 2)、(1, 3)、(1, 5)、(4, 3)和(4, 5)中寻找权重最小的边。其中，(4, 1)在当前树中，无须考虑。因此，权重最小的边为(4, 3)，权重为 10，将(4, 3)加入树，如图 11-37 所示。

步骤 3　继续上述步骤，从顶点 1、顶点 4 和顶点 3 出发的树外的边中选出权重最小的一条。其中，权重最小的边为(1, 5)，权重为 15，将(1, 5)加入树，如图 11-38 所示。

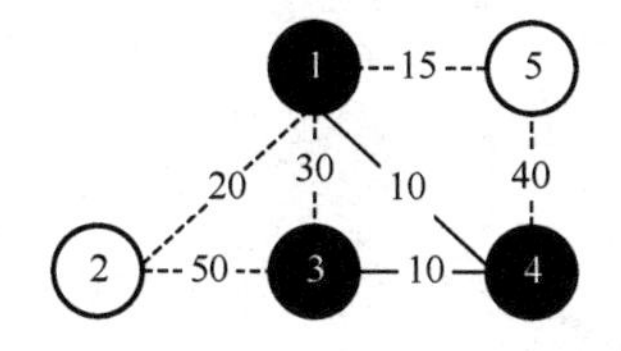

图 11-37　Prim 算法步骤 2

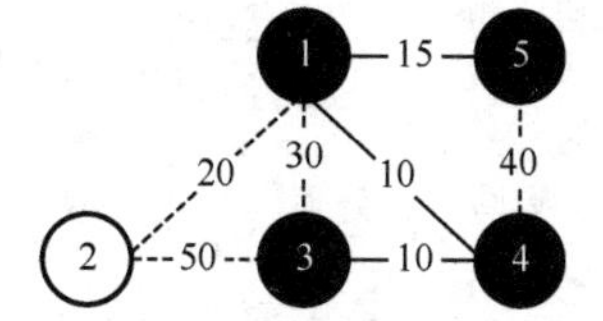

图 11-38　Prim 算法步骤 3

步骤 4　重复上述步骤，从顶点 1、顶点 4、顶点 3 和顶点 5 出发的树外的边中选出权重最小的一条。其中，权重最小的边为(1, 2)，权重为 20，将(1, 2)加入树，如图 11-39 所示。

步骤 5　最后形成的最小生成树，其权重为 55，如图 11-40 所示。

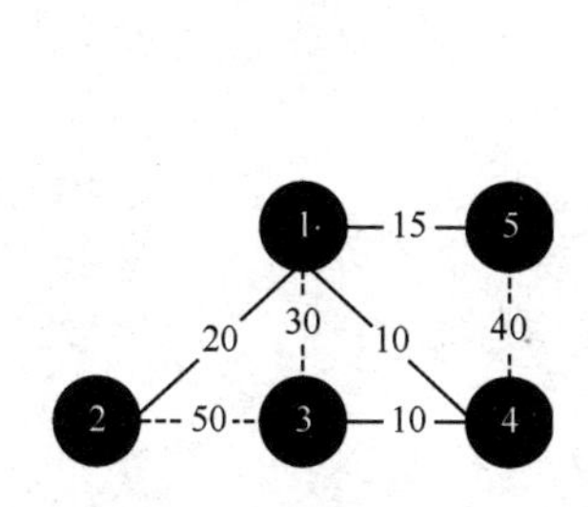

图 11-39　Prim 算法步骤 4

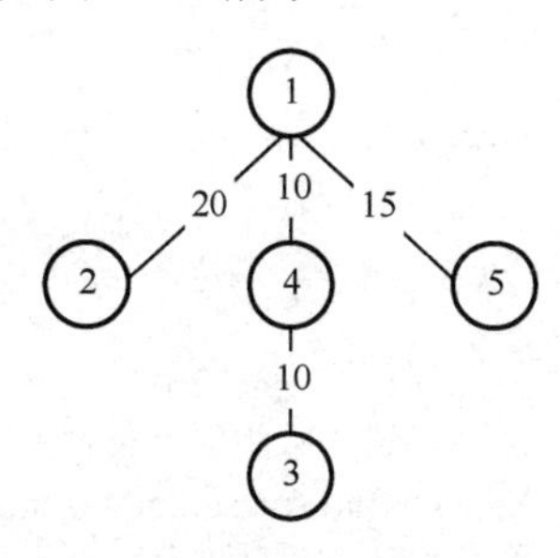

图 11-40　Prim 算法结束

代码如下。

```
class Edge(object):
    def __init__(self, adjVex, weight):
        self.adjVex = adjVex
        self.weight = weight
        self.nextEdge = None

class Vertex(object):
    def __init__(self, data):
        self.data = data
        self.firstEdge = None

class LinkedGraph(object):
    def __init__(self,   vertexs,   edges):
        '''
        :Desc
            构造邻接表
        :param
            vertexs: 顶点集
            edges: 边集
        '''
        self.vertexLen = len(vertexs)
        self.edgeLen = len(edges)
        self.listVex = [Vertex for i in range(self.vertexLen)]
        # 构造表头列表
        self.__addVertex(vertexs)
        # 添加边顶点到图中
        self.__addEdge(edges)

    def __addVertex(self,   vertexs):
        '''
        :Desc
            构造表头列表
        :param
            vertexs: 顶点集
        '''
        for i in range(self.vertexLen):
            self.listVex[i] = Vertex(vertexs[i])

    def __addEdge(self, edges):
        '''
        :Desc
            添加边顶点到图中
        :param
            edges:   边集
        '''
        for i in range(self.edgeLen):
            # 获取边的起始顶点在表头列表中的下标值
            headVexIndex = self.getPosition(edges[i][0])
            # 获取边的弧尾顶点在表头列表中的下标值
            tailVexIndex = self.getPosition(edges[i][1])
            weight = edges[i][2]
```

```
            # 将该边连接到其依附的顶点上
            edge = Edge(tailVexIndex, weight)
            # 如果起始顶点没有其他边依附
            if self.listVex[headVexIndex].firstEdge is None:
                self.listVex[headVexIndex].firstEdge = edge
            # 如果起始顶点已经有其他边依附
            clsc:
                self.__linkLast(self.listVex[headVexIndex].firstEdge,    edge)

    def __linkLast(self,    firstEdge,    newEdge):
        '''
        :Desc
             将新的边添加到顶点 v 的边表表尾
        :param
            firstEdge:依附在顶点 v 上的第一条边
            newEdge:新的边
        '''
        p = firstEdge
        while p.nextEdge:
            p = p.nextEdge
        p.nextEdge = newEdge

    def getPosition(self,    v):
        '''
        :Desc
            获取顶点在列表中的下标值
        :param
            v:顶点
        :return
            如果列表中存在顶点 v，则返回顶点 v 在列表中的下标值
            否则返回-1
        '''
        for i in range(self.vertexLen):
            if self.listVex[i].data is v:
                return i
        return -1

class Prim(object):
    def __init__(self, graph):
        vertexNum = len(graph.listVex)+1
        # 判断顶点是否已经被访问
        self.marked = [False for i in range(vertexNum)]

        self.edgeTo = [[] for i in range(vertexNum)]
        self.distTo = [0 for i in range(vertexNum)]
        self.minDict = dict()
        for i in range(1, vertexNum):
            self.distTo[i] = float('Inf')
        self.visit(graph, 1)
        while self.minDict.__len__():
            self.visit(graph, self.delMin())
```

```
    def delMin(self):
        m = min(self.minDict.items(), key=lambda x:x[1])[0]
        self.minDict.__delitem__(m)
        return m

    def weight(self):
        weight = 0
        for i in range(1, len(self.distTo)):
            weight+=self.distTo[i]
        return weight

    def visit(self, graph, v):
        self.marked[v] = True
        index = graph.getPosition(v)

        edge = graph.listVex[index].firstEdge
        while edge:
            w = graph.listVex[edge.adjVex].data
            if edge.weight < self.distTo[w]:
                self.distTo[w] = edge.weight
                self.edgeTo[w] = [v, w, edge.weight]
                self.minDict[w] = self.distTo[w]
            edge = edge.nextEdge
            if self.marked[w] is True:
                continue

if __name__ == '__main__':
    vertexs=[1, 2, 3, 4, 5]
    edges = [[1, 2, 20], [1, 5, 15], [1, 3, 30], [1, 4, 10],
        [2, 3, 50], [4, 3, 10], [4, 5, 40]]
    graph = LinkedGraph(vertexs, edges)
    prim = Prim(graph)
    print("最小生成树的边集为：", end="")
    for e in prim.edgeTo:
        if e:
            print(e, end=" ")
```

2．Kruskal（克鲁斯卡尔）算法

思想：假设 $N=(V,\{R\})$是连通图，将 N 中的边按权值从小到大的顺序排列。

（1）将 n 个顶点看成 n 个集合。

（2）按权值由小到大的顺序选择边，所选边应满足两个顶点不在同一个顶点集合内，将该边放到生成树边的集合中。同时将该边的两个顶点所在的顶点集合合并。

（3）重复步骤（2），直到所有的顶点都在同一个顶点集合内为止。

例 11-5 使用 Kruskal 算法生成图 11-41 中的无向图的最小生成树，规定顶点 1 作为初始顶点，将顶点 1 加入树，已选取的顶点用黑色表示。

步骤 1 初始状态时，子图是只有 5 个顶点而没有边的非连通图，每个顶点都是一个连通分量，连通分量集 $T=\{\{1\}, \{2\}, \{3\}, \{4\}, \{5\}\}$，边集 $E=\{(1, 2), (1, 3), (1, 4), (1, 5), (2, 3), (3, 4), (4, 5)\}$，如图 11-42 所示。

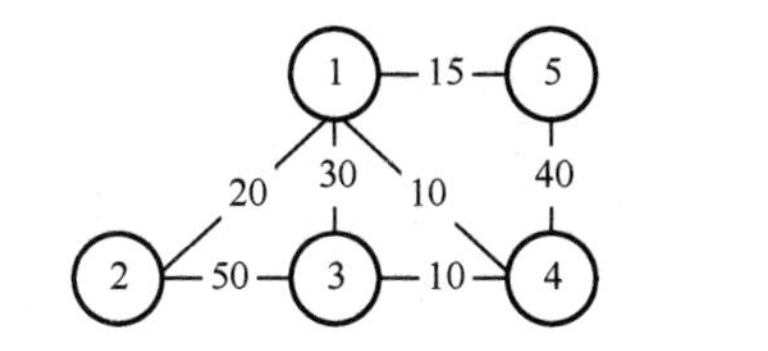

图 11-41 Kruskal 算法示例

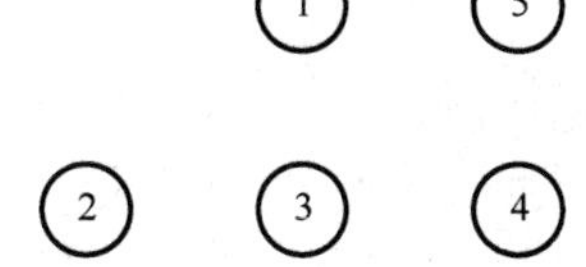

图 11-42 Kruskal 算法步骤 1

步骤 2 在边集 E 中选取权值最小的边(1, 4)，顶点 1 和顶点 4 处于不同的连通分量，可将(1, 4)添加到子图中。在边集 E 中删除边(1, 4)，更新边集 E，$E = \{(1, 2), (1, 3), (1, 5), (2, 3), (3, 4), (4, 5)\}$，更新连通分量集 T，$T = \{\{1, 4\}, \{2\}, \{3\}, \{5\}\}$，如图 11-43 所示。

步骤 3 在边集 E 中选取权值最小的边(3, 4)，顶点 3 和顶点 4 处于不同的连通分量，可将(3, 4)添加到子图中。在边集 E 中删除边(3, 4)，更新边集 E，$E = \{(1, 2), (1, 3), (1, 5), (2, 3), (4, 5)\}$；更新连通分量集 T，$T = \{\{1, 4, 3\}, \{2\}, \{5\}\}$，如图 11-44 所示。

图 11-43 Kruskal 算法步骤 2　　图 11-44 Kruskal 算法步骤 3

步骤 4 在边集 E 中选取权值最小的边(1, 5)，顶点 1 和顶点 5 处于不同的连通分量，可将(1, 5)添加到子图中。在边集 E 中删除边(1, 5)，更新边集 E，$E = \{(1, 2), (1, 3), (2, 3), (4, 5)\}$；更新连通分量集 T，$T = \{\{1, 4, 3, 5\}, \{2\}\}$，如图 11-45 所示。

步骤 5 在边集 E 中选取权值最小的边(1, 2)，顶点 1 和顶点 2 处于不同的连通分量，可将(1, 2)添加到子图中。在边集 E 中删除边(1, 2)，更新边集 E，$E = \{(1, 3), (2, 3), (4, 5)\}$；更新连通分量集 T，$T = \{\{1, 4, 3, 5, 2\}\}$，如图 11-46 所示。

图 11-45 Kruskal 算法步骤 4　　图 11-46 Kruskal 算法步骤 5

步骤 6 最后形成的最小生成树，其权值为 55，如图 11-47 所示。

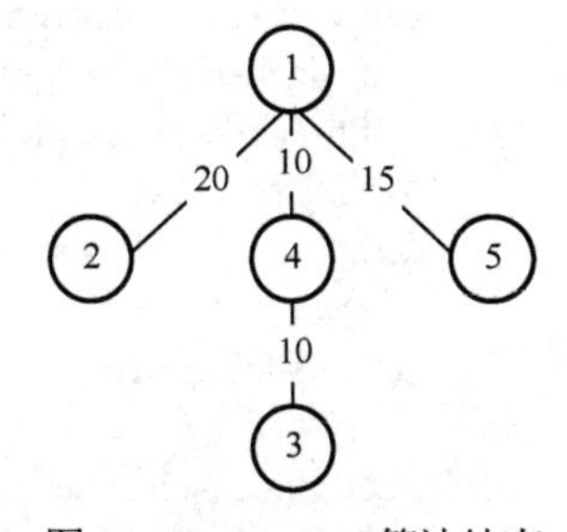

图 11-47 Kruskal 算法结束

注意，将权值最小的边加入非连通图时常常需要判断该边的两个顶点是否处于同一个连通分量。如果处于同一个连通分量，就会形成环，而不能使用该边；如果没有处于同一个连通分量，则可以使用该边。

代码如下。

```
from queue import Queue, PriorityQueue
class Vertex(object):
    def __init__(self, data):
        self.data = data
```

```
        self.firstEdge = None

class Edge(object):
    def __init__(self, adjVex, weight):
        self.adjVex = adjVex
        self.weight = weight
        self.nextEdge = None

class UnionFind:
    def __init__(self, num):
        self.num = num
        self.parentTo = list()
        for i in range(num):
            self.parentTo.append(i)

    def find(self, p):
        while p is not self.parentTo[p]:
            p = self.parentTo[p]
        return p

    def union(self, p, q):
        pRoot = self.find(p)
        qRoot = self.find(q)
        if pRoot != qRoot:
            self.parentTo[pRoot] = qRoot
            self.num -= 1
    def isConnected(self, p, q):
        return self.find(p) == self.find(q)

class LinkedGraph(object):
    def __init__(self,  vertexs,  edges):
        '''
        :Desc
            构造邻接表
        :param
            vertexs: 顶点集
            edges: 边集
        '''
        self.vertexLen = len(vertexs)
        self.edgeLen = len(edges)
        self.listVex = [Vertex for i in range(self.vertexLen)]
        # 构造表头列表
        self.__addVertex(vertexs)
        # 添加边顶点到图中
        self.__addEdge(edges)

    def __addVertex(self,  vertexs):
        '''
        :Desc
            构造表头列表
        :param
            vertexs: 顶点集
        '''
```

```
        for i in range(self.vertexLen):
            self.listVex[i] = Vertex(vertexs[i])

    def __addEdge(self, edges):
        '''
            添加边顶点到图中
        :param
            edges:  边集
        '''
        for i in range(self.edgeLen):
            # 获取边的起始顶点在表头列表中的下标值
            headVexIndex = self.getPosition(edges[i][0])
            # 获取边的弧尾顶点在表头列表中的下标值
            tailVexIndex = self.getPosition(edges[i][1])
            weight = edges[i][2]
            # 将该边连接到其依附的顶点上
            edge = Edge(tailVexIndex, weight)
            # 如果起始顶点没有其他边依附
            if self.listVex[headVexIndex].firstEdge is None:
                self.listVex[headVexIndex].firstEdge = edge
            # 如果起始顶点已经有其他边依附
            else:
                self.__linkLast(self.listVex[headVexIndex].firstEdge,  edge)

    def __linkLast(self,  firstEdge,  newEdge):
        '''
        :Desc
             将新的边添加到顶点 v 的边表表尾
        :param
            firstEdge:依附在顶点 v 上的第一条边
            newEdge:新的边
        '''
        p = firstEdge
        while p.nextEdge:
            p = p.nextEdge
        p.nextEdge = newEdge

    def getPosition(self,  v):
        '''
        :Desc
            获取顶点在列表中的下标值
        :param
            v:顶点
        :return
            如果列表中存在顶点 v，则返回顶点 v 在列表中的下标值
            否则返回-1
        '''
        for i in range(self.vertexLen):
            if self.listVex[i].data is v:
                return i
        return -1

class Kruskal:
```

```
    def __init__(self, graph):
        self.mst = Queue()
        self.edges = PriorityQueue()

        for i in range(len(graph.listVex)):
            a = graph.listVex[i].data
            edge = graph.listVex[i].firstEdge
            while edge:
                b = graph.listVex[edge.adjVex].data
                w = edge.weight
                self.edges.put([w, a, b])
                edge = edge.nextEdge

        uf = UnionFind(graph.edgeLen)
        while not self.edges.empty() and self.mst.qsize() < len(graph.listVex)-1:
            edge = self.edges.get()
            v = edge[1]
            w = edge[2]
            if uf.isConnected(v, w):
                continue
            uf.union(v, w)
            self.mst.put(edge)

    def print(self):
        print("最小生成树边集：", end="")
        while not self.mst.empty():
            print(self.mst.get(), end=" ")

if __name__ == '__main__':
    vertexs=[1, 2, 3, 4, 5]
    edges = [[1, 2, 20], [1, 5, 15], [1, 3, 30], [1, 4, 10],
        [2, 3, 50], [4, 3, 20], [4, 5, 40]]
    g = LinkedGraph(vertexs, edges)
    kruskal = Kruskal(g)
    kruskal.print()
```

11.4.2 最短路径

在生活中，有很多场景都用到了最短路径。例如，从 A 地到 B 地有多条路径，有的耗时长，但是乘客少，无换乘，可直达；有的有换乘，但是不拥堵，整体耗时较短。在各种方案中，乘客往往会根据需要选择一个最佳方案。此问题转化为图后，就是求最短路径。假设要从一个地点去往其他多个不同的地点，例如，以家为源点，终点可能是学校，可能是商场，可能是公园或者其他地方，每个地点可视为图中的一个顶点，这种情况可以抽象为研究有向图中从源点到其他顶点最短路径的问题。

求最短路径的常用算法有 Kijkstra（迪克斯特拉）算法和 Floyd（弗洛伊德）算法。

1. Kijkstra（迪克斯特拉）算法

Kijkstra 算法主要用于求某一顶点到其他各顶点的最短路径，也称贪心算法。

问题的提法：给定一个带权有向图 G 与源点 V，求从 V 到 G 中其他各顶点的最短路径。限定各边的权值大于或等于 0。因此，先求出长度最短的一条最短路径，再参照它求出长度次短的一条最短路径，依次类推，直到从源点 V 到其他各顶点的最短路径全部求出为止。

基本思想：通过 Kijkstra 算法计算图 G 中的最短路径时，需要指定 V（即从源点 V 开始计算）。此外，需要引进两个集合 S 和 U。S 的作用是记录已求出最短路径的顶点（以及相应的最短路径长度），而 U 的作用是记录还未求出最短路径的顶点（以及该顶点到源点 V 的距离）。

（1）初始时，S 中只有 V，U 中是除 V 外的所有顶点；

（2）从 U 中找出路径最短的顶点，并将其加入 S；接着更新 U 中的顶点到源点的距离；

（3）重复步骤（2），直到所有顶点加入 S 为止。

例 11-6　使用 Kijkstra 算法求取图 11-48 所示的有向图 G 的顶点 1 到其他各顶点的最短路径，指定顶点 1 为源点。

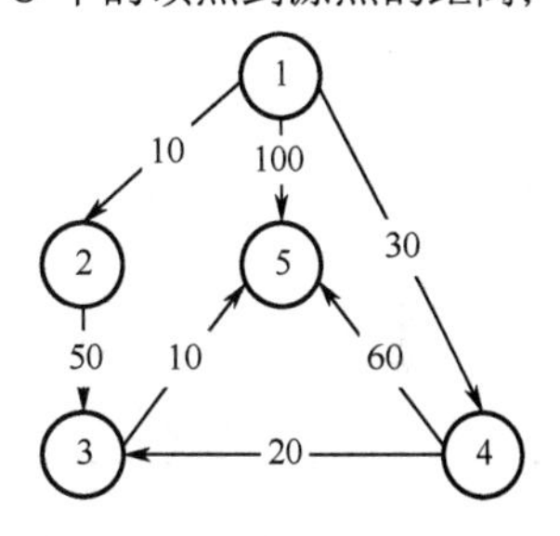

图 11-48　Kijkstra 算法示例

步骤 1　选取顶点 1，将顶点 1 添加到集合 S 中。集合 $S=\{V_1(0)\}$，集合 $U=\{V_2(10), V_3(\infty), V_4(30), V_5(100)\}$。集合 U 中的元素 $V_2(10)$表示从顶点 1 到顶点 2 可达，距离为 10；$V_3(\infty)$表示顶点 1 到顶点 3 之间不存在弧，距离为无穷，如表 11-1 所示。

表 11-1　Kijkstra 算法步骤 1 结果

迭代次数	S	V	U			
			V_2	V_3	V_4	V_5
1	$\{V_1(0)\}$	1	10	∞	30	100

步骤 2　由表 11-1 发现，在集合 U 中可以选取距离顶点 1 最近的顶点 2，距离为 10。因此，当前迭代选择顶点 2，并且在集合 U 中删除顶点 2，将顶点 2 添加到集合 S 中。更新集合 S，$S=\{V_1(0), V_2(10)\}$。对顶点 1 通过顶点 2 继续对其相邻点进行松弛，除顶点 1 本身外，还要借助顶点 2。其中，从顶点 1 到顶点 3，通过松弛可以发现最短路径为 $V_1 \to V_2 \to V_3$，距离为 60。松弛后，更新集合 U，$U=\{V_3(60), V_4(30), V_5(100)\}$，如表 11-2 所示。

表 11-2　Kijkstra 算法步骤 2 结果

迭代次数	S	V	U			
			V_2	V_3	V_4	V_5
1	$\{V_1(0)\}$	1	10	∞	30	100
2	$\{V_1(0), V_2(10)\}$	2		60	30	100

步骤 3　此时最短路径为顶点 1 到顶点 4。继续上述操作，更新集合 S，$S=\{V_1(0), V_2(10), V_4(30)\}$。其中，从顶点 1 到顶点 3，通过松弛，可以发现最短路径为 $V_1 \to V_4 \to V_3$，距离为 50；从顶点 1 到顶点 5，通过松弛，可以发现最短路径为 $V_1 \to V_4 \to V_5$，距离为 90。松弛后，更新集合 U，$U=\{V_3(50), V_5(90)\}$，如表 11-3 所示。

步骤 4　继续上述操作，更新集合 S，$S=\{V_1(0), V_2(10), V_4(30), V_3(50)\}$。其中，从顶点 1 到顶点 5，通过松弛，可以发现最短路径为 $V_1 \to V_4 \to V_3 \to V_5$，距离为 60。松弛后，更新集合 U，$U=\{V_5(60)\}$，如表 11-4 所示。

表 11-3　Kijkstra 算法步骤 3 结果

迭代次数	S	V	U			
			V_2	V_3	V_4	V_5
1	$\{V_1(0)\}$	1	10	∞	30	100
2	$\{V_1(0), V_2(10)\}$	2		60	30	100
3	$\{V_1(0), V_2(10), V_4(30)\}$	4		50		90

表 11-4　Kijkstra 算法步骤 4 结果

迭代次数	S	V	U			
			V_2	V_3	V_4	V_5
1	$\{V_1(0)\}$	1	10	∞	30	100
2	$\{V_1(0), V_2(10)\}$	2		60	30	100
3	$\{V_1(0), V_2(10), V_4(30)\}$	4		50		90
4	$\{V_1(0), V_2(10), V_4(30), V_3(50)\}$	3				60

步骤 5　继续上述操作，直至所有顶点均被访问过，即求的顶点 1 到其余各个顶点的最短路径，更新集合 S，$S = \{V_1(0), V_2(10), V_4(30), V_3(50), V_5(60)\}$。最后得出顶点 1 到其余顶点的最短路径及其最短路径长度，如表 11-5 所示。

表 11-5　Kijkstra 算法结果

顶点 1 到其余顶点的路径	最短路径长度
$V_1 \to V_1$	0
$V_1 \to V_2$	10
$V_1 \to V_4 \to V_3$	50
$V_1 \to V_4$	30
$V_1 \to V_4 \to V_3 \to V_5$	60

代码如下。

```
class Edge(object):
    def __init__(self, adjVex, weight):
        self.adjVex = adjVex
        self.weight = weight
        self.nextEdge = None

class Vertex(object):
    def __init__(self, data):
        self.data = data
        self.firstEdge = None

class LinkedGraph(object):
    def __init__(self,  vertexs,  edges):
        '''
```

```
        :Desc
            构造邻接表
        :param
            vertexs: 顶点集
            edges: 边集
        '''
        self.vertexLen = len(vertexs)
        self.edgeLen = len(edges)
        self.listVex = [Vertex for i in range(self.vertexLen)]
        # 构造表头列表
        self.__addVertex(vertexs)
        # 添加边顶点到图中
        self.__addEdge(edges)

    def __addVertex(self, vertexs):
        '''
        :Desc
            构造表头列表
        :param
            vertexs: 顶点集
        '''
        for i in range(self.vertexLen):
            self.listVex[i] = Vertex(vertexs[i])

    def __addEdge(self, edges):
        '''
        :Desc
            添加边顶点到图中
        :param
            edges: 边集
        '''
        for i in range(self.edgeLen):
            # 获取边的起始顶点在表头列表中的下标值
            headVexIndex = self.getPosition(edges[i][0])
            # 获取边的弧尾顶点在表头列表中的下标值
            tailVexIndex = self.getPosition(edges[i][1])
            weight = edges[i][2]
            # 将该边连接到其依附的顶点上
            edge = Edge(tailVexIndex, weight)
            # 如果起始顶点没有其他边依附
            if self.listVex[headVexIndex].firstEdge is None:
                self.listVex[headVexIndex].firstEdge = edge
            # 如果起始顶点已经有其他边依附
            else:
                self.__linkLast(self.listVex[headVexIndex].firstEdge, edge)

    def __linkLast(self, firstEdge, newEdge):
        '''
        :Desc
            将新的边添加到顶点 v 的边表表尾
        :param
            firstEdge:依附在顶点 v 上的第一条边
```

```
            newEdge:新的边
        '''
        p = firstEdge
        while p.nextEdge:
            p = p.nextEdge
        p.nextEdge = newEdge

    def getPosition(self,   v):
        '''
        :Desc
            获取顶点在列表中的下标值
        :param
            v:顶点
        :return
            如果列表中存在顶点 v，则返回顶点 v 在列表中的下标值
            否则返回-1
        '''
        for i in range(self.vertexLen):
            if self.listVex[i].data is v:
                return i
        return -1

class Dijkstra:
    def __init__(self, graph, v):
        self.edgeTo = [[] for i in range(len(graph.listVex)+1)]
        self.distTo = [float('Inf') for i in range(len(graph.listVex)+1)]
        self.minDict = dict()
        # 将源点到源点的最短距离赋值为 0
        self.distTo[v] = 0
        # 对顶点 v 进行松弛，松弛后从源点到该顶点的最短距离就被确定下来
        self.relax(v)

        while self.minDict.__len__():
            self.relax(self.delMin())


    def relax(self, v):
        '''
        :Desc
            利用顶点 v 进行松弛
        :param
            v: 顶点
        '''
        # 获取顶点 v 在邻接表的表头列表中的下标值
        index = graph.getPosition(v)
        # 得到依附在顶点 v 上的第一条边
        edge = graph.listVex[index].firstEdge
        while edge:
            # 获取弧尾依附在顶点 v 上的边的弧头
            w = graph.listVex[edge.adjVex].data
            # 如果源点到顶点 v 的路径长度加上顶点 v 到顶点 w 的路径长度小于源点到顶点 w 的路
程长度
```

```
                if self.distTo[v]+edge.weight < self.distTo[w]:
                    self.distTo[w] = self.distTo[v]+edge.weight
                    self.edgeTo[w] = [v, w]
                    # 修改当前未作为中转点来进行松弛的顶点距离起点的路径
                    self.minDict[w] = self.distTo[w]
                edge = edge.nextEdge

    def pathTo(self, v):
        '''
        :Desc
            打印源点到顶点 v 的最短路径，用列表存储该最短路径
        :param
            v: 顶点
        :return: 返回最短路径列表
        '''
        if self.distTo[v] is not float('Inf'):
            path = list()
            e = self.edgeTo[v]
            while e:
                path.insert(0, e)
                e = self.edgeTo[e[0]]
            return path
        return None

    def delMin(self):
        '''
        :Desc
            获取距离源点最近的顶点，已作为中转点松弛的顶点不会在字典中
            字典中元素的键表示顶点，值表示源点到该顶点的距离，如下所示
            {2: 20,   5: 15,   3: 30,   4: 10}
        :return:
        '''
        # 获取值最小的元素，即距离源点最近且未作为中转点来进行松弛的顶点
        m = min(self.minDict.items(), key=lambda x:x[1])[0]
        self.minDict.__delitem__(m)
        return m

if __name__ == '__main__':
    vertexs=[1, 2, 3, 4, 5]
    edges = [[1, 2, 10], [1, 5, 100], [1, 4, 30], [2, 3, 50],
        [3, 5, 10], [4, 3, 20], [4, 5, 60]]
    graph = LinkedGraph(vertexs, edges)
    start = 1
    dijstra = Dijkstra(graph, start)
    for v in vertexs:
        if v == start:
            continue
        print("%d to %d: 最小权值: %d;   经过的路径为：%s" % (start, v, dijstra.distTo[v], dijstra.pathTo(v)))
```

2. Floyd（弗洛伊德）算法

Floyd 算法主要用于求任意一对顶点间的最短路径。

基本思想：在原路径中增加一个新中转点，如果产生的新路径比原路径更短，则用新路径代替原路径。这需要定义两个二维列表：列表 dist 用来存储顶点间的最小路径，如 dist[v][w] = 10，表示顶点 v 到顶点 w 的最短路径为 10；列表 edge 用来存储顶点间最小路径的中转点，如 edge[v][w] = u，表示顶点 v 到顶点 w 的最短路径轨迹为 $v \to u \to w$。其中，核心算法为 3 重循环，k 为中转点，v 为起点，w 为终点，循环比较 dist[v][w]和 dist[v][k] + dist[k][w]的值，如果 dist[v][k] + dist[k][w]为最小值，则用 dist[v][k] + dist[k][w]覆盖之前的记录，然后保存在 dist[v][w]中。

例 11-7 使用 Floyd 算法求取图 11-49 所示的有向图 G 中各对顶点之间的最短路径。

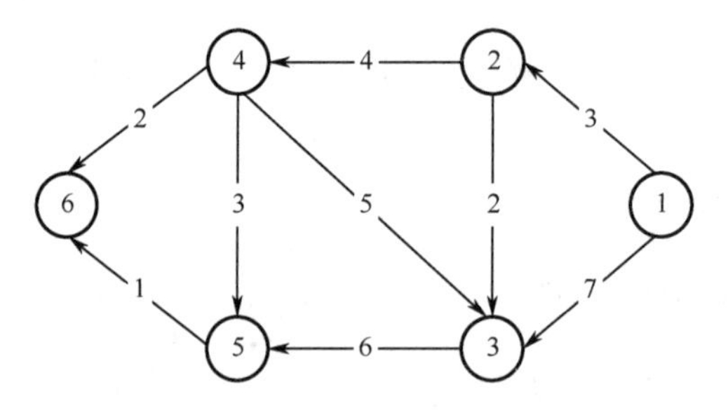

图 11-49 Floyd 算法示例

步骤 1 先对 dist 列表和 edge 列表进行初始化，如表 11-6 和表 11-7 所示。

表 11-6 Floyd 算法步骤 1（dist 列表）

dist 列表						
	V_1	V_2	V_3	V_4	V_5	V_6
V_1	0	3	7	∞	∞	∞
V_2	∞	0	2	4	∞	∞
V_3	∞	∞	0	∞	6	∞
V_4	∞	∞	5	0	3	∞
V_5	∞	∞	∞	∞	0	1
V_6	∞	∞	∞	∞	∞	0

表 11-7 Floyd 算法步骤 1（edge 列表）

edge 列表						
	V_1	V_2	V_3	V_4	V_5	V_6
V_1	V_1	V_1	V_1	V_1	V_1	V_1
V_2	V_2	V_2	V_2	V_2	V_2	V_2
V_3	V_3	V_3	V_3	V_3	V_3	V_3
V_4	V_4	V_4	V_4	V_4	V_4	V_4
V_5	V_5	V_5	V_5	V_5	V_5	V_5
V_6	V_6	V_6	V_6	V_6	V_6	V_6

步骤 2 选中顶点 1，以顶点 1 为中转点，dist 列表中各顶点的最短路径保持不变。

步骤 3 选中顶点 2，以顶点 2 为中转点，修改各顶点之间的最短路径。可以发现 dist[1][3] > dist[1][2] + dist[2][3]，所以修改 dist[1][3] = dist[1][2] + dist[2][3]。顶点 1 到顶点 4 的最

短路径也可借助中转点 V_2 进行修改。更新 dist 列表和 edge 列表，如表 11-8 和表 11-9 所示。

表 11-8　Floyd 算法步骤 3（dist 列表）

dist 列表						
	V_1	V_2	V_3	V_4	V_5	V_6
V_1	0	3	5	7	∞	∞
V_2	∞	0	2	4	∞	∞
V_3	∞	∞	0	∞	6	∞
V_4	∞	∞	5	0	3	∞
V_5	∞	∞	∞	∞	0	1
V_6	∞	∞	∞	∞	∞	0

表 11-9　Floyd 算法步骤 3（edge 列表）

edge 列表						
	V_1	V_2	V_3	V_4	V_5	V_6
V_1	V_1	V_1	V_2	V_2	V_1	V_1
V_2	V_2	V_2	V_2	V_2	V_2	V_2
V_3	V_3	V_3	V_3	V_3	V_3	V_3
V_4	V_4	V_4	V_4	V_4	V_4	V_4
V_5	V_5	V_5	V_5	V_5	V_5	V_5
V_6	V_6	V_6	V_6	V_6	V_6	V_6

步骤 4　继续上述操作，直至所有顶点均被选择作为中转点为止。算法结束后，更新 dist 列表和 edge 列表，如表 11-10 和表 11-11 所示。

表 11-10　Floyd 算法步骤 4（dist 列表）

dist 列表						
	V_1	V_2	V_3	V_4	V_5	V_6
V_1	0	3	5	7	10	9
V_2	∞	0	2	4	7	6
V_3	∞	∞	0	∞	6	7
V_4	∞	∞	5	0	3	2
V_5	∞	∞	∞	∞	0	1
V_6	∞	∞	∞	∞	∞	0

表 11-11　Floyd 算法步骤 4（edge 列表）

edge 列表						
	V_1	V_2	V_3	V_4	V_5	V_6
V_1	V_1	V_1	V_2	V_2	V_4	V_4
V_2	V_2	V_2	V_2	V_2	V_4	V_4

续表

edge 列表						
	V_1	V_2	V_3	V_4	V_5	V_6
V_3	V_3	V_3	V_3	V_3	V_3	V_5
V_4	V_4	V_4	V_4	V_4	V_4	V_4
V_5	V_5	V_5	V_5	V_5	V_5	V_5
V_6	V_6	V_6	V_6	V_6	V_6	V_6

代码如下。

```
class Edge(object):
    def __init__(self, adjVex, weight):
        self.adjVex = adjVex
        self.weight = weight
        self.nextEdge = None

class Vertex(object):
    def __init__(self, data):
        self.data = data
        self.firstEdge = None

class LinkedGraph(object):
    def __init__(self,  vertexs,  edges):
        '''
        :Desc
            构造邻接表
        :param
            vertexs: 顶点集
            edges: 边集
        '''
        self.vertexLen = len(vertexs)
        self.edgeLen = len(edges)
        self.listVex = [Vertex for i in range(self.vertexLen)]
        # 构造表头列表
        self.__addVertex(vertexs)
        # 添加边顶点到图中
        self.__addEdge(edges)

    def __addVertex(self,  vertexs):
        '''
        :Desc
            构造表头列表
        :param
            vertexs: 顶点集
        '''
        for i in range(self.vertexLen):
            self.listVex[i] = Vertex(vertexs[i])

    def __addEdge(self, edges):
        '''
        :Desc
```

```
            添加边顶点到图中
        :param
            edges:  边集
        '''
        for i in range(self.edgeLen):
            # 获取边的起始顶点在表头列表中的下标值
            headVexIndex = self.getPosition(edges[i][0])
            # 获取边的弧尾顶点在表头列表中的下标值
            tailVexIndex = self.getPosition(edges[i][1])
            weight = edges[i][2]
            # 将该边连接到其依附的顶点上
            edge = Edge(tailVexIndex, weight)
            # 如果起始顶点没有其他边依附
            if self.listVex[headVexIndex].firstEdge is None:
                self.listVex[headVexIndex].firstEdge = edge
            # 如果起始顶点已经有其他边依附
            else:
                self.__linkLast(self.listVex[headVexIndex].firstEdge,  edge)

    def __linkLast(self,  firstEdge,  newEdge):
        '''
        :Desc
             将新的边添加到顶点 v 的边表表尾
        :param
            firstEdge:依附在顶点 v 上的第一条边
            newEdge:新的边
        '''
        p = firstEdge
        while p.nextEdge:
            p = p.nextEdge
        p.nextEdge = newEdge

    def getPosition(self,  v):
        '''
        :Desc
            获取顶点在列表中的下标值
        :param
            v:顶点
        :return
            如果列表中存在顶点 v，则返回顶点 v 在列表中的下标值
            否则返回-1
        '''
        for i in range(self.vertexLen):
            if self.listVex[i].data is v:
                return i
        return -1


class Floyd(object):
    def __init__(self, graph):
        vertexNum = len(graph.listVex)
        # 存储各顶点之间的距离，如顶点 0 到顶点 1 的距离为 1，即 self.dist[0][1]=1
```

```
        self.dist = [[0 for i in range(vertexNum + 1)] for j in range(vertexNum + 1)]
        # 存储各顶点之间的最短路径，如顶点 0 到顶点 4 的最短路径为 0→3→4，即 self.edge[0][4]=3
        self.edge = [[0 for i in range(vertexNum + 1)] for j in range(vertexNum + 1)]

        for i in range(1, vertexNum+1):
            for j in range(1, vertexNum+1):
                # 初始化 self.edge，如顶点 i 到顶点 j，即 self.edge[i][j]=i
                self.edge[i][j] = i
                # 起点到起点之间的距离，赋值为 0，如 self.dist[1][1]=0
                if i == j:
                    self.dist[i][j] = 0
                # 否则将起点到其余各顶点赋值为∞
                else:
                    self.dist[i][j] = float('Inf')

        for i in range(len(graph.listVex)):
            v = graph.listVex[i].data
            edge = graph.listVex[i].firstEdge
            while edge:
                w = graph.listVex[edge.adjVex].data
                self.dist[v][w] = edge.weight
                edge = edge.nextEdge

        # v 为起点，w 为终点，利用顶点 k 作为中转点
        # 比较 self.dist[v][w]和 self.dist[v][k]+self.dist[k][w]
        for k in range(1, vertexNum+1):
            for v in range(1, vertexNum+1):
                for w in range(1, vertexNum+1):
                    if self.dist[v][k] + self.dist[k][w] < self.dist[v][w]:
                        self.dist[v][w] = self.dist[v][k] + self.dist[k][w]
                        self.edge[v][w] = self.edge[k][w]


    def pathTo(self, s,  v):
        '''
        :Desc
            打印顶点 s 到顶点 v 的最短路径
        :param
            s: 顶点 s
            v: 顶点 v
        :return:
        '''
        if self.dist[s][v] is not float('Inf'):
            path = list()
            i = v
            while i is not s:
                path.insert(0, i)
                i = self.edge[s][i]
            path.insert(0, s)
            return path
        return None
```

```
if __name__=='__main__':
    vertexs=[1, 2, 3, 4, 5]
    edges = [[1, 2, 20], [1, 5, 15], [1, 3, 30], [1, 4, 10],
        [2, 3, 50], [4, 3, 10], [4, 5, 40]]
    graph = LinkedGraph(vertexs, edges)
    floyd = Floyd(graph)
    for i in range(len(graph.listVex)):
        for j in range(len(graph.listVex)):
            s = graph.listVex[i].data
            w = graph.listVex[j].data
            if s == w:
                continue
            if floyd.dist[s][w] == float('Inf'):
                continue
            print("%s to %s: 最小权值：%s; 经过的点为：%s"%(s, w, floyd.dist[s][w], floyd.pathTo(s, w)))
```

11.4.3 拓扑序列

在有向图 $G=(V,\{R\})$中，V 中顶点的线性序列（$v_{i1},v_{i2},v_{i3},\cdots,v_{in}$）称为拓扑序列。此序列必须满足：对序列中任意两个顶点 v_i、v_j，在 G 中有一条从 v_i 到 v_j 的路径，则在序列中 v_i 必排在 v_j 之前。

在日常生活中，也时常存在拓扑序列，例如，课程间的关系如表 11-12 所示。

表 11-12　课程间的关系

课 程 编 号	课 程 名 称	先 修 课 程
C1	C 语言程序设计	无
C2	高等数学	无
C3	离散数学	C2
C4	数据结构	C1、C3
C5	编译原理	C1、C4
C6	操作系统	C4、C5、C7
C7	专业英语	C4

表 11-12 中的课程间关系，可以用有向图表示，如图 11-50 所示。

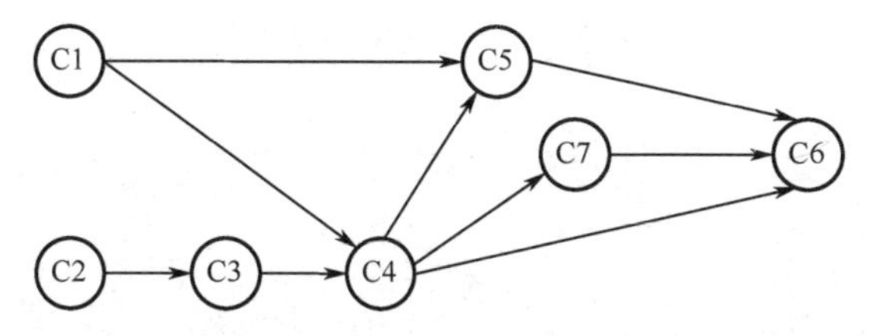

图 11-50　课程间关系的拓扑序列

拓扑序列的排序算法如下：

（1）从有向图中选一个无前驱的顶点输出；

（2）将此顶点和以它为起点的弧删除；

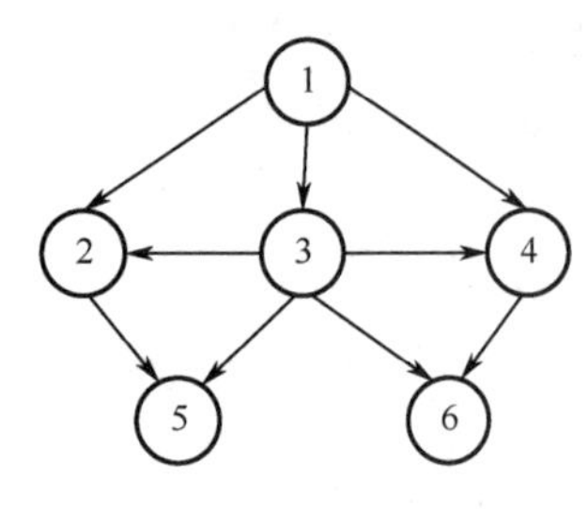
图 11-51　拓扑排序

（3）重复步骤（1）和步骤（2），直到不存在无前驱的顶点为止；

（4）若此时输出的顶点数小于有向图中的顶点数，则说明有向图中存在回路；否则，输出的顶点的顺序即一个拓扑序列。

例 11-8　对图 11-51 中的有向无权图的顶点进行拓扑排序。

步骤 1　从有向图中选一个无前驱的顶点，此例中该顶点为顶点 1，输出顶点 1，并将顶点 1 从有向图中删除，如图 11-52 所示。

步骤 2　继续上述操作，顶点 3 无前驱，则输出顶点 3，并将顶点 3 从有向图中删除，如图 11-53 所示。

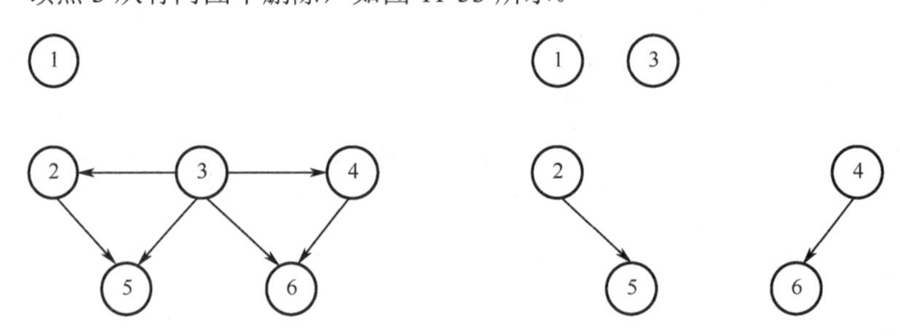
图 11-52　拓扑排序步骤 1　　　　图 11-53　拓扑排序步骤 2

步骤 3　继续上述操作，顶点 2 无前驱，则输出顶点 2，并将顶点 2 从有向图中删除，如图 11-54 所示。

步骤 4　继续上述操作，顶点 4 无前驱，则输出顶点 4，并将顶点 4 从有向图中删除，如图 11-55 所示。

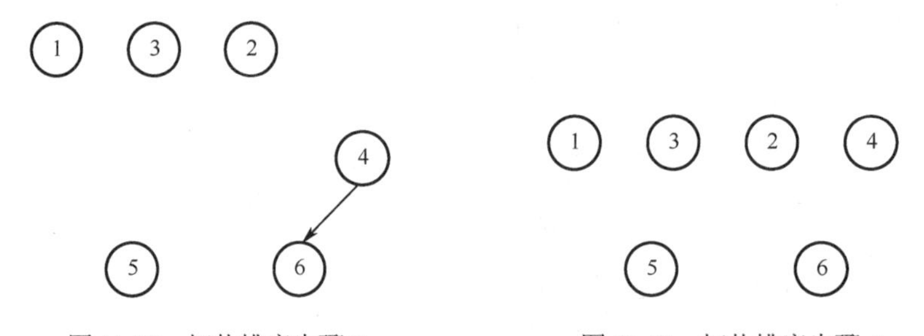
图 11-54　拓扑排序步骤 3　　　　图 11-55　拓扑排序步骤 4

步骤 5　最后将顶点 5 和顶点 6 输出。最终形成的拓扑序列为顶点 1, 3, 2, 4, 5, 6。

注意，有向无权图的拓扑序列不是唯一的，上例得出的拓扑序列只是其中一种。拓扑序列只适用于有向无环图，如果图中存在环，则拓扑序列将不起作用。

代码如下。

```
class Vertex(object):
    def __init__(self, data):
        self.data = data
        self.firstEdge = None

class Edge(object):
    def __init__(self, adjVex):
        self.adjVex = adjVex
        self.nextEdge = None
```

```
class Queue:
    def __init__(self):
        self.items = []

    def isEmpty(self):
        return self.items == []

    def push(self, item):
        self.items.insert(0, item)

    def pop(self):
        return self.items.pop()

    def peek(self):
        return self.items[len(self.items)-1]

class LinkedGraph(object):
    def __init__(self,  vertexs,  edges):
        '''
        :Desc
            构造邻接表
        :param
            vertexs: 顶点集
            edges: 边集
        '''
        self.vertexLen = len(vertexs)
        self.edgeLen = len(edges)
        self.listVex = [Vertex for i in range(self.vertexLen)]
        # 构造表头列表
        self.__addVertex(vertexs)
        # 添加边顶点到图中
        self.__addEdge(edges)

    def __addVertex(self,  vertexs):
        '''
        :Desc
            构造表头列表
        :param
            vertexs: 顶点集
        '''
        for i in range(self.vertexLen):
            self.listVex[i] = Vertex(vertexs[i])

    def __addEdge(self, edges):
        '''
        :Desc
            添加边顶点到图中
        :param
            edges:  边集
        '''
        for i in range(self.edgeLen):
            # 获取边的起始顶点在表头列表中的下标值
            headVexIndex = self.__getPosition(edges[i][0])
```

```
            # 获取边的弧尾顶点在表头列表中的下标值
            tailVexIndex = self.__getPosition(edges[i][1])
            # 将该边连接到其依附的顶点上
            edge = Edge(tailVexIndex)
            # 如果起始顶点没有其他边依附
            if self.listVex[headVexIndex].firstEdge is None:
                self.listVex[headVexIndex].firstEdge = edge
            # 如果起始顶点已经有其他边依附
            else:
                self.__linkLast(self.listVex[headVexIndex].firstEdge,  edge)

    def __linkLast(self,  firstEdge,  newEdge):
        '''
        :Desc
            将新的边添加到顶点 v 的边表表尾
        :param
            firstEdge:依附在顶点 v 上的第一条边
            newEdge:新的边
        '''
        p = firstEdge
        while p.nextEdge:
            p = p.nextEdge
        p.nextEdge = newEdge

    def __getPosition(self,  v):
        '''
        :Desc
            获取顶点在列表中的下标值
        :param
            v:顶点
        :return
            如果列表中存在顶点 v，则返回顶点 v 在列表中的下标值
            否则返回-1
        '''
        for i in range(self.vertexLen):
            if self.listVex[i].data is v:
                return i
        return -1

class topoLogicalSort(object):
    def __init__(self, graph):
        self.queue = Queue()
        self.ins = [0 for i in range(graph.vertexLen)]
        # 拓扑序列
        self.top = [0 for i in range(graph.vertexLen)]
        self.__topoLogicalSort()

    def __topoLogicalSort(self):
        '''
        :Desc
            拓扑排序
        '''
```

```
        # 计算所有顶点的入度
        for i in range(graph.vertexLen):
            edge = graph.listVex[i].firstEdge
            while edge:
                self.ins[edge.adjVex]+=1
                edge = edge.nextEdge

        # 如果顶点入度为 0，则将该顶点入队，实际上是将顶点下标值入队
        for i in range(graph.vertexLen):
            if self.ins[i] is 0:
                self.queue.push(i)
        index = 0
        # 如果队列不为空
        while not self.queue.isEmpty():
            # 将队首出队
            j = self.queue.pop()
            # 将入度为 0 的顶点添加到拓扑序列中
            self.top[index] = graph.listVex[j].data
            index += 1
            # 获取以该顶点为弧头的边
            edge = graph.listVex[j].firstEdge
            while edge :
                # 删除依附在入度为 0 的顶点上的边，弧尾减 1
                self.ins[edge.adjVex]-=1
                # 弧尾减 1 后，若其入度也为 0，则将其入队
                if self.ins[edge.adjVex] == 0:
                    self.queue.push(edge.adjVex)
                edge = edge.nextEdge
        if index != graph.vertexLen:
            print("有环")
        else:
            for i in range(graph.vertexLen):
                print(self.top[i], end=" ")

if __name__ == '__main__':
    vers=[1, 2, 3, 4, 5, 6]
    edges = [[1, 2], [1, 3], [1, 4], [3, 2], [3, 4],
             [2, 5], [3, 5], [3, 6], [4, 6]]
    graph = LinkedGraph(vers,   edges)
    t = topoLogicalSort(graph)
```

11.4.4 关键路径

在有向图中，用顶点表示事件，用弧表示活动，用弧的权值表示活动所需时间，这种方法构造的有向无环图称为边表示活动的网（Activity On Edge Network，AOE 网）。

在介绍 AOE 网的关键路径前，先介绍以下几个基本概念。

- 活动：图中的边。
- 事件：图中的顶点。
- 源点：存在唯一的、入度为 0 的顶点。
- 汇点：存在唯一的、出度为 0 的顶点。
- 持续时间：边的权值。

- 关键路径：从源点到汇点的最长路径的长度为完成整个工程任务所需的时间，该路径即关键路径。
- 关键活动：关键路径上的活动。

AOE 网应用在工程计划和管理中。在工程中，人们最关心哪些活动是影响工程进度的关键活动，并计算出至少需要多长时间能完成整个工程。因此，如何获取工程中的关键路径与关键活动，是保证该工程能够按时完成的关键因素。

AOE 网有以下两个重要性质：

（1）只有在某顶点所代表的事件发生后，从该顶点出发的各活动才能开始；

（2）只有在进入某顶点的各活动都结束后，该顶点所代表的事件才能发生。

因此，求关键路径的基本思路如下：

（1）对图中顶点进行拓扑排序，在排序过程中按拓扑序列求出每个事件的最早发生时间，记为 ve(i)；

（2）按逆拓扑序列求每个事件的最晚发生时间，记为 vl(i)；

（3）找出 ve(i) = vl(i)的活动 a_i，即关键活动。

例 11-9 求图 11-56 中的 AOE 网的关键活动。

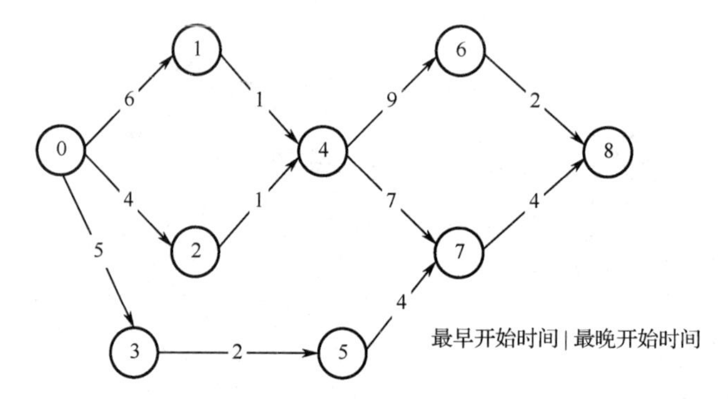

图 11-56 AOE 网的关键活动示例

步骤 1 求出从源点到汇点中每个顶点的最早开始时间，如图 11-57 所示。

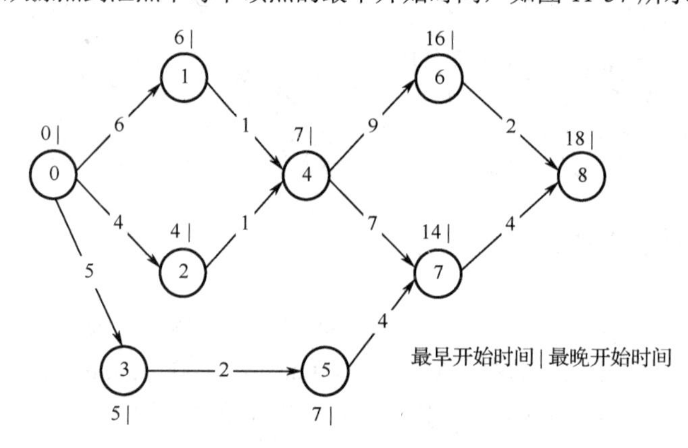

图 11-57 最早开始时间

步骤 2 求出从汇点到源点中每个顶点的最晚开始时间，如图 11-58 所示。

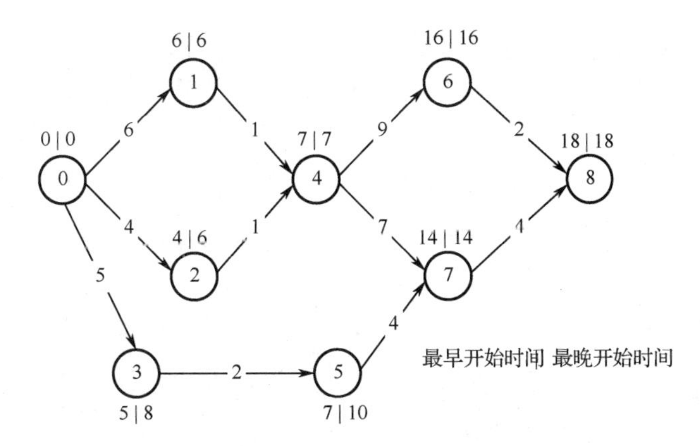

图 11-58　最晚开始时间

步骤 3　由求出的最早开始时间与最晚开始时间可以发现，当最早开始时间等于最晚开始时间时的活动就是关键活动。因此，关键路径有两条：(v_0, v_1, v_4, v_7, v_8)与(v_0, v_1, v_4, v_6, v_8)。

代码如下。

```
class Queue:
    def __init__(self):
        self.items = []

    def isEmpty(self):
        return self.items == []

    def push(self, item):
        self.items.insert(0, item)

    def pop(self):
        return self.items.pop()

    def peek(self):
        return self.items[len(self.items)-1]

class Stack(object):
    def __init__(self):
        self.items=[]

    def isEmpty(self):
        return self.items == []

    def push(self, item):
        self.items.append(item)

    def pop(self):
        return self.items.pop()

    def peek(self):
        return self.items[0]

class Edge(object):
```

```
    def __init__(self, adjVex, weight):
        self.adjVex = adjVex
        self.weight = weight
        self.nextEdge = None

class Vertex(object):
    def __init__(self, data):
        self.data = data
        self.firstEdge = None

class LinkedGraph(object):
    def __init__(self,  vertexs,  edges):
        '''
        :Desc
            构造邻接表
        :param
            vertexs: 顶点集
            edges: 边集
        '''
        self.vertexLen = len(vertexs)
        self.edgeLen = len(edges)
        self.listVex = [Vertex for i in range(self.vertexLen)]
        # 构造表头列表
        self.__addVertex(vertexs)
        # 添加边顶点到图中
        self.__addEdge(edges)

    def __addVertex(self,  vertexs):
        '''
        :Desc
            构造表头列表
        :param
            vertexs: 顶点集
        '''
        for i in range(self.vertexLen):
            self.listVex[i] = Vertex(vertexs[i])

    def __addEdge(self, edges):
        '''
        :Desc
            添加边顶点到图中
        :param
            edges:  边集
        '''
        for i in range(self.edgeLen):
            # 获取边的起始顶点在表头列表中的下标值
            headVexIndex = self.__getPosition(edges[i][0])
            # 获取边的弧尾顶点在表头列表中的下标值
            tailVexIndex = self.__getPosition(edges[i][1])
            weight = edges[i][2]
            # 将该边连接到其依附的顶点上
            edge = Edge(tailVexIndex, weight)
```

```
            # 如果起始顶点没有其他边依附
            if self.listVex[headVexIndex].firstEdge is None:
                self.listVex[headVexIndex].firstEdge = edge
            # 如果起始顶点已经有其他边依附
            else:
                self.__linkLast(self.listVex[headVexIndex].firstEdge,    edge)

    def __linkLast(self,    firstEdge,    newEdge):
        '''
        :Desc
            将新的边添加到顶点 v 的边表表尾
        :param
            firstEdge:依附在顶点 v 上的第一条边
            newEdge:新的边
        '''
        p = firstEdge
        while p.nextEdge:
            p = p.nextEdge
        p.nextEdge = newEdge

    def __getPosition(self,    v):
        '''
        :Desc
            获取顶点在列表中的下标值
        :param
            v:顶点
        :return
            如果列表中存在顶点 v，则返回顶点 v 在列表中的下标值
            否则返回-1
        '''
        for i in range(self.vertexLen):
            if self.listVex[i].data is v:
                return i
        return -1

class criticalPath(object):
    def __init__(self, graph):
        self.queue = Queue()
        self.stack = Stack()
        # 存储关键路径序列
        self.cp = list()
        self.cp.append(graph.listVex[0].data)
        # 存储各顶点的入度
        self.ins = [0 for i in range(graph.vertexLen)]
        # 存储各事件的最早开始时间
        self.ve = [0 for i in range(graph.vertexLen)]
        # 存储各事件的最晚开始时间
        self.vl = [0 for i in range(graph.vertexLen)]
        self.__criticalPath()

    def __findInDegree(self):
        '''
```

```
        :Desc
            计算所有顶点的入度
        '''
        for i in range(graph.vertexLen):
            edge = graph.listVex[i].firstEdge
            while edge:
                self.ins[edge.adjVex] += 1
                edge = edge.nextEdge

    def __topoLogicalSort(self):
        '''
        :Desc
            拓扑排序；获得拓扑序列，并且计算事件的最早开始时间
        '''
        # 计算所有顶点的入度
        self.__findInDegree()
        # 如果顶点入度为 0，则将该顶点入队，实际是将顶点下标值入队
        for i in range(graph.vertexLen):
            if self.ins[i] is 0:
                self.queue.push(i)

        count = 0
        # 如果队列不为空
        while not self.queue.isEmpty():
            # 将队首出队
            i = self.queue.pop()
            self.stack.push(i)
            count += 1
            # 获取以该顶点为弧尾的边
            edge = graph.listVex[i].firstEdge
            while edge :
                w = edge.adjVex
                # 删除依附在入度为 0 的顶点上的边，弧头减 1
                self.ins[edge.adjVex]-=1
                # 弧头减 1 后，若其入度也为 0，将其入队
                if self.ins[edge.adjVex] == 0:
                    self.queue.push(edge.adjVex)
                # 计算事件最早开始时间
                if self.ve[i]+edge.weight > self.ve[w]:
                    self.ve[w] = self.ve[i] + edge.weight
                edge = edge.nextEdge

        # 如果该图为有环图，则无法求解关键路径
        if count != graph.vertexLen:
            return False
        else:
            return True

    def __criticalPath(self):
        # 若是有向图有回路
        if not self.__topoLogicalSort():
            return False
```

```
        # 初始化各事件的最晚开始时间
        for i in range(graph.vertexLen):
            self.vl[i] = self.ve[graph.vertexLen-1]

        # 计算各事件的最晚开始时间
        while not self.stack.isEmpty():
            i = self.stack.pop()
            edge = graph.listVex[i].firstEdge
            while edge:
                k = edge.adjVex
                weight = edge.weight
                if self.vl[k] - weight < self.vl[i]:
                    self.vl[i] = self.vl[k] - weight
                edge = edge.nextEdge

if __name__ == '__main__':
    vers=[1, 2, 3, 4, 5, 6, 7]
    edges = [[1, 2, 3], [1, 3, 4], [2, 4, 8], [3, 4, 9], [4, 5, 7],
              [3, 6, 3], [5, 7, 5], [6, 7, 2]]
    graph = LinkedGraph(vers,  edges)
    cripath = criticalPath(graph)

    for i in range(graph.vertexLen):
        edge = graph.listVex[i].firstEdge
        while edge:
            k = edge.adjVex
            weight = edge.weight
            ee = cripath.ve[i]
            el = cripath.vl[k] - weight
            if ee == el:
                cripath.cp.append(graph.listVex[k].data)
            print("事件%s->%s，最早开始时间：%d，最晚开始时间：%d " % (graph.listVex[i].data,
graph.listVex[k].data,  ee,  el))
            edge = edge.nextEdge
    print("关键路径序列为：%s" % cripath.cp)
```

11.5　讨论课：图是什么

1．讨论主题

图是什么？

2．讨论说明

熟悉深度优先遍历和广度优先遍历的知识。

3．分组形式

每 5 人为一个小组，每个小组设置组长 1 名，组长具体负责任务分配协调。

4. 提交文档

在大量文献调研的基础上，撰写一份答辩 PPT，阐述自己的观点。文件命名为小组序号。

5. 课堂答辩

每个小组派出一名代表进行课堂演讲，每个人演讲 10 分钟，演讲内容需要围绕事先准备好的 PPT 进行。演讲结束后，有 5 分钟的自由提问和回答时间。

6. 考核方法

本次讨论课的最终成绩由两部分构成：PPT 50%，演讲 50%。

11.6 本章实验一：图的邻接矩阵定义与创建

一、实验目的与要求

1. 理解图的邻接矩阵定义。
2. 理解图的创建方式。

二、实验准备与环境

一台安装 Python 的计算机。

三、实验内容

采用邻接矩阵存储结构，实现以下有向赋权图的创建，具体要求如下：

（1）要求定义函数，在函数中创建有向赋权图的邻接矩阵；

（2）要求输入 n 个顶点、e 条边与各条边的权值，n、e 及权值由控制台输入。

【思考】若实现无向赋权图，则如何修改上述函数？

【思考】若实现不带权有向图，则如何修改上述函数？

【思考】补充有向赋权图的其他操作，如加入一条边、删除一条边、增加一个顶点等。

11.7 本章实验二：图的邻接表定义与创建

一、实验目的与要求

1. 理解图的邻接表定义。
2. 理解图的创建方式。

二、实验准备与环境

一台安装 Python 的计算机。

三、实验内容

采用邻接表存储结构，实现以下有向赋权图的创建，具体要求如下：

（1）要求定义函数，在函数中创建有向赋权图的邻接表；

（2）要求输入 n 个顶点、e 条边与各条边的权值，n、e 及权值由控制台输入。

【思考】若实现无向赋权图，则如何修改上述函数？

【思考】若实现不带权有向图，则如何修改上述函数？

【思考】补充有向赋权图的其他操作，如加入一条边、删除一条边、增加一个顶点等。

11.8　综合实验：校友通讯录——图的应用

一、实验目的与要求

1．复习图。

2．熟悉图的存储结构。

3．熟悉图的应用。

二、实验准备与环境

一台安装 Python 的计算机。

三、实验内容

1．功能需求

某学校要开发一个校友管理系统，其部分功能如下。

（1）院系信息列表，如下表所示。通过输入编号、院系名称、地址等信息，新增院系信息，并可以根据输入的院系编号进行频繁的查找操作。

院系信息列表

编　号	院 系 名 称	地　址
1	计算与信息科学学院	1 号楼
2	应用科学与工程学院	3 号楼
3	商学院	2 号楼
…	…	…

（2）校友信息列表，如下表所示。通过输入院系名称、姓名、毕业年份、联系方式，新增校友信息，并可以根据输入的编号进行频繁的删除操作。

校友信息列表

编　号	院 系 名 称	姓　名	毕 业 年 份	联 系 方 式
1	计算与信息科学学院	张三	2010	18899997777
2	应用科学与工程学院	李四	2014	19988886666
3	计算与信息科学学院	王五	2005	13366663333
4	商学院	赵六	2018	17733332222
5	商学院	钱七	2013	16688889999
…	…	…	…	…

2．案例要求

给定院系之间的交通图。若院系 i 和 j 之间有路可通，则 i 和 j 用边连接，边的权值 W_{ij} 表示这条路的长度。现某位校友打算以某个院系为起点，访问各个院系。采用 Dijkstra 算法完成以下要求（院系之间为无向图，但所写算法对加强命题有向图也须成立）：

（1）找出该校友应该以哪个院系为起点，才能使距离该校友最远的院系与他的距离最短；

（2）找出该校友应该以哪个院系为起点，才能使其他所有院系与他的距离之和最短。

提示：

（1）对于第一个问题，可以先求出每个院系到其他所有院系的最短路径，保存其最大值（假设校友在该院系，距离他最远的院系的路径长度）；然后在这些最大值中找出一个最小值。

（2）对于第二个问题，可以先求出每个院系到其他所有院系的最短路径，保存其累加和（假设校友在该院系，其他所有院系距离他的路径总和）；然后在这些和中找出一个最小值。

11.9 本章习题

一、选择题

1．具有 n 个顶点的无向完全图，边的总数为（　　）条。

A．$n-1$　　B．n　　C．$n+1$　　D．$n\times(n-1)/2$

2．一个图中包含 k 个连通分量，若要按照深度优先遍历的方法访问所有顶点，则必须调用（　　）次深度优先遍历的算法。

A．k　　B．1　　C．$k-1$　　D．$k+1$

3．若要把 n 个顶点连接为一个连通图，则至少需要（　　）条边。

A．n　　B．$n+1$　　C．$n-1$　　D．$2n$

4．对于一个无向图，下面说法正确的是（　　）。

A．每个顶点的入度等于出度　　B．每个顶点的度等于其入度与出度之和

C．每个顶点的入度为 0　　D．每个顶点的出度为 0

5．存储无向图的邻接矩阵一定是一个（　　）。

A．上三角矩阵　　B．稀疏矩阵　　C．对称矩阵　　D．对角矩阵

6．若一个图的边集为{(A, B), (A, C), (B, D), (C, F), (D, E), (D, F)}，则从顶点 A 开始对该图进行深度优先遍历，得到的顶点序列可能为（　　）。

A．A,B,C,F,D,E　　B．A,C,F,D,E,B　　C．A,B,D,C,F,E　　D．A,B,D,F,E,C

7．若一个图的边集为{<1, 2>, <1, 4>, <2, 5>, <3, 1>, <3, 5>, <4, 3>}，则从顶点 1 开始对该图进行广度优先遍历，得到的顶点序列可能为（　　）。

A．1,2,3,4,5　　B．1,2,4,3,5　　C．1,2,4,5,3　　D．1,4,2,5,3

8．以下说法中不正确的是（　　）。

A．无向图的极大连通子图称为连通分量

B．连通图的广度优先遍历中一般要采用队列来暂存刚访问过的顶点

C．图的深度优先遍历中一般要采用栈来暂存刚访问过的顶点

D．有向图的遍历不可采用广度优先遍历方法

9．已知一个有向图的边集为{<a, b>, <a, c>, <a, d>, <b, d>, <b, e>, <d, e>}，则由该图产生的一

种可能的拓扑序列为（　　）。

A．图中有奇数个顶点　　　　B．图中有偶数个顶点

C．图为无向图　　　　D．图为有向图

10．下列关于 AOE 网的叙述中，不正确的是（　　）。

A．关键活动不按期完成就会影响整个工程的完成时间

B．任何一个关键活动提前完成，那么整个工程将会提前完成

C．所有关键活动都提前完成，那么整个工程将会提前完成

D．某些关键活动提前完成，那么整个工程将会提前完成

二、填空题

1．在一个具有 n 个顶点的无向完全图中，包含________条边；在一个具有 n 个顶点的完全有向图中，包含________条边。

2．假定一个有向图的顶点集为{a, b, c, d, e, f}，边集为{<a, c>, <a, e>, <c, f>, <d, c>, <e, b>, <e, d>}，则出度为 0 的顶点个数为________，入度为 1 的顶点个数为________。

3．若一个图的顶点集为{a, b, c, d, e, f}，边集为{(a, b), (a, c), (b, c), (d, e)}，则该图含有________个连通分量。

4．已知一个无向图如下图所示，在该图的最小生成树中，各边的权值之和为________。

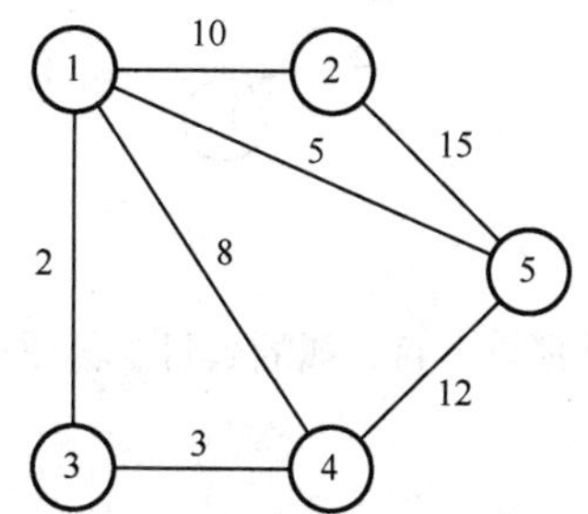

5．对于如下图所示的无向图，假定采用邻接矩阵表示，试分别写出从顶点 0 出发，按照深度优先遍历得到的顶点序列________和按广度优先遍历得到的顶点序列________。

（注：每种序列都是唯一的，因为都是在存储结构上得到的。）

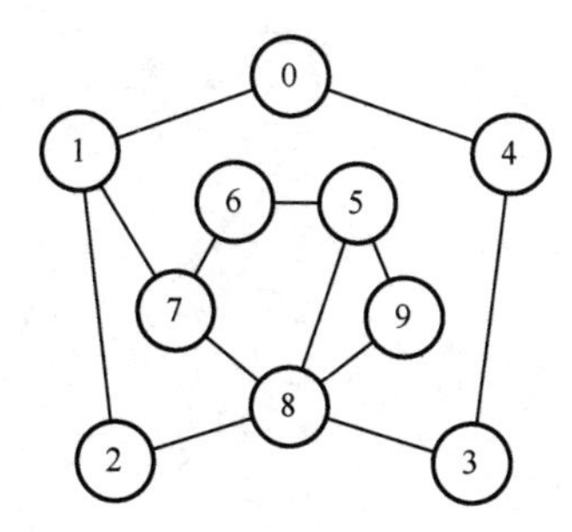

三、简答题

1．已知如下图所示的一个网，使用 Prim 方法，从顶点 V_1 出发，求该网的最小生成树，并给出产生过程。

2．已知如下图所示的一个网，使用 Kruskal 方法，从顶点 V_1 出发，求该网的最小生成树，并给出产生过程。

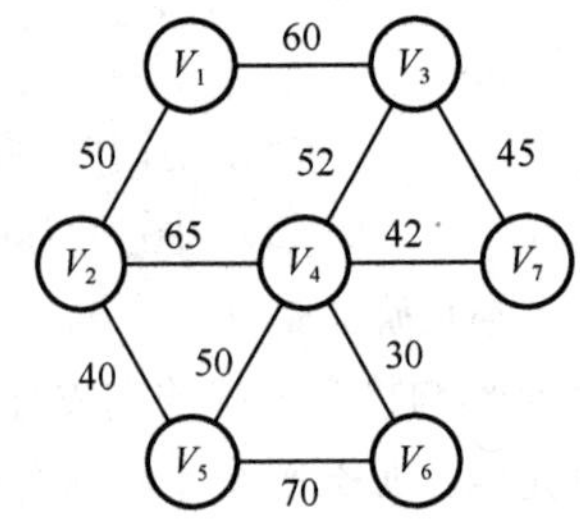

3．下图给出了一个具有 15 个活动、11 个时间的工程的 AOE 网，求其关键路径。

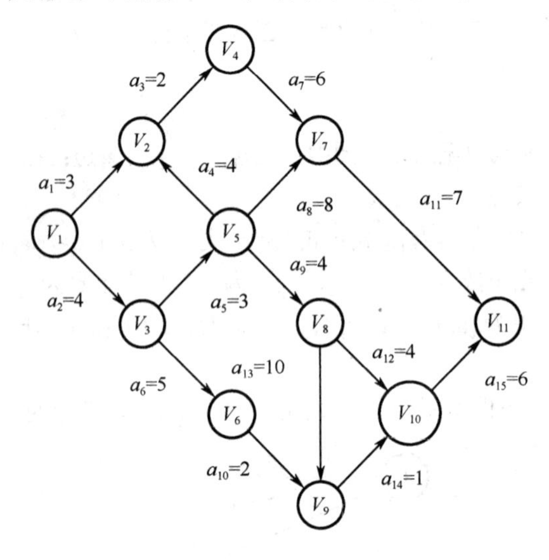

四、编程题

编写一个算法，用依次输入的顶点数目、弧的数目、各顶点信息和各弧信息建立有向图的邻接表。

第 12 章

计算式查找法

计算式查找法也称哈希表查找法，是在大量信息中寻找特定信息元素的一种方法。它的基本思想是利用哈希函数给数据元素的关键字和数据元素的存储位置建立对应关系，从而直接按关键字找到需要的数据元素。

- 理解哈希表的基本概念
- 掌握如何构造哈希函数
- 掌握如何处理冲突

12.1 什么是哈希表

哈希表是利用关键字与地址的直接映射关系产生的列表。哈希表的最大优势在于，在理想情况下，一个关键字对应一个存储位置，可以由 key 值找到其在哈希表中的位置。

哈希表的基本思想：在元素的关键字 key 和元素的存储位置 p 之间建立一个对应关系 f，使得 $p=f(\text{key})$，f 称为哈希函数；创建哈希表时，把关键字为 key 的元素直接存入地址为 $f(\text{key})$的单元；以后当查找关键字为 key 的元素时，利用哈希函数计算出该元素的存储位置 $p=f(\text{key})$，从而达到按关键字直接存取元素的目的。

例 12-1 假设一组元素为 Apple，Banana，Cat，Dog，Eat，Fat，创建哈希表。

采用的哈希函数是取其第一个字母在字母表中的位置序号，数学表达式是 $h(x) = \text{ord}(x) - \text{ord}('A') + 1$。其中，ord( ) 是求字符内码的函数。可得：

$h(\text{Apple}) = 1$，　　$h(\text{Banana}) = 2$

$h(\text{Cat}) = 3$，　　$h(\text{Dog}) = 4$

$h(\text{Eat}) = 5$，　　$h(\text{Fat}) = 6$

设哈希表的表长为 10（10 个存储单元），则按上述哈希函数得到的哈希表如图 12-1 所示。

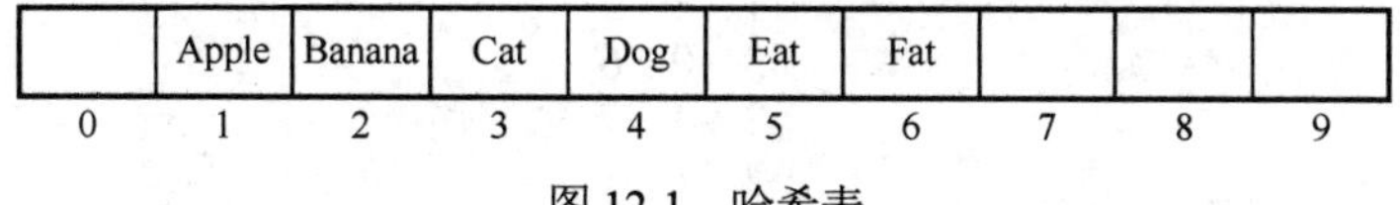

图 12-1　哈希表

当关键字集合很大时，关键字值不同的元素可能会映像到哈希表的同一个地址上，即 $k_1 \neq k_2$，但 $f(k_1)=f(k_2)$，这种现象称为冲突。冲突不可避免，只能通过改进哈希函数的性能来减少。

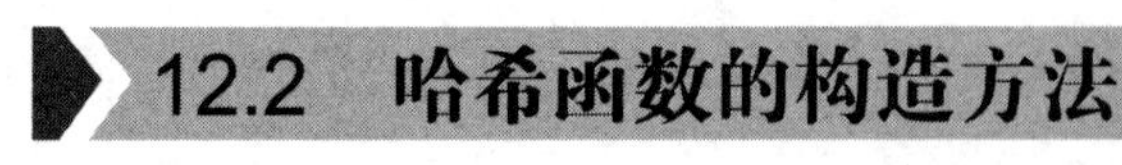

12.2 哈希函数的构造方法

哈希表的目标是使散列地址尽可能均匀地分布在散列地址空间上。根据关键字的结构和分布不同，可构造出与之适应的不相同的散列函数。因此，函数本身应便于计算，并且，该函数计算出来的地址分布均匀，即对任一关键字 key，f(key)对应不同地址的概率相等，目的是尽可能减少冲突。

1．数字分析法

如果事先知道关键字集合，并且每个关键字的各位上数值的出现概率，选出均匀分布的若干位，构成哈希地址。

例 12-2 有 80 个元素，关键字为 8 位十进制整数 $d_1d_2\cdots d_8$，例如，哈希表长度取为 100，则哈希表的地址空间为 0～99。

假设已知各关键字中 d_4 与 d_7 的值分布较均匀，那么可定义哈希函数为 $f(\text{key}) = f(d_1d_2\cdots d_8) = d_4d_7$。

例如，$f(81346532) = 43$；$f(81301367) = 06$。

2．平方取中法

当无法确定关键字中哪几位分布较均匀时，可以先求出关键字的平方值，再按需要取平方值的中间几位作为哈希地址。

例 12-3 假设把英文字母在字母表中的位置序号作为该英文字母的内部编码，则字母 K 的内部编码为 11，E 的内部编码为 05，B 的内部编码为 02，A 的内部编码为 01，由此组成的关键字“KEBA”的内部代码为 11050201。对 11050201 进行处理后得 122106942140401，取出中间位置（即第 7 位到第 9 位）作为该关键字的哈希地址，即 f("KEBA") = 942。

3．分段叠加法

分段叠加法是指按哈希表地址码位数将关键字分成位数相等的几部分（最后一部分可以较短），将这几部分相加，舍弃最高进位后的结果就是该关键字的哈希地址。具体又分为移位叠加法和折叠叠加法。

例 12-4 某元素的关键字值 key = 12360324711202065，把该关键字分成 3 位一段，舍去最低的两位 65。

（1）移位叠加法：

$$\begin{array}{r}
1\ 2\ 3 \\
6\ 0\ 3 \\
2\ 4\ 7 \\
1\ 1\ 2 \\
+\ 0\ 2\ 0 \\
\hline
1\ 1\ 0\ 5
\end{array}$$

（2）折叠叠加法：

$$\begin{array}{r}
1\ 2\ 3 \\
3\ 0\ 6 \\
2\ 4\ 7 \\
2\ 1\ 1 \\
+\ 0\ 2\ 0 \\
\hline
9\ 0\ 7
\end{array}$$

4．直接地址法

直接地址法以关键字 key 本身或关键字的某个线性函数值为散列地址，对应的散列函数为 $f(\text{key}) = \text{key} + b$，其中，$b$ 为常数。

直接地址法计算简单，且不会产生冲突，适用于关键字分布基本连续的情况。若关键字分布不连续，空位较多，则会造成空间浪费。

5．除留余数法

假设哈希表长为 m，p 为小于或等于 m 的最大素数，则哈希函数为 $f(\text{key}) = \text{key}\%p$。其中，%为模 p 取余运算。

例 12-5　已知待散列元素为(18,75,60,43,54,90,46)，表长 $m = 10$，$p = 7$，则有：

$f(18) = 18\%7 = 4$

$f(75) = 75\%7 = 5$

$f(60) = 60\%7 = 4$

$f(43) = 43\%7 = 1$

$f(54) = 54\%7 = 5$

$f(90) = 90\%7 = 6$

$f(46) = 46\%7 = 4$

但是，由上述结果可以发现，冲突较多。为减少冲突，可取较大的 m 值与 p 值，如 $m = p = 13$，结果如下：

$f(18) = 18\%13 = 5$

$f(75) = 75\%13 = 10$

$f(60) = 60\%13 = 8$

$f(43) = 43\%13 = 4$

$f(54) = 54\%13 = 2$

$f(90) = 90\%13 = 12$

$f(46) = 46\%13 = 7$

此时没有冲突，哈希表存储结构如图 12-2 所示。

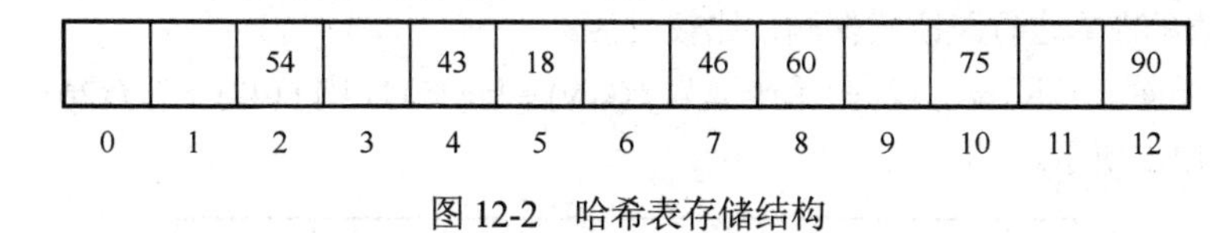

		54		43	18		46	60		75		90
0	1	2	3	4	5	6	7	8	9	10	11	12

图 12-2　哈希表存储结构

12.3　处理冲突的方法

冲突会降低查找效率，所以需要及时处理，常用方法有开放定址法（再散列法）、链地址法、再哈希法、建立公共溢出区。

12.3.1　开放定址法（再散列法）

当关键字 key 的哈希地址 $p = f(\text{key})$出现冲突时，以 p 为基础，产生另一个哈希地址 p_1，如

果 p_1 仍然冲突，再以 p 为基础，产生另一个哈希地址 p_2，如此进行，直至找出一个不冲突的哈希地址 p_i，将相应元素存入其中。

这种方法有一个通用的再散列函数形式：$f_i=(f(\text{key})+d_i)\%m$，$i=1,2,\cdots,n$。其中，$f(\text{key})$为哈希函数，$m$ 为表长，d_i 为增量序列。d_i 的取值方式不同，相应的再散列方式也不同，主要有以下三种。

1. 线性探测再散列

$f_i=(f(\text{key})+d_i)\%m$，$i=1,2,\cdots,n$，$d_i=1,2,3,\cdots,m-1$。特点是冲突发生时，顺序查看表中下一单元，直至找出一个空单元或查遍全表。

例 12-6 哈希表长度 $m=12$，哈希函数为$f(\text{key})=\text{key}\%11$，则$f(47)=3$，$f(26)=4$，$f(60)=5$，存储结构如图 12-3 所示。

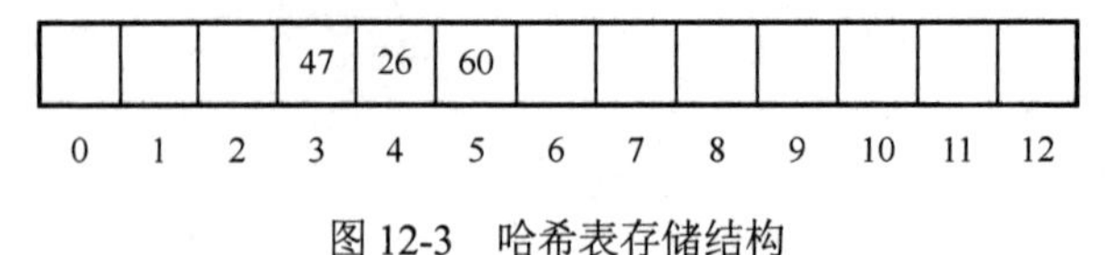

图 12-3 哈希表存储结构

哈希函数为$f(\text{key})=\text{key}\%11$，关键字 69 应存在哪里？解答如下。

$f(69)=69\%11=3$，与 47 冲突；

取 $d_i=1$，下一个哈希地址为$f_1=(3+1)\%11=4$，仍然冲突；

再取 $d_i=2$，下一个哈希地址为$f_2=(3+2)\%11=5$，还是冲突；

继续取 $d_i=3$，得到哈希地址为$f_3=(3+3)\%11=6$，不冲突了，即 6 单元就是 69 最终的哈希地址，如图 12-4 所示。

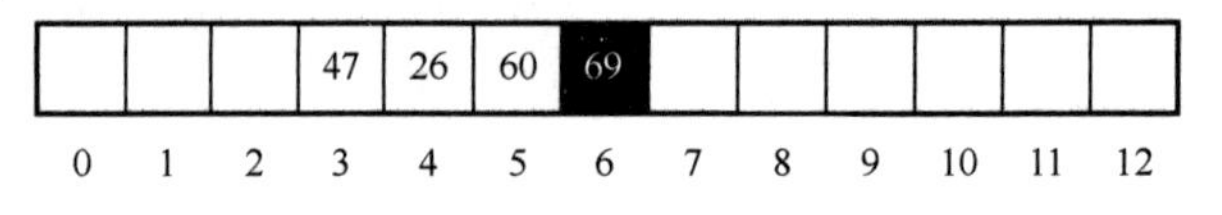

图 12-4 用线性探测再散列解决冲突后的哈希表

2. 二次探测再散列

$f_i=(f(\text{key})+d_i)\%m$，$i=1,2,\cdots,n$，$d_i=1^2,-1^2,2^2,-2^2,\cdots,\text{key}^2,-\text{key}^2$（$\text{key}\leqslant m/2$）。特点是冲突发生时，在表的左右进行跳跃式探测，比较灵活。

例 12-7 哈希表长度 $m=12$，哈希函数为$f(\text{key})=\text{key}\%11$，则$f(47)=3$，$f(26)=4$，$f(60)=5$，存储结构如图 12-5 所示。

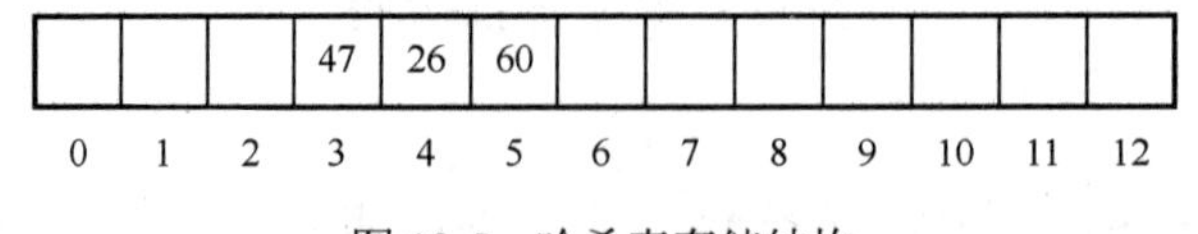

图 12-5 哈希表存储结构

哈希函数为$f(\text{key})=\text{key}\%11$，关键字 69 应存在哪里？

$f(69)=69\%11=3$，与 47 冲突；

取 $d_i=1$，下一个哈希地址为$f_1=(3+1^2)\%11=4$，仍然冲突；

再取 $d_i=-1$，下一个哈希地址为$f_2=(3-1^2)\%11=2$，不冲突，将 69 存入 2 单元，如图 12-6 所示。

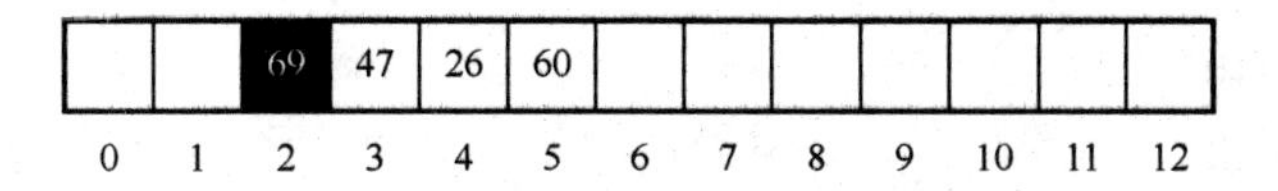

图 12-6　用二次探测再散列解决冲突后的哈希表

3．伪随机探测再散列

$f_i=(f(\text{key})+d_i)\% m$，$i=1,2,\cdots,n$，$d_i$=伪随机数序列。

例 12-8　哈希表长度 $m=12$，哈希函数为 $f(\text{key})=\text{key}\%11$，则 $f(47)=3$，$f(26)=4$，$f(60)=5$，存储结构如图 12-7 所示。

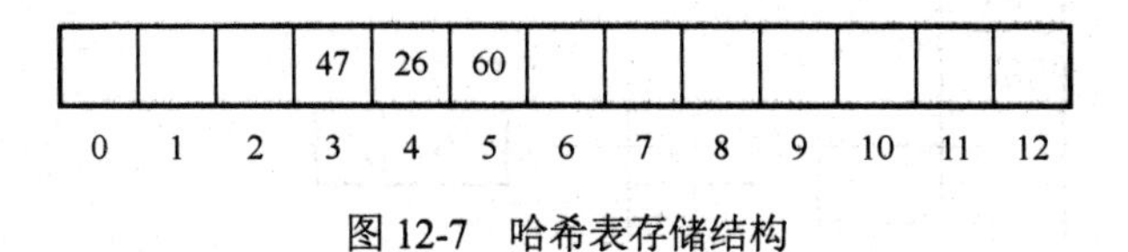

图 12-7　哈希表存储结构

哈希函数为 $f(\text{key})=\text{key}\%11$，关键字 69 应存在哪里？

$f(69)=69\%11=3$，与 47 冲突；

假设伪随机序列为 2, 5, 9, …，取 $d_i=2$，下一个哈希地址为 $f_1=(3+2)\%11=5$，仍然冲突；

再取 $d_i=5$，下一个哈希地址为 $f_2=(3+5)\%11=8$，不冲突，将 69 存入 8 单元，如图 12-8 所示。

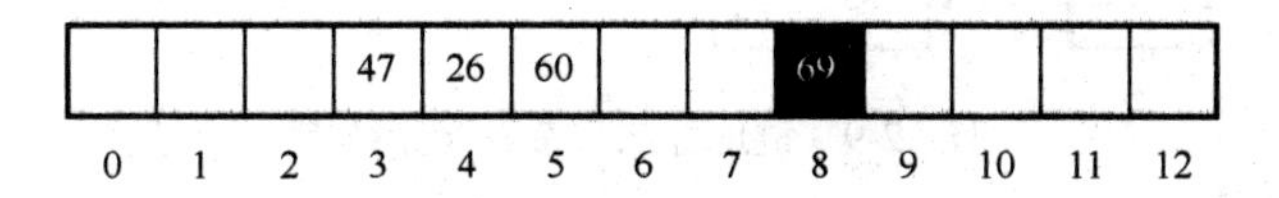

图 12-8　用伪随机探测再散列解决冲突后的哈希表

线性探测再散列容易产生“二次聚集”，即在处理同义词的冲突时又导致非同义词的冲突。线性探测再散列的优点在于，只要哈希表不满，就一定能找到一个不冲突的哈希地址；而二次探测再散列和伪随机探测再散列则不一定。

12.3.2 链地址法

由所有哈希地址为 i 的元素构成一个称为同义词链的单链表，并将单链表的头指针存储在哈希表的第 i 个单元中，因而查找、插入和删除主要在同义词链中进行。

例 12-9　关键字为(32,40,36,53,16,46,71,27,42,24,49,64)，哈希表长度为 13，哈希函数为 $f(\text{key})=\text{key}\ \%\ 13$，用链地址法处理冲突如下。

$f(32)=32\%13=6$

$f(40)=40\%13=1$

$f(36)=36\%13=10$

$f(53)=53\%13=1$

$f(16)=16\%13=3$

$f(46)=46\%13=7$

$f(71)=71\%13=6$

$f(27)=27\%13=1$

$f(42)=42\%13=3$

$f(24)=24\%13=11$

$f(49) = 49\%13=10$

$f(64) = 64\%13=12$

本例的存储结构如图 12-9 所示。

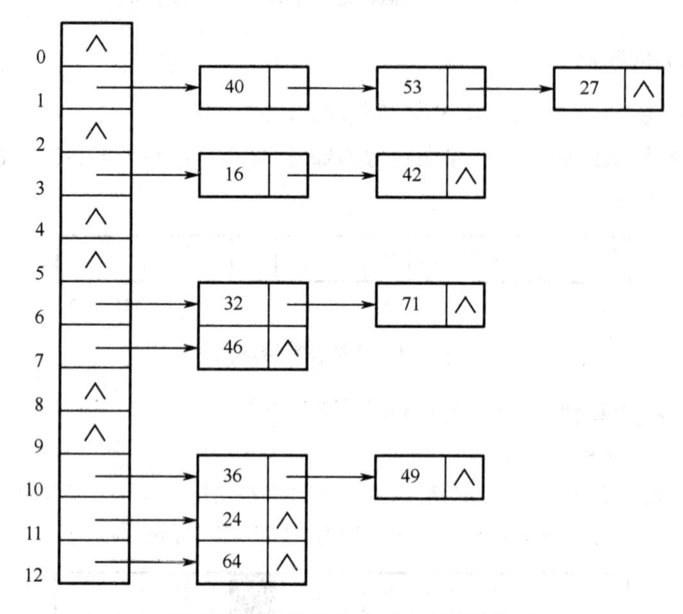

图 12-9　链地址法哈希表存储结构

12.3.3 再哈希法

再哈希法是指同时构造多个不同的哈希函数：$f_i = \mathrm{RH}_1(\mathrm{key})$，$i = 1,2,\cdots,k$，当哈希地址 $f_i = \mathrm{RH}_1(\mathrm{key})$发生冲突时，再计算 $f_i = \mathrm{RH}_2(\mathrm{key})$，依次进行，直至冲突不再产生。

再哈希法的优点是不易产生聚集；缺点是增加计算时间。

12.3.4 建立公共溢出区

在计算式查找法中建立公共溢出区的主要目的是解决哈希函数冲突问题。哈希函数将数据元素的关键字映射到存储位置，但由于哈希函数的限制，可能会产生冲突，即多个关键字映射到同一个存储位置。

公共溢出区是一种解决哈希冲突的策略。当发生哈希冲突时，可以将数据元素存储在公共溢出区。这个区域可以是连续的存储空间，也可以是链表或其他数据结构。

公共溢出区的建立过程主要包括以下步骤。

（1）确定公共溢出区的存储空间：根据哈希表的大小和数据元素的数量，确定公共溢出区的大小和存储位置。

（2）分配存储空间：为公共溢出区分配相应的存储空间，如一个连续的列表或链表等。

（3）处理哈希冲突：当发生哈希冲突时，将数据元素存储在公共溢出区。可以根据数据元素的关键字进行排序或链接，以便后续查找。

（4）更新哈希表：在将数据元素存储在公共溢出区后，更新哈希表的存储位置，以反映新的数据元素。

建立公共溢出区可以解决哈希函数冲突问题，提高查找效率。注意，公共溢出区的建立和管理需要额外的存储空间与时间复杂度，因此需要权衡其使用成本和效益。

12.4　哈希查找法

实际上，哈希表的查找过程与创建过程是一致的。

算法思想：

当查找关键字为 key 的元素时，先计算 $h_0 = f(\text{key})$，如果单元 h_0 为空，则所查元素不存在；如果单元 h_0 中元素的关键字为 key，则找到所查元素。

否则，重复下述解决冲突的过程：按解决冲突的方法，找出下一个哈希地址 h_i，如果单元 h_i 为空，则所查元素不存在；如果单元 h_i 中元素的关键字为 key，则找到所查元素。

例 12-10　已知有如图 12-10 所示的哈希表，采用的散列函数是取其第一个字母在字母表中的位置序号。采用线性探测再散列处理冲突。

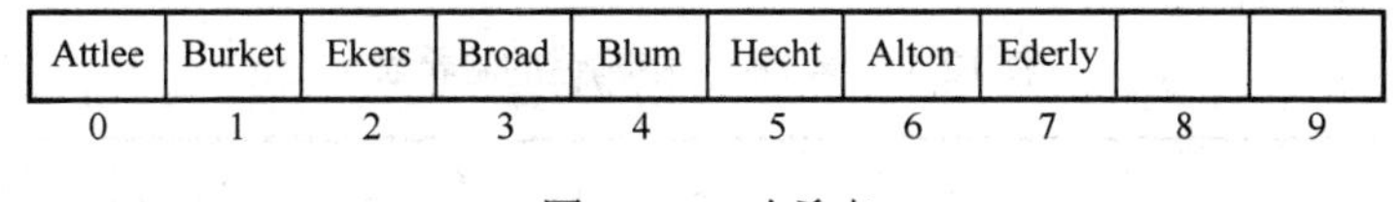

Attlee	Burket	Ekers	Broad	Blum	Hecht	Alton	Ederly		
0	1	2	3	4	5	6	7	8	9

图 12-10　哈希表

若删除 Ekers 后再查找 Broad，会出现的情况是 $f(\text{Broad}) = 1$，发生冲突，于是，按线性探测再散列查找下一个哈希地址，却发现是空单元，便会得到错误结论。为避免出现上述情况，应在删除一个元素后，在该元素的位置上填入一个特殊记录。

因此，哈希查找法性能分析中，影响关键字比较次数的因素有三个：哈希函数、处理冲突的方法及哈希表的装填因子（α）。其中，

$$\alpha = \frac{\text{哈希表中元素个数}}{\text{哈希表的长度}}$$

α 用于描述哈希表的装满程度。α 越小，发生冲突的可能性越小；α 越大，发生冲突的可能性也越大。

哈希查找法的平均查找长度主要分为查找成功的平均查找长度和查找不成功的平均查找长度。

例 12-11　对以下关键字序列建立哈希表：SUN, MON, TUE, WED, THU, FRI, SAT，哈希函数为 $f(K) = K$（K 中第一个字母在字母表中的位置序号）MOD 7。用线性探测再散列处理冲突，要求构造一个装填因子为 0.7 的哈希表，并计算出在等概率情况下查找成功的平均查找长度和查找不成功的平均查找长度。

装填因子为 0.7，可知哈希表长度 $= 7/0.7 = 10$。

各关键字第一个字母的序号分别为 19（S）、13（M）、20（T）、23（W）、6（F）。

下面计算各关键字的哈希地址：

$f(\text{SUN}) = 19\text{mod}7 = 5$；

$f(\text{MON}) = 13\text{mod}7 = 6$；

$f(\text{TUE}) = 20\text{mod}7 = 6$　　　　（与 MON 冲突）

$f_1(\text{TUE}) = (6+1)\text{mod}10 = 7$；

$f(\text{WED}) = 23\text{mod}7 = 2$；

$f(\text{THU})=20\text{mod}7=6$　　（与 MON 冲突）
$f_1(\text{THU})=(6+1)\text{mod}10=7$　　（与 TUE 冲突）
$f_2(\text{THU})=(6+2)\text{mod}10=8$；
$f(\text{FRI})=6\text{mod}7=6$　　（与 MON 冲突）
$f_1(\text{FRI})=(6+1)\text{mod}10=7$　　（与 TUE 冲突）
$f_2(\text{FRI})=(6+2)\text{mod}10=8$　　（与 THU 冲突）
$f_3(\text{FRI})=(6+3)\text{mod}10=9$；
$f(\text{SAT})=19\text{mod}7=5$　　（与 SUN 冲突）
$f_1(\text{SAT})=(5+1)\text{mod}10=6$　　（与 MON 冲突）
$f_2(\text{SAT})=(5+2)\text{mod}10=7$　　（与 TUE 冲突）
$f_3(\text{SAT})=(5+3)\text{mod}10=8$　　（与 THU 冲突）
$f_4(\text{SAT})=(5+4)\text{mod}10=9$　　（与 FRI 冲突）
$f_5(\text{SAT})=(5+5)\text{mod}10=0$。

由此构造的哈希表如表 12-1 所示。

表 12-1　例 12-11 中构造的哈希表

0	1	2	3	4	5	6	7	8	9
SAT		WED			SUN	MON	TUE	THU	FRI

下面计算查找成功的平均查找长度：
对于 SUN，查找时所需的比较次数为 1；
对于 MON，查找时所需的比较次数为 1；
对于 TUE，查找时所需的比较次数为 2；
对于 WED，查找时所需的比较次数为 1；
对于 THU，查找时所需的比较次数为 3；
对于 FRI，查找时所需的比较次数为 4；
对于 SAT，查找时所需的比较次数为 6。
等概率下查找成功的平均查找长度为

$$\text{ASL}_{\text{succ}}=\frac{1}{\text{表中置入元素个数}n}\cdot\sum_{i=1}^{n}C_i=\frac{1}{7}\times(1+1+2+1+3+4+6)=\frac{20}{7}$$

同理，可计算查找不成功的平均查找长度：
对于哈希函数取值为 0，查找不成功时的比较次数为 2；
对于哈希函数取值为 1，查找不成功时的比较次数为 1；
对于哈希函数取值为 2，查找不成功时的比较次数为 2；
对于哈希函数取值为 3，查找不成功时的比较次数为 1；
对于哈希函数取值为 4，查找不成功时的比较次数为 1；
对于哈希函数取值为 5，查找不成功时的比较次数为 7；
对于哈希函数取值为 6，查找不成功时的比较次数为 6。
等概率下查找不成功的平均查找长度为

$$\text{ASL}_{\text{unsucc}}=\frac{1}{\text{哈希函数取值个数}r}\cdot\sum_{i=1}^{r}C_i=\frac{1}{7}\times(2+1+2+1+1+7+6)=\frac{20}{7}$$

12.5 讨论课：如何选择合适的算法，达到性能的最优

1. 讨论主题

如何选择合适的算法，达到性能的最优。

2. 讨论说明

第 6 章和第 7 章介绍了基于线性表的查找与排序算法，第 9 章和第 10 章介绍了基于树的查找和排序算法，本章介绍了计算式查找法。应熟练掌握各种算法的核心思想，了解各种算法的性能优劣与计算机内部对数据的处理方式，同时能为不同应用环境以性能为前提选择合适算法。另外，还应以所学算法为引导，掌握解决问题的思路及算法实现的方式。因此，要讨论如何针对具体情况选用不同的算法解决具体问题，还要了解各种算法各自的优点和不足。

3. 分组形式

每 5 人为一个小组，每个小组设置组长 1 名，组长具体负责任务分配协调。

4. 提交文档

在大量文献调研的基础上，撰写一份答辩 PPT，阐述自己的观点。文件命名为小组序号。

5. 课堂答辩

每个小组派出一名代表进行课堂演讲，每个人演讲 10 分钟，演讲内容需要围绕事先准备好的 PPT 进行。演讲结束后，有 5 分钟的自由提问和回答时间。

6. 考核方法

本次讨论课的最终成绩由两部分构成：PPT 50%，演讲 50%。

12.6 综合实验：校友通讯录——算法的应用

一、实验目的与要求

1. 复习所学习的算法。
2. 了解每种算法的优缺点及其应用。

二、实验准备与环境

一台安装 Python 的计算机。

三、实验内容

1. 功能需求

某学校要开发一个校友管理系统，其部分功能如下。

（1）院系信息列表，如下表所示，通过输入编号、院系名称、地址等信息，新增院系信息，

并可以根据输入的院系编号进行频繁的查找等操作。

院系信息列表

编　号	院 系 名 称	地　址
1	计算与信息科学学院	1 号楼
2	应用科学与工程学院	3 号楼
3	商学院	2 号楼
…	…	…

（2）校友信息列表，如下表所示，通过输入院系名称、姓名、毕业年份、联系方式，新增校友信息，并可以根据输入的编号进行频繁的删除等操作。

校友信息列表

编　号	院 系 名 称	姓　名	毕 业 年 份	联 系 方 式
1	计算与信息科学学院	张三	2010	18899997777
2	应用科学与工程学院	李四	2014	19988886666
3	计算与信息科学学院	王五	2005	13366663333
4	商学院	赵六	2018	17733332222
5	商学院	钱七	2013	16688889999
…	…	…	…	…

2．案例要求

（1）校友信息可按照毕业年份的降序或者升序进行展示，选择合适的排序算法操作。

（2）校友信息排序后可通过毕业年份与姓名组合的方式进行查找，选择合适的查找算法操作。

（3）校友信息的统计操作，通过输入院系编号，统计该院系校友总数，院系以名称方式展示。

12.7　本章习题

一、选择题

1．若根据查找表(23, 44, 36, 48, 52, 73, 64, 58)建立哈希表，采用 $f(K) = K\%13$ 计算哈希地址，则元素 64 的哈希地址为（　　）。

A．4　　B．8　　C．12　　D．13

2．若根据查找表(23, 44, 36, 48, 52, 73, 64, 58)建立哈希表，采用 $f(K) = K\%7$ 计算哈希地址，则哈希地址等于 3 的数据元素个数为（　　）。

A．1　　B．2　　C．3　　D．4

3．若根据查找表建立长度为 m 的哈希表，采用线性探测再散列法处理冲突，假定对一个数据元素第一次计算的哈希地址为 d，则下一次的哈希地址为（　　）。

A．d　　B．$d+1$　　C．$(d+1)/m$　　D．$(d+1)\%m$

4．设有一组元素为 19, 14, 23, 1, 68, 20, 84, 27, 55, 11, 10, 79，用链地址法构造散列表，散列

函数为f(key) = key MOD 13，散列地址为1的链中有（　　）个元素。

A．1　　B．2　　C．3　　D．4

5．设哈希表长为14，哈希函数是f(key) = key%11，表中已有元素的关键字为15, 38, 61, 84共4个，现要将关键字为49的结点加到表中，用二次探测再散列法解决冲突，则放入的位置是（　　）。

A．8　　B．3　　C．5　　D．9

6．假定哈希表中k个关键字具有同一哈希值，若用线性探测再散列法把这k个关键字存入散列表，至少要进行（　　）次探测。

A．$k-1$　　B．k　　C．$k+1$　　D．$k(k+1)/2$

7．好的哈希函数有一个共同的性质，即函数值应当以（　　）取其值域的每个值。

A．最大概率　　B．最小概率　　C．平均概率　　D．同等概率

8．将10个元素散列到有100000个单元的哈希表中，则（　　）产生冲突。

A．一定会　　B．一定不会　　C．可能会　　D．可能不会

9．设散列地址空间为0～$m-1$，k为关键字，用p去除k，将所得的余数作为k的散列地址，即$f(k)= k\%p$。为了减少发生冲突的频率，一般取p为（　　）。

A．小于m的最大奇数　　B．小于m的最大偶数

C．小于m的最大素数　　D．m

10．下列关于哈希查找的说法，不正确的有（　　）。

A．采用链地址法解决冲突时，查找一个数据元素的时间是相同的

B．采用链地址法解决冲突时，若规定插入总是在链首，则插入任一数据元素的时间是相同的

C．用链地址法解决冲突容易引起聚集现象

D．再哈希法不易产生聚集

二、填空题

1．已知一组关键字为18, 25, 63, 50, 42, 32, 90, 66，按哈希函数f(key) = key%9和线性探测冲突构造哈希表，在每个关键字的查找概率相同的情况下，查找成功的平均查找长度为________。

2．假定对线性表(38, 25, 74, 52, 48)进行哈希存储，采用$f(K) = K\%7$作为哈希函数，采用线性探测再散列法处理冲突，则在建立哈希表的过程中，将会碰到________次存储冲突。

3．在线性表的哈希存储中，装填因子α又称装填稀疏，若用m表示哈希表的长度，n表示线性表中的元素个数，则α等于________。

4．对线性表(18, 25, 63, 50, 42, 32, 90)进行哈希存储时，若选用$f(K) = K\%9$作为哈希函数，则哈希地址为0的元素有________个，哈希地址为5的元素有________个。

5．散列表表长为m，在散列函数f(key) = key%p中，p应取________。

数据结构
——基于Python语言（微课版）

数据结构是计算机相关专业一门重要的专业基础课程。本书基于Python语言系统介绍数据结构的知识，内容包括数据结构与算法概述、线性表、栈与队列、串、数组与广义表、基于线性表的查找算法、基于线性表的排序算法、树、基于树的查找算法、基于树的排序算法、图、计算式查找法。

本书可作为高等院校与高职院校计算机相关专业数据结构课程的教材，也可供对数据结构感兴趣的人员参考。

责任编辑：张　鑫
封面设计：徐海燕

ISBN 978-7-121-47385-2
定价：59.00元